蛋鸡现代化养殖技术

◎ 毛战胜　王红霞　刘建军　主编

中国农业科学技术出版社

图书在版编目（CIP）数据

蛋鸡现代化养殖技术 / 毛战胜，王红霞，刘建军主编 .—北京：中国农业科学技术出版社，2019. 7

ISBN 978-7-5116-4168-7

Ⅰ. ①蛋…　Ⅱ. ①毛…②王…③刘…　Ⅲ. ①卵用鸡-饲养管理　Ⅳ. ①S831. 4

中国版本图书馆 CIP 数据核字（2019）第 080673 号

责任编辑　李冠桥
责任校对　李向荣

出 版 者　中国农业科学技术出版社
　　北京市中关村南大街 12 号　邮编：100081
电　　话　(010)82109705(编辑室)　(010)82109702(发行部)
　　(010)82109709(读者服务部)
传　　真　(010)82106625
网　　址　http://www.castp.cn
经 销 者　各地新华书店
印 刷 者　北京建宏印刷有限公司
开　　本　850mm×1 168mm　1/32
印　　张　13. 875
字　　数　361 千字
版　　次　2019 年 7 月第 1 版　2020 年 7 月第 2 次印刷
定　　价　59. 00 元

《蛋鸡现代化养殖技术》

编写人员

主　编　毛战胜　王红霞　刘建军

副主编　刘金凤　宋　冉　刘　斌
刘九丽　常秋红　孙亚坤
宋志慧　杨明学　王振华

参　编　李卫华　褚颜姣　赵相东
王　娜　宋姣月　孙延安
巩新廷

前　　言

近年来，我国蛋鸡产业迅速发展，逐渐向专业化、标准化、规模化方向转变。蛋鸡企业必须用现代科学技术和经营管理方法来装备养鸡业。编者在总结实践经验的基础上，参阅大量的参考文献，编写了《蛋鸡现代化养殖技术》一书，期望能对蛋鸡业发展有所裨益，为现代化蛋鸡业做出贡献。本书紧扣生产实际，系统性、科学性和实用性兼具，内容全面新颖、重点突出、通俗易懂，可作为新型职业农民及农村实用人才的培训教材，也可作为广大畜牧科技工作者的参考书。

由于编者水平有限，书中难免有不妥和错误之处，恳请广大读者提出宝贵意见。

编　者

2019年3月

目　　录

第一章　蛋鸡的品种 …………………………………………（1）
第一节　引进国外品种 …………………………………………（1）
一、罗曼褐 ………………………………………………（1）
二、罗曼粉 ………………………………………………（1）
三、罗曼白 ………………………………………………（2）
四、海兰 W-36 ……………………………………………（2）
五、海兰褐 ………………………………………………（2）
六、星杂-288 ……………………………………………（2）
七、星杂 444 ……………………………………………（3）
八、尼克白 ………………………………………………（3）
九、伊莎巴布考克 B-300 …………………………………（3）
十、伊莎褐 ………………………………………………（3）
十一、巴布考克 B380 ……………………………………（4）
十二、迪卡白 ……………………………………………（4）
十三、迪卡褐 ……………………………………………（4）
十四、海赛克斯褐 ………………………………………（4）
十五、雅康粉 ……………………………………………（5）
第二节　国内优良地方品种 ………………………………（5）
一、仙居鸡 ………………………………………………（5）
二、白耳黄鸡 ……………………………………………（5）
三、东乡绿壳蛋鸡 ………………………………………（5）
第三节　国内培育品种 ……………………………………（6）

一、京白 904 …… (6)
二、滨白 42 …… (6)
三、农大褐 …… (6)
四、农昌 2 号 …… (7)
五、京白 939 …… (7)
六、京粉 1 号 …… (7)
七、新杨褐 …… (7)
第二章　鸡场设计与养鸡设备 …… (8)
第一节　场址选择 …… (8)
一、自然条件要求 …… (8)
二、社会经济条件要求 …… (9)
三、鸡场位置的确定 …… (10)
四、鸡场面积 …… (11)
第二节　鸡场总体规划和布局 …… (11)
一、鸡场的分区规划 …… (11)
二、生产区内布局 …… (14)
第三节　鸡舍的建筑设计 …… (16)
一、鸡舍设计要求 …… (16)
二、鸡舍设计原则 …… (17)
三、鸡舍的类型 …… (18)
四、鸡舍的平面、剖面和立面设计 …… (19)
五、鸡舍的基本结构和设计 …… (20)
六、鸡舍的功能设计 …… (22)
第四节　养鸡生产设备 …… (26)
一、饲养设备 …… (26)
二、环境控制设备 …… (35)
三、粪污处理设备 …… (37)

第三章　蛋鸡的营养与饲料 ………………………………（39）
第一节　蛋鸡的营养需要 ………………………………（39）
一、能量 ……………………………………………（39）
二、粗蛋白质 ………………………………………（40）
三、矿物质 …………………………………………（42）
四、维生素 …………………………………………（46）
五、水 ………………………………………………（52）
第二节　蛋鸡的常用饲料 ………………………………（53）
一、能量饲料 ………………………………………（53）
二、蛋白质饲料 ……………………………………（56）
三、矿物质饲料 ……………………………………（59）
四、氨基酸饲料 ……………………………………（61）
五、添加剂饲料 ……………………………………（61）
第三节　蛋鸡的饲养标准 ………………………………（63）
一、饲养标准的概念 ………………………………（63）
二、蛋鸡饲养标准 …………………………………（63）
三、鸡常用饲料及营养价值 ………………………（74）
第四节　蛋鸡的日粮配合 ………………………………（74）
一、饲料配合的原则 ………………………………（74）
二、配合饲料的种类 ………………………………（75）
三、饲料配方的设计方法 …………………………（78）
四、蛋鸡饲料配方设计要求 ………………………（79）
五、设计饲料配方注意事项 ………………………（80）
六、蛋鸡饲料配方设计技巧 ………………………（82）
第五节　常用饲料的识别及质量控制 …………………（83）
一、掺假饲料的识别 ………………………………（83）
二、养鸡场饲料生产质量的控制 …………………（87）
三、选购使用全价饲料应注意的问题 ……………（90）

第四章　鸡人工授精与孵化 ………………………………（91）
第一节　鸡的人工授精 ………………………………（91）
一、人工授精技术优越性 ………………………………（91）
二、人工授精的准备工作 ………………………………（93）
三、人工授精技术 ………………………………（96）
四、影响受精率的因素 ………………………………（101）
第二节　鸡的人工孵化 ………………………………（104）
一、孵化场的建场要求和设备 ………………………………（104）
二、种蛋的来源和选择 ………………………………（108）
三、种蛋的消毒、保存和运输 ………………………………（110）
四、人工孵化的条件 ………………………………（114）
五、人工孵化的管理 ………………………………（116）
六、孵化效果的检查和分析 ………………………………（121）
第三节　初生雏鸡的雌雄鉴别 ………………………………（131）
一、外貌形状鉴别法 ………………………………（131）
二、伴性遗传鉴别法 ………………………………（132）
三、翻肛雌雄鉴别法 ………………………………（132）
第四节　雏鸡的装箱和发运 ………………………………（133）
一、发运前的准备 ………………………………（133）
二、运雏时应注意事项 ………………………………（134）
三、备耗亡雏鸡 ………………………………（135）
第五章　蛋鸡的饲养与管理 ………………………………（136）
第一节　雏鸡的饲养管理 ………………………………（136）
一、雏鸡的生理特点 ………………………………（136）
二、育雏前的准备工作 ………………………………（137）
三、雏鸡的选择 ………………………………（138）
四、育雏方式和供温方式 ………………………………（139）

五、雏鸡对环境条件的要求 …………………… (142)
六、雏鸡的饲养 ………………………………… (145)
七、雏鸡的管理 ………………………………… (148)
八、育雏失败原因分析 ………………………… (152)
第二节　育成鸡的饲养管理 …………………… (154)
一、育成鸡的生理特点 ………………………… (154)
二、育成鸡的质量要求 ………………………… (155)
三、育成鸡的选择 ……………………………… (156)
四、育成鸡饲养方式 …………………………… (157)
五、入育成舍前的准备 ………………………… (159)
六、育雏到育成的过渡 ………………………… (160)
七、育成鸡的饲养 ……………………………… (161)
八、育成鸡的管理 ……………………………… (165)
第三节　产蛋鸡的饲养管理 …………………… (172)
一、饲养方式、设备与密度 …………………… (172)
二、产蛋鸡的生理特点 ………………………… (173)
三、转群 ………………………………………… (175)
四、产蛋期的阶段划分 ………………………… (176)
五、阶段饲养管理要点 ………………………… (177)
六、产蛋期的饲养 ……………………………… (181)
七、产蛋期的管理 ……………………………… (182)
八、不同季节饲养管理要点 …………………… (189)
第四节　蛋种鸡产蛋期的饲养管理 …………… (191)
一、饲养方式 …………………………………… (191)
二、种鸡的检疫净化 …………………………… (192)
三、适宜的上笼时间和合格的上笼体重要求 … (193)
四、种鸡的挑选及上笼 ………………………… (193)
五、产蛋前期的饲养管理 ……………………… (193)

六、产蛋期的日粮饲喂标准 …………………………… (194)
七、产蛋期的环境控制 ………………………………… (195)
八、产蛋期的日常管理 ………………………………… (197)
九、产蛋期的疾病控制要点 …………………………… (201)
第五节 人工强制换羽 ………………………………… (201)
一、强制换羽的目的 …………………………………… (202)
二、强制换羽的原理 …………………………………… (202)
三、强制换羽的优点 …………………………………… (203)
四、强制换羽的方法 …………………………………… (204)
五、强制换羽的过程 …………………………………… (205)
六、强制换羽应注意的问题 …………………………… (207)
第六章 鸡粪处理与综合利用 ……………………… (209)
第一节 鸡粪及利用价值 ……………………………… (209)
一、鸡粪特点 …………………………………………… (209)
二、鸡粪的用途 ………………………………………… (211)
第二节 鸡粪的处理和利用 …………………………… (213)
一、脱水干燥处理 ……………………………………… (214)
二、发酵处理 …………………………………………… (217)
三、其他处理方法 ……………………………………… (220)
第七章 蛋鸡常见病的防治 ………………………… (222)
第一节 疾病的预防和免疫 …………………………… (222)
一、鸡传染病流行的基本条件 ………………………… (222)
二、蛋鸡场卫生防疫 …………………………………… (226)
三、鸡病的药物防治 …………………………………… (229)
四、鸡病的免疫预防 …………………………………… (253)
第二节 病毒性传染病 ………………………………… (266)
一、鸡新城疫 …………………………………………… (266)

二、禽流感 ……………………………………… (270)
三、鸡马立克氏病 ………………………………… (274)
四、鸡传染性法氏囊病 …………………………… (279)
五、鸡传染性支气管炎 …………………………… (286)
六、鸡传染性喉气管炎 …………………………… (290)
七、鸡减蛋综合征 ………………………………… (293)
八、禽痘 …………………………………………… (295)
九、鸡传染性贫血病 ……………………………… (299)
十、鸡传染性脑脊髓炎 …………………………… (301)
十一、禽白血病 …………………………………… (304)
十二、鸡包涵体肝炎 ……………………………… (308)
第三节 细菌性传染病 ……………………………… (310)
一、鸡白痢 ………………………………………… (310)
二、鸡伤寒 ………………………………………… (315)
三、鸡副伤寒 ……………………………………… (318)
四、鸡传染性鼻炎 ………………………………… (321)
五、鸡葡萄球菌病 ………………………………… (324)
六、禽霍乱 ………………………………………… (328)
七、鸡大肠杆菌病 ………………………………… (332)
八、鸡曲霉菌病 …………………………………… (337)
九、鸡败血霉形体病 ……………………………… (340)
第四节 寄生虫病 …………………………………… (345)
一、鸡球虫病 ……………………………………… (345)
二、鸡住白细胞原虫病 …………………………… (350)
三、鸡蛔虫病 ……………………………………… (354)
四、鸡绦虫病 ……………………………………… (356)
五、鸡组织滴虫病 ………………………………… (359)
第五节 中毒性疾病 ………………………………… (361)

一、食盐中毒 ……………………………………………… (361)
二、呋喃类药物中毒 ………………………………………… (364)
三、磺胺类药物中毒 ………………………………………… (365)
四、喹乙醇中毒 ……………………………………………… (367)
五、马杜拉霉素中毒 ………………………………………… (369)
六、棉籽饼中毒 ……………………………………………… (371)
七、菜籽饼中毒 ……………………………………………… (372)
八、黄曲霉素中毒 …………………………………………… (373)
九、氟中毒 …………………………………………………… (375)
第六节 营养缺乏症 ………………………………………… (377)
一、维生素 A 缺乏症 ……………………………………… (377)
二、维生素 B_1 缺乏症 …………………………………… (380)
三、维生素 B_2 缺乏症 …………………………………… (382)
四、泛酸（维生素 B_3）缺乏症 ………………………… (384)
五、吡哆醇（维生素 B_6）缺乏症 ……………………… (385)
六、维生素 B_{12} 缺乏症 ………………………………… (386)
七、烟酸（维生素 PP）缺乏症 …………………………… (388)
八、维生素 D 缺乏症 ……………………………………… (389)
九、维生素 E 缺乏症 ……………………………………… (390)
十、维生素 K 缺乏症 ……………………………………… (394)
第七节 矿物质缺乏症 ……………………………………… (395)
一、钙和磷缺乏症 ………………………………………… (395)
二、氯和钠缺乏症 ………………………………………… (396)
三、碘缺乏症 ……………………………………………… (396)
四、锰缺乏症 ……………………………………………… (397)
五、硒缺乏症 ……………………………………………… (398)
六、锌缺乏症 ……………………………………………… (399)
第八节 其他疾病 …………………………………………… (399)

一、痛风 ………………………………………………… (399)
二、脂肪肝综合征 ………………………………………… (403)
三、蛋鸡笼养疲劳症 ……………………………………… (404)
四、啄癖 ………………………………………………… (406)
五、脱肛 ………………………………………………… (409)
第八章　蛋鸡场的经营和管理 ………………………… (411)
第一节　经营管理的基本概念 …………………………… (411)
一、经营与管理的含义 ………………………………… (411)
二、经营与管理的联系 ………………………………… (411)
三、经营管理的重要性 ………………………………… (412)
第二节　经营管理的基本内容 …………………………… (412)
一、生产前的决策 ……………………………………… (412)
二、生产中的组织与管理 ……………………………… (413)
三、搞好经济核算 ……………………………………… (415)
第三节　蛋鸡场的经营管理 ……………………………… (415)
一、蛋鸡场的经营 ……………………………………… (415)
二、蛋鸡场的管理 ……………………………………… (418)
第四节　提高鸡场经济效益的措施 ……………………… (422)
一、提高经营管理水平 ………………………………… (422)
二、降低生产成本 ……………………………………… (423)
三、引进和应用新技术 ………………………………… (424)
四、走产业化发展之路 ………………………………… (424)
主要参考文献 ………………………………………… (425)

第一章　蛋鸡的品种

蛋鸡在世界上分布很广，品种繁多。蛋鸡品种鸡以产蛋为主，体形较小，体躯较长，冠和肉垂特别发达，羽毛紧密，性情活泼，性成熟早，一般不抱窝，高产鸡群平均年产蛋量 250 个，高产个体可超过 300 个。

第一节　引进国外品种

一、罗曼褐

该品种是德国罗曼家禽育种公司培育的四系配套杂交鸡。商品代雏鸡可根据羽毛颜色自别雌雄，公雏为银白色，母雏为金黄色，鸡只产褐壳蛋。其商品鸡 0~18 周龄成活率 98%，开产日龄 21~23 周，产蛋期高峰产蛋率 92%~94%，72 周龄入舍母鸡产蛋 295~305 枚，总蛋重 18.5~20.5 千克，平均蛋重 64 克，料蛋比（2.0~2.2）：1，产蛋期成活率 94.6%。

二、罗曼粉

该品种是德国罗曼家禽育种有限公司培育的粉壳蛋鸡配套系。其商品鸡 20 周龄体重1 400~1 500克，1~20 周龄耗料 7.3~7.8 千克，成活率 97%~98%；开产日龄 140~150 天，产蛋期高峰产蛋率 92%~95%；72 周龄入舍母鸡产蛋 300~310 枚，总蛋重 19.0~20.0 千克，蛋重 63.0~64.0 克，体重1 800~2 000克；

21~72周龄日耗料110~118克/只，料蛋比（2.1~2.2）：1，成活率94%~96%。

三、罗曼白

该品种是德国罗曼公司育成的两系配套杂交鸡。其商品蛋鸡0~20周龄育成率96%~98%，150~156日产蛋率达50%，产蛋期高峰产蛋率92%~94%，72周龄产蛋量290~300个，料蛋比（2.3~2.4）：1，产蛋期存活率94%~96%。

四、海兰W-36

该品种为美国海兰公司育成的配套杂交鸡。0~18周龄育成率97%，161日龄产蛋率50%，产蛋期高峰产蛋率91%~94%，饲养鸡产蛋量305~325个，产蛋期存活率90%~94%。

五、海兰褐

该品种是美国海兰国际公司培育的四系配套蛋鸡品种。其商品鸡0~18周龄成活率96%~98%，体重1 550克，每只鸡耗料量5.7~6.7千克；平均开产日龄149天，产蛋期高峰产蛋率94%~96%，80周龄入舍母鸡平均产蛋344枚，总产蛋22.5千克，至80周龄成活率95%，19~80周龄鸡日平均耗料114克。

六、星杂-288

该品种是加拿大雪佛公司利用来航鸡4个品系杂交育成的杂交商品蛋鸡。该品种体形小，耗料少，产蛋多，性成熟早，适应性强。开产期（50%产蛋量）24~25周龄，产蛋高峰期27~29周龄，入舍鸡产蛋（72周龄）260~285枚，平均蛋重63.2克；20周龄体重1.23~1.36千克，72周龄1.75~1.85千克。存活率：育雏期96%~98%，产蛋期91%~94%。饲料消耗：0~20周龄 6.4～7.2 千克，产蛋期每天每只 113 克。料蛋比（2.25～2.4）∶1。

七、星杂 444

该品种是加拿大雪佛公司育成的三系配套杂交鸡。其 72 周龄产蛋量 265～280 个，平均蛋重 61～63 克，每千克蛋耗料 2.45～2.7 千克。500 日龄入舍鸡产蛋量 276～279 个，平均蛋重 63.2～64.6 克，总蛋重 17.66～17.8 千克，每千克蛋耗料 2.52～2.53 千克。产蛋期存活率 91.3%～92.7%。

八、尼克白

该品种由美国尼克公司育成，体形外貌均似来航鸡，其特点是体形小而省料，产蛋多，蛋重大，适于笼饲，经济效益高。商品代蛋鸡生产性能：500 日龄平均产蛋 258.2 枚，平均蛋重 58～62 克，产蛋期每天每只采食量 115 克，产蛋期死亡率 6.4%。

九、伊莎巴布考克 B-300

该品种由法国伊莎公司育成的来航型四系配套品系杂交鸡。该品种体形小，耗料少，成熟较早，产蛋多，抗病力较强。其商品鸡 0～20 周龄育成率 97%，21～72 周龄存活率 90%～94%，72 周龄入舍母鸡平均产蛋 275 个，料蛋比（2.5～2.6）∶1。

十、伊莎褐

该品种是法国哈伯德伊莎公司培育的一个高产四系配套鸡种。其商品鸡 18 周龄平均体重 1 550克，0～18 周龄耗料 6.65 千克/只，成活率 98%，开产日龄 140～147 天，25～26 周龄达产蛋高峰，高峰产蛋率 95%以上，76 周龄入舍母鸡平均产蛋 330 枚，总产蛋 21.3 千克，平均蛋重 63 克，76 周龄日耗料 118 克/只，料蛋比（2.02~2.10）：1。

十一、巴布考克 B380

该品种是法国哈巴德伊沙家禽育种公司培育的蛋鸡品种。该商品鸡 0~18 周龄成活率 96%~98%，见蛋体重 1 650克，140~147 日龄达 50%产蛋率，产蛋期高峰产蛋率 93%或维持 6 个月以上，72 周入舍母鸡平均产蛋 307 枚，产蛋期（19~76 周龄）存活率 92%~96%。

十二、迪卡白

该品种是美国迪卡公司育成的配套杂交鸡。育成期成活率 96%，146 日龄产蛋率达 50%，产蛋期高峰产蛋率 92%~94%，72 周龄产蛋量 293 个，料蛋比 2.4：1，产蛋期存活率 92%。

十三、迪卡褐

该品种是美国迪卡布公司育成的四系配套杂交鸡。该商品鸡 20 周龄体重 1.65 千克；0~20 周龄育成率 97%~98%；24~25 周龄达 50%产蛋率；产蛋期高峰产蛋率达 90%~95%，90%以上的产蛋率可维持 12 周，78 周龄产蛋量为 285~310 个，蛋重 63.5~64.5 克，总蛋重 18~19.9 千克，每千克蛋耗料 2.58 千克；产蛋期存活率 90%~95%。

十四、海赛克斯褐

该品种是荷兰尤利公司培育的蛋鸡品种。该商品鸡 0~20 周龄成活率 97%，平均体重1 410克，耗料量 5.7 千克/只；产蛋期（20~78 周）只日产蛋率达 50%的日龄为 145 天，入舍母鸡产蛋数 324 枚，产蛋量 20.4 千克，平均蛋重 63.2 克，产蛋期成活率 94.2%，140 日龄后只鸡日平均耗料 116 克，每枚蛋耗料 141 克，产蛋期末母鸡平均体重2 100克。

十五、雅康粉

该品种是以色列 PBU 家禽育种协会育成的四系配套粉壳蛋鸡。其商品代雏鸡可用羽速自别雌雄。商品鸡生产性能：0～20周龄成活率 96%～97%，160 日龄产蛋率达 50%。21～72 周龄产蛋量 265～280 个，平均蛋重 61～63 克。产蛋期平均日耗料 81～117 克。

第二节　国内优良地方品种

一、仙居鸡

浙江省优良的小型蛋用地方鸡种，体质健壮结实，适应性强，体形小，产蛋多。该商品鸡 120 日龄体重 1.2 千克；1 月龄育雏成活率为 96.5%；150～180 日龄开始产蛋，年产蛋量 180～200 枚，最高可达 270～300 枚，蛋重 42～46 克。

二、白耳黄鸡

白耳黄鸡，又称白银耳鸡。因其身披黄色羽毛，耳叶白色而得名。该品种以白耳、三黄（毛黄、肤黄、脚黄）、体形轻小、羽毛紧凑、尾翘、蛋大壳厚为特征。60 日龄育雏率为 95.24%。母鸡开产日龄平均为 152 日龄，平均年产蛋 180 个以上。白耳黄鸡产蛋大，蛋壳质量好，平均蛋重 54 克。

三、东乡绿壳蛋鸡

东乡绿壳蛋鸡原产于江西省东乡县，在黑龙江、吉林、辽宁、河北、江苏等地均有分布。母鸡开产日龄 170～180 天；500

日龄平均产蛋 152 个，平均蛋重 50 克。

第三节　国内培育品种

一、京白 904

该品种是北京市种禽公司育成的配套杂交鸡。这种杂交鸡的突出特点是早熟、高产、蛋大、生活力强、饲料报酬高。该品种 0~20 周龄育成率 92.17%，群体 150 日龄开产（产蛋率达 50%），72 周龄产蛋数 288.5 个，平均蛋重 59.01 克，总蛋重 17.02 千克；每千克蛋耗料 2.33 千克；产蛋期存活率 88.6%。20 周龄平均体重 1.49 千克，产蛋期末平均体重 2 千克。京白 904 最适合于密闭鸡舍饲养，在开放式鸡舍饲养时，产蛋性能发挥就略差一些。

二、滨白 42

该品种是东北农学院利用引进素材育成的两系配套杂交鸡。该品种 0~20 周龄育成率 96.9%，产蛋期存活率 85.3%。20 周龄平均体重 1.49 千克，产蛋期末平均体重 1.96 千克。160 日龄达 50%产蛋率，72 周龄产蛋量 257.2 个，平均蛋重 58 克，总蛋重 14.92 千克，每千克蛋耗料 2.72 千克。

三、农大褐

该品种是原北京农业大学以引进的素材为基础，利用合成系育种法育成的四系配套杂交鸡。其商品代母鸡产蛋性能高，适应性强，饲料报酬高，0~20 周龄育成率 96.7%；20 周龄鸡的平均体重 1.53 千克；163 日龄达 50%产蛋率，72 周龄产蛋量 278.2 个，平均蛋重 62.85 克，总蛋重 16.65 千克，每千克蛋耗料 2.31

千克；产蛋期末平均体重 2.09 千克；产蛋期存活率 91.3%。

四、农昌 2 号

该品种是原北京农业大学育成的两系配套杂交鸡，父系为白来航品系，母系为红褐羽的合成系。0~20 周龄育成率 90.2%；开产体重 1.49 千克；161 日龄达 50%产蛋率，72 周龄产蛋量 255.1 个，平均蛋重 59.8 克，总蛋重 15.25 千克，每千克蛋耗料 2.55 千克；产蛋期末平均体重 2.07 千克；产蛋期存活率 87.8%。

五、京白 939

该品种是北京市种禽公司的科研人员于 1993—1994 年进行选育的粉壳蛋鸡配套系。其商品鸡生产性能：20 周龄育成率 95%，产蛋期存活率 92%，20 周龄平均体重 1.51 千克，21~72 周龄饲养鸡产蛋量 302 个，平均蛋重 62 克，总蛋重 18.7 千克。

六、京粉 1 号

该品种由北京市华都峪口禽业有限责任公司培育而成，具有适应性强、抗病力强、耐粗饲、产蛋量高、耗料低等特点。72 周龄产蛋总重可达 18.9 千克以上，死淘率在 10%以内，产蛋高峰稳定，90%产蛋率可维持 6~10 个月，72 周蛋鸡体重达1 700~1 800克。

七、新杨褐

该品种是上海新杨家畜育种中心等 3 个单位联合培育，由四系配套组成。其商品鸡 1~20 周龄成活率为 96%~98%，20 周龄体重为1 500~1 600千克，产蛋期（21~72 周）成活率为 93%~97%，开产日龄（50%）为 154~161 天，高峰产蛋率为 90%~94%，72 周龄入舍母鸡产蛋数为 287~296 枚，72 周龄入舍母鸡产蛋重 18.0~19.0 千克，平均蛋重 63.5 克。

第二章　鸡场设计与养鸡设备

鸡场的规划与设计是养鸡生产的重要环节，鸡场场址、规划及鸡舍的建筑设计对场区小气候状况、经营管理及环境保护都有十分密切的关系和深远的影响。在选择场址时必须综合考虑自然条件和社会因素的影响，对场址要按照功能严格分区规划，科学设计鸡舍。

第一节　场址选择

场址选择对鸡群的健康水平、生产性能、经济效益、场内及周边卫生环境的控制都有着深远的影响。场地选定以后，所有的建筑物、生产设备都要随之建设安装，投资巨大，一旦确定后很难改变。因此，鸡场场地选择要经过慎重考虑和充分调查论证。场址选择首先应考虑当地土地利用发展计划和村镇建设发展计划，其次应符合环境保护的要求，在水资源保护区、旅游区、自然保护区等绝不能投资建场，以避免建成后的拆迁造成各种资源浪费。满足规划和环保要求后，才能综合考虑拟建场地的自然条件（包括地势、地形、土质、水源、气候条件等）、社会条件（包括水、电、交通等）和卫生防疫条件，决定建场地址。

一、自然条件要求

（一）地形地势

蛋鸡场应建在地势高燥向阳的地方，远离沼泽湖洼，避开山坳谷底，通风良好，南向或偏东南向。地面平坦或稍有坡度，排水便利。地形开阔整齐，利于建筑物布局和建立防护设施。

（二）地质土壤

应避开断层、滑坡、塌陷和地下泥沼地段。要求土质透气透水性强、毛细管作用弱、吸湿性和导热性小、质地均匀、抗压性强，以沙壤土类最为理想。

（三）水源水质

水源充足，水质良好，能满足生产、生活和消防需要，各项指标参考生活饮用水要求。注意避免地面污水下渗造成水源污染。

（四）气候因素

详细了解掌握本地区的气象部门5~10年内积累的有关气象资料，如年平均气温、最高气温、最低气温、上层冻结深度、积雪深度、夏季平均降水量、最大风力、常年主导风向、各月份的日照时数等，这些资料及数据对建场设计都会起到很大作用。

二、社会经济条件要求

（一）交通

交通便利，能保证货物的正常运输。鸡的饲料、产品以及其他生产物质等需要大量的运输能力，因此要求交通方便，路基坚固，路面平坦，排水性好，雨后不泥泞，以免车辆颠簸造成鸡蛋破损。

（二）供电

电源是否充足、稳定，也是鸡场必须考虑的条件之一。如孵化、喂料、给水、清粪、集蛋、人工照明以及采暖换气等均需要有稳定可靠的电源，特别是笼养鸡舍要保证电源绝对可靠，最好有专用或多路电源，并能做到接用方便、经济等。如果供电无保证，鸡场应自备 1～2 套发电机，以保证场内供电的稳定性和可靠性。

（三）环境因素

建设场地的环境及附近兽医防疫条件的好坏是影响鸡场经营成败的关键因素之一，忽视这个问题，会给鸡场防疫工作带来很大的困难。要注意对当地历史疫情做周密详细的调查研究，分析该地是否适合建设鸡场。要注意附近的兽医站、畜牧场、集贸市场、屠宰场距拟建场地的距离、方位以及有无自然隔离条件等，特别注意不要在旧鸡场上建新鸡场。

三、鸡场位置的确定

（一）与城镇的距离

种鸡场要远离城市，最好在 15 千米以外；商品蛋鸡场虽然需要靠近消费者，但也不能离城市太近，可在 3～5 千米以外。此外，新建蛋鸡场与其他禽场距离最好不少于 5 千米。

（二）与居民生活区的距离

为保护居民生活环境卫生，更有利于鸡场的防疫工作，建场要远离居民区，鸡场应距村庄 500 米以上。

（三）与交通要道的距离

建场要远离铁路、公路干线及航运河道。为尽量减少噪声干扰，使鸡群长期处于比较安静的环境中，鸡场应距铁路 1 000 米之上，距公路干线、航运河道 500 米以上，距普通公路 200～300 米。

此外，新建鸡场用地应尽量利用不能耕作的荒地、山坡地，不占或少占耕地。

四、鸡场面积

在实际生产中，鸡场面积可根据饲养规模因地制宜。一般大型鸡场，若采取笼养饲养方式，其占地总面积应为建筑面积3~5倍，每只鸡占地1.0~1.3平方米，如20万只商品蛋鸡场，包括育雏舍、育成鸡舍、成鸡舍、配料室及生活行政区等，可占地350~400亩（1亩约为667平方米，全书同）。在确定鸡场位置和面积时要本着节约用地、少占农田的原则，尽量利用农耕价值小的地方。占地面积参考表2-1。

表2-1　鸡场规模与占地面积

饲养规模（万只）	1	2	3	4
占地面积（平方米）	4 000~7 000	6 000~9 000	9 000~14 000	20 000~30 000

第二节　鸡场总体规划和布局

鸡场的总体规划和布局包括安排各功能小区的位置、排布和鸡舍的平面设计，它对于鸡场的防疫隔离、生产与经营管理影响很大。

一、鸡场的分区规划

（一）分区规划原则

1. 总体原则

从防疫和组织生产考虑，场区的分区布局为生产区、办公区、生活区、辅助生产区、污粪处理区等区域。

2. 排列原则

按主导风向，地势高低及水流方向依次为生活区、办公区、辅助生产区、生产区和污粪处理区。如地势与风向不一致时，则以主导风向为主。从上风方向至下风方向，按代次划分应依次安排祖代、父母代、商品代，按鸡的生长期应安排育雏舍、育成舍和成年鸡舍，这样有利于保护重要鸡群的安全。

3. 摆布原则

要综合考虑鸡舍朝向、鸡舍间距、道路、排污、防火、防疫等方面的因素。场内道路应分清洁道和脏污道，走向均为孵化室、育雏室、育成舍、成年鸡舍，各舍有入口连接清洁道，清洁道和脏污道不能交叉，以免污染。

规模化鸡场尽量采用封闭式鸡舍，封闭式鸡舍的饲喂、免疫、温度、湿度等容易掌握，更能够严格控制人员的进出，鸡舍内的鸡群接触到病毒和细菌的可能性更低。同时鸡舍内的消毒灭菌也能控制在一定的空间，这样交叉污染的机会就会大大地减少，有利于疫病尤其是重大动物疫病的防控。

（二）分区的主要功能

蛋鸡场应有 5 个主要分区，即生产区、生活区、行政管理区、兽医防治区、粪便污水处理区（图 2-1）。

1. 生产区

它是鸡舍建设的区域，也是鸡场内占地面积最大、防疫隔离要求最严的区域，包括主车间、辅助车间、库房。

（1）主车间。包括孵化室、育雏舍、育成舍、蛋鸡舍。

（2）辅助车间。包括饲料加工、营养分析、机修、供水、配电、供暖、屠宰加工、运输、冷冻等场所。

（3）库房。包括蛋库、饲料库、车库、材料库、备品库等。

生产区入口处应设消毒室和更衣室，进入生产区的任何人都要穿戴工作服、工作帽、工作鞋，谢绝外来人员参观。

2. 生活区

包括宿舍、食堂、文娱活动室、洗浴房等，是鸡场工作人员的生活场所，位于办公室和生产区之间，相互都有一定的隔离措施。

3. 行政管理区

包括各种办公室、会议室、接待室等。这是一个既要和外界发生联系，又要管理鸡场内务的特定区域。因此，行政管理区要考虑到既与外界联系方便，又与生产区联系方便，但要与生产区隔离，能够有效控制非生产人员进出生产区。通常行政管理区靠近鸡场大门位置。

4. 兽医防治区

包括兽医室、解剖室、化验室、免疫试验鸡舍、病死鸡焚烧炉等。

5. 粪便污水处理区

包括粪便发酵池、污水处理、处理病死鸡等。

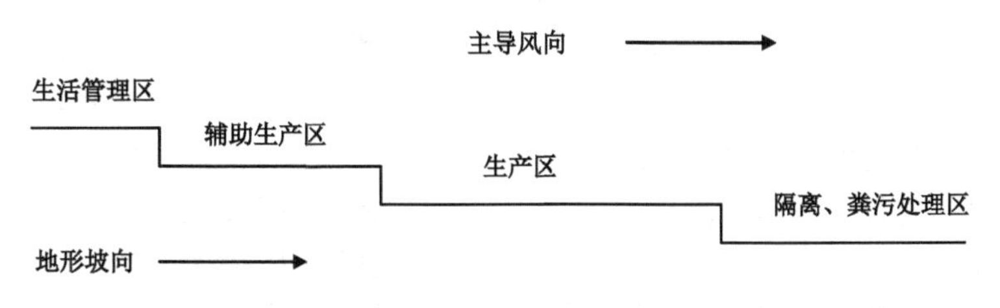

图 2-1　鸡场内分区规划布局示意图

（三）分区布局注意事项

各主要分区间要有适当距离，按鸡场规模及占地范围，间距可为 100~300 米。要设防疫隔离墙及绿化带。库房应设在主车间和辅助车间的结合部。应根据风向和地势高差，做到各分区和车间科学合理布局。生活区、行政区要适当远离其他 3 个分区。兽医防治区、粪便污水处理区应设在下风头或地势较低的地方。主车间中孵化室应与育雏舍、育成舍、蛋鸡舍尽量拉开距离。育雏应设在上风头或地势较高处。建场绝不能把孵化室、育雏舍设置在低洼地方，也不应靠近粪便污水处理区。

二、生产区内布局

1. 鸡舍朝向

鸡场的朝向是指鸡舍的长轴与地球经线是水平还是垂直。鸡场朝向的选择应根据当地的气候条件、地理位置、鸡舍的采光及温度、通风、排污等情况确定。我国绝大部分地区太阳高度角冬季低、夏季高，且我国夏季盛行东南风，冬季多东北风或西北风，南向鸡舍均较适宜，朝南偏西15°~30°也可以。

2. 鸡舍间距

鸡舍间距指鸡舍与鸡舍之间的距离，是鸡场总的平面布置的一项重要内容，它关系到鸡场的防疫、排污、防火和占地面积，直接影响到鸡场的经济效益，因此应给予足够的重视。

（1）防疫要求。首先应了解最为不利的间距，即当风向与鸡舍长轴垂直时，背风面旋涡范围最大的间距。一般鸡舍的间距是鸡舍高度的3~5倍时，即能满足要求。试验表明，背风面漩涡区的长度与鸡舍高度之比是5∶1，因此，一般开放式鸡舍的间距是屋檐高度的5倍。而当主导风向入射角为30°~60°时，漩涡长度缩小为鸡舍高度的3倍左右，这时的间距对鸡舍的防疫和通风更为有利。对于密闭式鸡舍，由于采用人工通风和换气，鸡舍间距达到3倍鸡舍高度即可满足防疫要求。

（2）防火要求。为了消除火灾的隐患，防止发生事故，按照国家的规定，民用建筑采用15米的间距。鸡舍多为砖混结构，采用10米间距即能满足防疫和防火的要求。

（3）排污要求。间距一般为鸡舍高度的2倍，按民用建筑的日照间距要求，鸡舍间距应为鸡舍高度的1.5~2倍。鸡场排污需要借助自然风，当鸡舍长轴与主导风向夹角为30°~60°时，用1.3~1.5倍的鸡舍间距也可以满足排污要求。

3. 鸡场道路设置

鸡场道路分净道和污道两种，净道作为场内运输饲料、鸡群和鸡蛋之用，污道用于运输粪便、死鸡和病鸡，二者不得交叉使用，在道路规划上必须重视。因此，鸡场的内外道路要严格区分，外来人员及车辆一般不能进入场内，内外道路之间互不贯通，其相交点应设置消毒池，人员、车辆进入场内时，必须经过清洗消毒。为了保证净道不受污染，在布置道路时可以按梳状布置，道路末端只通鸡舍，不再延伸，更不可以与污道相通。净道与污道之间可以用草坪、池塘或者林木带相隔。因为养鸡场的道路多为末端封闭，所以必须在道路的尽头设置回车的场地。如果受土地面积的限制，无条件设置回车场，可以利用道路与鸡舍之间的空地，按道路要求铺成硬地面，作为回车所需要的场地。

4. 鸡场的绿化

绿化可以明显改善鸡场的温度、湿度和气流等状况。环境绿化良好，绿色植物可吸收大量的二氧化碳进行光合作用，并释放出大量氧气，许多植物如玉米、向日葵和花草、树木等，可从空气中吸收氨而促进生长，这些都可大幅度降低空气中的有害气体，使场区和鸡舍的空气保持新鲜。花木和植被对噪声具有吸收和减弱功能，花木的枝叶密度愈大，减噪的效果也愈明显。对场区进行全面绿化，可栽树、种花、种草，建成花园式养鸡场，不但净化了空气，美化了环境，使职工身心舒畅，工作愉快，同时也提高了养鸡场的品位，有利于维护与周边居民的友好关系。

（1）生活区与管理区的绿化。生活区与管理区的绿化应具有美化环境和观赏的效果，各种花木可相间排列，构成一定的美观图案，并使花木的开花期错开，致全年都有花木开花。

（2）场界周围的绿化。场界周围宜种植常绿乔木和灌木混合林带，这种混合林带的宽度应达10米以上，以增加防风、防沙的效果。

(3) 防疫隔离区的绿化。防疫隔离区包括疫病控制室、粪便污物处理区。为达到降尘和防止人畜闯入的目的，应以乔木和灌木相间种植，密度要大，使人畜不能穿越为宜。

(4) 场内道路的绿化。场内道路的绿化以遮阴和美化为目的，可种植常绿乔木，并配植有观赏价值的花木或花草。

(5) 鸡舍之间的绿化。在鸡舍之间较宽的情况下，可种植一些树干低矮的桃树或梨树。这样不但美化环境，收获一定量的鲜果，而且又不妨碍鸡舍的通风和采光。如果鸡舍之间的距离较近，则不宜种树，而可种植花草，以免妨碍鸡舍的通风和采光。

(6) 鸡舍周围的绿化。鸡舍南墙和西山墙的墙边可种植攀爬植物，如爬山虎、葡萄等蔓延着窗户两侧的墙壁攀爬直达房顶，这样可大大增强鸡舍防暑降温效果。

第三节　鸡舍的建筑设计

鸡舍是鸡群的生活空间，舍内环境与鸡群的健康、生产力之间有密切的关系，鸡舍设计的是否合理决定了鸡舍内环境是否适宜。

一、鸡舍设计要求

1. 舍外环境

鸡舍外的温度、湿度、光线、空气质量、气流等因素是影响鸡舍小气候的因素。

2. 鸡舍建筑

建筑结构类型、规格、材料、通风方式、光照管理等也是影响鸡舍小气候的重要方面。

3. 环境控制设备

如供暖、降温、通风、空气过滤、粪便处理等设备的合理应用，可在一定程度上缓解外界不良环境的影响。

4. 饲养管理措施

如饲养方式、饲养密度、饲料形态、饲喂方法或使用某些药物也会影响舍内环境。

二、鸡舍设计原则

1. 有利于卫生防疫

鸡舍能够有效地与外界隔离，外来人员和车辆不能靠近鸡舍；能够防止鸟雀、老鼠等动物的进入，因为它们都是疫病的传播者；舍内地面要经过硬化处理，便于清扫和冲洗；鸡舍之间要有适当的距离，能够减少相互之间的影响。

2. 能够有效缓解外界不良气候因素的影响

自然气候条件不是饲养蛋鸡的最合适条件，一些恶劣的气候如风雨雷电、高温酷暑、冰雪严寒都会对蛋鸡的生长发育和健康造成不良影响。鸡舍的屋顶、墙壁、门窗应该能够起到保温隔热和防风防雨效果，使舍内环境更适合蛋鸡生产的需要。

3. 有利于生产管理操作

鸡舍的高度要合适，不影响各种环境控制设备安装和人员走动；鸡舍内的立柱位置要合适，有利于喂料和饮水设备的摆放，并有利于添加饲料和饮水。

4. 有利于生产安全

与外界能够较好地隔离，使鸡舍受外界因素的影响越少越好；注意防火要求，由于蛋鸡生产中用电多，需要注意供电线路和电器设备的安全使用，由于经常需要加热，也需要注意防止加热设备发生问题；防止房屋垮塌，尤其是遇到大风、暴雨、暴雪天气，必须保证屋顶的牢固性和门窗的密闭性。

三、鸡舍的类型

建造蛋鸡舍时，应根据自己的实际情况，灵活地选择鸡舍的结构和使用材料，并结合控制疫病等因素综合考虑鸡舍建筑类型。常见蛋鸡舍建筑主要有以下几种类型。

1. 开放式鸡舍

开放式鸡舍依靠自然通风，采光则是自然光照和人工补充光照。这种饲养方式的鸡舍有两种，即有窗鸡舍和卷帘鸡舍。

有窗鸡舍根据天气变化开闭窗户来调节舍内温度及通风换气；卷帘鸡舍用帐幕作为墙体，靠卷起和放下帐幕调节鸡舍内的温度。鸡舍的高度一般要求为2.4米以上，炎热地区要求更高一些。鸡舍的长度和宽度根据饲养量、设备规格、操作方便性和地形限制而定。鸡舍顶面一般盖瓦片，屋顶设计有天窗，鸡舍的两侧面要有较大面积的通风带。

开放式鸡舍造价低，设计、建材、施工工艺与内部设置等条件要求较为简单。但鸡舍受外界环境的影响较大，温度调节效果不明显，尤其是不易控制光照，不能很好地控制鸡的性成熟，生产的季节性极为明显，不利于均衡生产和保证市场的正常供给，在寒冷地区也不适用。

2. 密闭式鸡舍

包括有窗舍和无窗舍两种，封闭式鸡舍利用人工或微电脑等控制设备调节鸡舍的内部环境，以达到鸡的最佳生长条件需要。

封闭式鸡舍的通风完全靠风机进行，夏季使用湿帘通风系统降温，冬季一般不专门供应暖气，而是靠鸡体本身散发的热量，使舍内温度维持在比较适宜的范围之内。鸡舍内的采光是根据不同日龄的鸡对光照的需要，靠随时调整采光设备的光照强度和照明时间完成。

密闭式鸡舍屋顶和四壁隔温良好，具有较好的保温隔热能力，可以消除或减少严寒酷暑、狂风、暴雨等一些不利的自然因素对鸡群的影响，为鸡群提供较为适宜的生活、生产环境；鸡舍四周密闭良好，基本上可杜绝由自然媒介传入疾病的途径；可人为控制光照，有利于控制鸡的性成熟和刺激产蛋，也便于对鸡群实行限制饲喂、强制换羽等措施。鸡体活动受到限制和在寒冷季节鸡体热量散发减少，因而饲料报酬有所提高。

密闭式鸡舍建筑与设备投资高，要求较高的建筑标准和较多的附属设备；饲养密度高，鸡只彼此互相感染疾病的概率大；通风、照明、饲喂与饮水等全部依靠电力，要求必须有可靠的电源，否则遇有停电，会对养鸡生产造成严重影响。

3. 开放与密闭兼用鸡舍

通过开窗来调节鸡舍内的环境，在气候温和的季节依靠自然通风；在气候不利的情况下，则关闭南北墙的窗户，开启进风口和风机进行纵向通风。

开放与密闭兼用鸡舍能充分利用自然资源，能在恶劣的气候条件下实现人工调控，在通风形式上实现横向、纵向通风相结合，因此兼备了开放与封闭式鸡舍的双重功能。

4. 棚架式鸡舍

这种鸡舍建筑工期大大缩短，且降低了造价。各地在使用过程中采用将骨架改为竹制，在顶部覆以稻草帘之类的保温材料，进一步降低造价，增强了防暑抗寒效果。此类鸡舍结构过于简单，控制舍内环境的能力较差，影响鸡群在冬、夏季节生产性能的发挥。

四、鸡舍的平面、剖面和立面设计

1. 平面设计

鸡舍的平面设计要根据饲养工艺要求、饲养数量、饲养设备与尺寸、鸡舍类型、过道数量、饲养管理操作方便等，确定舍内布局。

2. 剖面设计

鸡舍剖面设计是解决垂直方面空间处理的有关问题，即根据生产工艺和内部环境需要，设计剖面形式与确定鸡舍剖面尺寸、鸡舍空间的组合和利用以及鸡舍剖面和结构、构造的关系等。笼养鸡舍笼顶至顶棚之间的距离，自然通风时不少于 1.7 米，机械通风时不少于 0.8 米；网上平养时，网面至顶棚之间的距离应在 1.7 米以上。

3. 立面设计

当平面、剖面设计确定时，建筑立面的形体轮廓也已基本确定。立面设计主要是鸡舍四壁的外观平视图，包括鸡舍外形、总高度及门、窗、通风孔、台阶的位置及尺寸。立面设计除了要符合经济实用的要求外，在可能的条件下也应注意美观，与周围环境相和谐。

五、鸡舍的基本结构和设计

（一）基本结构

1. 鸡舍屋顶

屋顶应保温、隔热、防水、坚固、重量小。鸡舍屋顶的形式主要有平顶式、单坡式、双坡式、钟楼式、半钟楼式和拱顶式。鸡舍应尽可能设天棚，使屋顶和天棚间形成顶室，以加强鸡舍的保温和隔热能力。

2. 鸡舍墙壁

具有良好的保温和隔热性能，结构简单，便于清扫、清洗和消毒，坚固抗震。气候寒冷地区，墙体适当加厚；气候温和的地区，墙壁可稍薄一些。墙外面用水泥抹缝，内墙用水泥或白石灰盖面。

3. 鸡舍地面

应防水、坚实、平整光洁而不滑、耐腐蚀，有一定的保温性能，防潮、不积水，便于清扫和消毒。一般应高出场区地面20~30厘米以上，以便创造高燥的环境。为便于排水，避免污水积存，舍内地面应向排水沟方向做2%~3%的坡度。

4. 门、窗和通气孔

门一般设在南向鸡舍的南面，门的大小应考虑所有设施及车辆都能顺利进出为宜。一般单扇门高2米、宽1米；两扇门高2米、宽1.6米左右。

鸡舍的窗户应考虑鸡舍的采光和通风，开放式鸡舍可设在前后墙上，前窗应宽大，离地面可较低，以便于采光。后窗应小，约为前窗的2/3，离地面可稍高，以利于夏季通风。寒冷地区的鸡舍在基本满足光照和夏季通风的前提下，窗户的数量应尽量少，窗户的尺寸应尽量小。密闭型鸡舍虽不需要窗户提供光照和通风，但也应设置一些应急窗，以防止发生停电等意外之时急需。

目前，在我国比较流行的是简易节能开放型鸡舍，在鸡舍的南北墙上设有大型多功能玻璃钢通风窗，形若一面可以开关的半透明墙体，这种窗具备了窗和墙的双重作用。

通气孔的设置依通气方式不同而异，自然通风的鸡舍，应在鸡舍纵向墙壁的顶部均匀设一排通气孔。采用机械通风方式的鸡舍，对称地设进气口和排气口。

（二）鸡舍的跨度、高度及长度设计

1. 鸡舍的跨度

视鸡舍屋顶的形式、鸡舍类型和饲养方式而定。单坡式与拱式鸡舍跨度不能太大，双坡和平顶式鸡舍可大些；开放式鸡舍跨度不宜太大，密闭式鸡舍跨度可大些；笼养鸡舍要根据安装鸡笼的组数，并留出适当的通道后，再决定鸡舍的跨度；平养鸡舍则要看供水、供料系统的多少，并以最有效地利用地面为原则决定其跨度。一般跨度为：开放式鸡舍 6~10 米；密闭式鸡舍 12~15 米。

2. 鸡舍的高度

应根据饲养方式、清粪方法、跨度与气候条件确定。跨度不大、平养及不太热的地区，鸡舍不必太高，一般鸡舍屋檐高度 2~2.5 米；跨度大、夏季气候较热的地区，又是多层笼养，鸡舍的高度为 3 米左右，或者以最上层的鸡笼距屋顶 1~1.5 米为宜；若为高床密闭式鸡舍，由于下部设粪坑，高度一般为 4.5~5 米。

3. 鸡舍的长度

一般取决于鸡舍的跨度和管理的机械化程度，跨度 6~10 米的鸡舍，长度一般在 30~60 米；跨度较大的鸡舍如 12 米，长度一般在 70~80 米。机械化程度较高的鸡舍可长一些，但一般不宜超过 100 米，否则，机械设备的制作与安装难度较大，材料不易解决。

六、鸡舍的功能设计

鸡舍的合理设计，可以使温度、湿度等控制在适宜的范围内，为鸡群充分发挥遗传潜力，实现最大经济效益创造必要的环境条件。不论是密闭式鸡舍，还是开放式鸡舍，通风和保温以及光照设计是关键，是维持鸡舍良好环境条件的重要保证，且可以有效地降低成本。

1. 通风设计

通风是调节鸡舍环境条件的有效手段，不但可以输入新鲜空气，排出氨气（NH_3）、硫化氢（H_2S）等有害气体，还可以调节温度、湿度，所以在鸡舍的建筑设计中必须重视通风设计。通风量是根据热平衡计算或者依据有害气体浓度控制要求来确定，在合理饲养密度条件下，蛋鸡每千克体重的通风量见表 2-2。

表 2-2　不同温度条件下蛋鸡每千克体重的通风量

［立方米/（只·小时）］

温度（℃）	5	10	15	20	25	30	35
通风量	1.8	2.3	2.7	3.1	3.5	3.9	4.3

通风方式有自然通风和机械通风两种，进风口和出风口设计要合理，防止出现死角和贼风等恶劣的小气候。

（1）自然通风。依靠自然风（风压作用）和舍内外温差（热压作用）形成的空气自然流动，使鸡舍内外空气得以交换。通风设计必须与工艺设计、土建设计统一考虑，如建筑朝向、进风口方位标高、内部设备布置等必须全面安排，在保障通风的同时，有利于采光及其他各项卫生措施的落实。自然通风的鸡舍跨度不可太大，以 6~7.5 米为宜，最大不应超过 9 米。

风压的作用大于热压，但无风时，仍要依靠温差作用进行通风，为避免有风时抵消温差作用，应根据当地主风向，在迎风面（上风向）的下方设置进气口，背风面（下风向）的上部设置排气口。房顶可设通风管，在风力和温差各自单独作用或共同作用时均可排气，特别在夏季舍内外温差较小的情况下起到通风排气作用。在设计时，风管要高出屋顶 60~100 厘米，其上应有遮雨风帽，风管的舍内部分也不应小于 60 厘米，为了便于调节，其内应安装保温调节板，便于随时启闭。

（2）机械通风。依靠机械动力强制进行鸡舍内外空气的交换。机械通风可以分为正压通风和负压通风两种方式。

正压通风是通风机把外界新鲜空气强制送入鸡舍内，使舍内压力高于外界气压，这样将舍内的污浊的空气排出舍外。负压通风是利用通风机将鸡舍内的污浊空气强行排出舍外，使鸡舍内的压力略低于大气压成负压环境，舍外空气则自行通过进风口流入鸡舍，这种通风方式投资少，管理比较简单，进入舍内的风流速度较慢，鸡体感觉比较舒适。

由于横向通风风速小，死角多等缺点，一般采取纵向通风方式。纵向通风时排风机全部集中在鸡舍污道端的山墙上或山墙附近的两侧墙上。进风口则开在净道端的山墙上或山墙附近的两侧墙上，将其余的门和窗全部关闭，使进入鸡舍的空气均沿鸡舍纵轴流动，由风机将舍内污浊空气排出舍外，纵向通风设计的关键是使鸡舍内产生均匀的高速度气流，并使气流沿鸡舍纵轴流动，因而风机宜设于山墙的下部。

通风量应按鸡舍夏季最大通风值设计，计算风机的排气量，安装风机时最好大小风机结合，以适应不同季节的需要。排风量相等时，减少横断面空间，可提高舍内风速，因此三角屋架鸡舍，可每 3 间用挂帘将三角屋架隔开，以减少过流断面。长度过长的鸡舍，要考虑鸡舍内的通风均匀问题，可在鸡舍中间两侧墙上加开进风口。根据舍内的空气污染情况、舍外温度等决定开启风机数量多少。

2. 控温设计

升温可采用燃煤热风炉、燃气热风炉、暖气，电热育雏伞或育雏器。火炉供温的最大优点是方便、升温快，而缺点是火炉易倒烟，污染舍内空气。热风炉供温方式的优点是升温快，但缺点是舍内干燥，相对湿度在 35%左右，很难提高舍内湿度，不利于雏鸡健康。火墙或火道供温方式舍内无烟污染空气，卫生干净，昼夜供温均衡，温差相对较小，从燃料供应上讲，烧煤、木材均可，获取燃料方便。不论采取哪种供温方式，要保证鸡群生活区域温度适宜、均匀，地面温度要达到规定要求。

夏季高温导致体重下降，饲料报酬降低，成活率低，经济效益差，因此在鸡舍建设时应尽量采用隔热材料，并采取必要的降温措施。当环境温度超过 32℃时，增加通风量并不能提供舒适凉爽的环境，唯一有效的方法是采用蒸发冷却降温，常用的是湿帘降温法。湿帘降温的原理是由波纹状的多层纤维纸通过水的蒸发，使舍外空气穿过这种波纹状的多层纤维纸空隙进入鸡舍时使空气冷却，降低舍内温度。有条件的地方如果用深水井的水浸泡湿帘，也可以使鸡舍内的温度下降 6~14℃。

3. 光照设计

光照是构成鸡舍环境的重要因素，不仅影响鸡的健康和生产力，光照时间的长短和强度以及不同的颜色还会影响鸡只的性机能。为使舍内得到适宜的光照，通常采用自然光照和人工光照相结合。光照与温度一样，整个鸡舍要均匀一致，否则也会造成密度不均匀，最终影响鸡群的均匀度。

（1）自然光照。就是让太阳直射光或散射光通过鸡舍的开露部分或窗户进入舍内以达到照明目的。自然光照的面积取决于窗户面积，窗户面积越大，进入舍内的光线越多。但采光面积不仅与冬天的保温和夏天的防辐射热相矛盾，还与夏季通风有密切关系，所以应综合考虑诸方面因素合理确定采光面积。

（2）人工光照。人工照明可以补充自然光照的不足，而且可以按照动物的生物学要求建立人工照明制度。一般采用电灯作为光源，在舍内安装电灯和电源控制开关，根据不同日龄的光照要求和不同季节的自然光照时间进行控制，使鸡达到最佳生产性能。育雏期前两周光照 2~3 瓦/平方米，以后 0.75 瓦/平方米，育成期降为 1~1.3 瓦/平方米，18~20 周龄延长光照时间，增加光照强度至 4~5 瓦/平方米，以促进产蛋量的提高。

4. 防寒保暖设计

鸡舍气温对鸡的健康和生产力影响最大。夏天要注意防暑降温，冬季要做好防寒保暖工作。

（1）加强屋顶和天棚的保温隔热设计。在鸡舍外围护结构中，散失热量最多的是屋顶与天棚，其次是墙壁、地面。屋顶和天棚的结构必须严密，不透气。在寒冷地区，天棚是一种重要的防寒保温结构，如在天棚设置保温层（炉灰、锯末等）是加大屋顶热阻值的有效措施。随着建材工业的发展，用于天棚隔热的合成材料有玻璃棉、聚苯乙烯泡沫塑料、聚氨酯板等。适当降低鸡舍净高，有助于改善舍内温度状况，寒冷地区趋向于采用2~2.8米的净高。

（2）墙壁的隔热设计。在寒冷地区通过选择导热系数小的材料，确定合理的隔热结构和精心施工，就有可能提高鸡舍墙壁的保温能力。如选空心砖代替普通红砖，墙的热阻值可提高41%；而用加气混凝土块，则热阻可提高6倍；采用空心墙体或在空心墙中充填隔热材料，也会大大提高墙的热阻值。

第四节　养鸡生产设备

现代化养鸡生产在一定程度上可用生产设备的应用情况来衡量，机械设备的利用可以大幅度地提高劳动生产力、改善鸡舍环境、提高生产水平并便于防疫，是提高生产效益的关键因素之一。

一、饲养设备

（一）笼网设备

1. 雏鸡笼

笼养育雏，一般采用3~4层重叠式笼养。笼体总高1.7米左右，笼架脚高10~15厘米，每个单笼的笼长为70~100厘米，笼高30~40厘米，笼深40~50厘米。网孔一般为长方形或正方形，底网孔径为1.25厘米×1.25厘米，侧网与顶网的孔径为2.5厘米×2.5厘米。笼门设在前面，笼门间隙可调范围为2~3

厘米，每笼可容雏鸡 30 只左右（图 2-2）。

图 2-2　立式育雏笼

2. 育成鸡笼

组合形式多采用 3 层重叠式，总体宽度为 1.6~1.7 米，高度为 1.7~1.8 米。单笼长 80 厘米，高 40 厘米，深 42 厘米。笼底网孔 4 厘米×2 厘米，其余网孔均为 2.5 厘米×2.5 厘米。笼门尺寸为 14 厘米×15 厘米，每个单笼可容育成鸡 7~15 只（图 2-3）。

3. 蛋鸡笼

组合形式常见的有阶梯式、半阶梯式和层叠式，每个单笼长 40 厘米，深 45 厘米，前高 45 厘米，后高 38 厘米，笼底坡度为 6°~8°。伸出笼外的集蛋槽为 12~16 厘米。笼门前开，宽 21~24 厘米；高 40 厘米，下缘距底网留出 4.5 厘米左右的滚蛋空隙。

图 2-3　育成鸡笼

笼底网孔径间距 2.2 厘米，纬间距 6 厘米。顶、侧、后网的孔径范围变化较大，一般网孔经间距 10～20 厘米，纬间距 2.5～3 厘米，每个单笼可养 3～4 只鸡（图 2-4）。

（1）全阶梯式鸡笼。组装时上下两层笼体完全错开，常见的为 2～3 层。其优点是：鸡粪直接落于粪沟或粪坑，笼底不需设粪板，如为粪坑也可不设清粪系统；结构简单，停电或机械故障时可以人工操作；各层笼敞开面积大，通风与光照面大。缺点是：占地面积大，饲养密度低为 10～12 只/平方米，设备投资较多。

（2）半阶梯式鸡笼。上下两层笼体之间有 1/4～1/2 的部位重叠，下层重叠部分有挡粪板，按一定角度安装，粪便清入粪坑。因挡粪板的作用，通风效果比全阶梯差，饲养密度为 15～17 只/平方米。

（3）层叠式鸡笼。鸡笼上下两层笼体完全重叠，常见的有3~4层，高的可达8层，饲养密度大大提高。其优点是：鸡舍面积利用率高，生产效率高。饲养密度3层为16~18只/平方米；四层为18~20只/平方米。缺点是：对鸡舍的建筑、通风设备、清粪设备要求较高。此外，不便于观察上层及下层笼的鸡群，给管理带来一定的困难。

4. 种鸡笼

种鸡笼有单层种鸡笼和两层单体人工授精种鸡笼。单层种鸡笼的尺寸为190厘米×88厘米×60厘米，为公母同笼自然交配，可饲养母鸡22只，公鸡2只。单体笼常用于进行人工授精的鸡场，原种鸡场进行纯系个体产蛋记录时也采用。

图2-4　3层阶梯蛋鸡笼

（二）饮水设备

饮水设备包括水泵、水塔、过滤器、限制阀、饮水器以及管道设施等，常用的饮水器类型有如下几种。

1. 长形水槽

这是许多老鸡场常用的一种饮水器，一般用镀锌、铁皮或塑料制成。此种饮水器的优点是结构简单，成本低，便于饮水免疫。缺点是耗水量大，易受污染，清洗工作量大（图 2-5）。

图 2-5　长形水槽

2. 真空饮水器

由聚乙烯塑料筒和水盘组成，筒倒扣在盘上。水由壁上的小孔流入饮水盘，当水将小孔盖住时即停止流出，适用于雏鸡和平养鸡。优点是供水均衡，使用方便，但清洗工作量大，饮水量大时不宜使用（图 2-6）。

3. 乳头式饮水器

为现代最理想的一种饮水器。它直接同水管相连，利用毛细管作用控制滴水，使阀杆底端经常保持挂着一滴水，饮水时水即

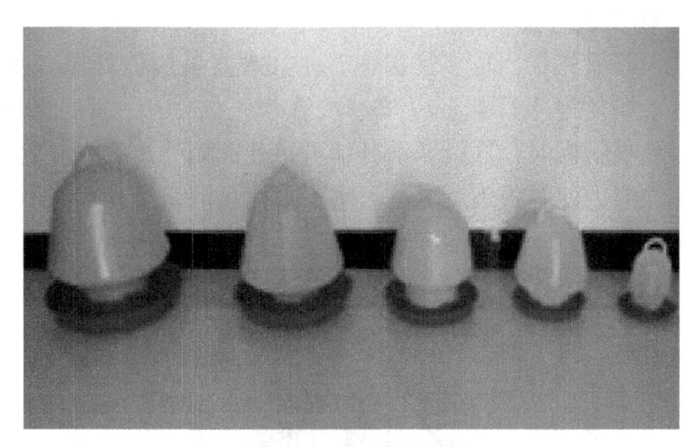

图 2-6　真空饮水器

流出，既节约用水更有利于防疫，并且不需要清洗，经久耐用不需要经常更换。缺点：每层鸡笼均需设置减压水箱，不便进行饮水免疫，对材料和制造精度要求较高（图 2-7）。

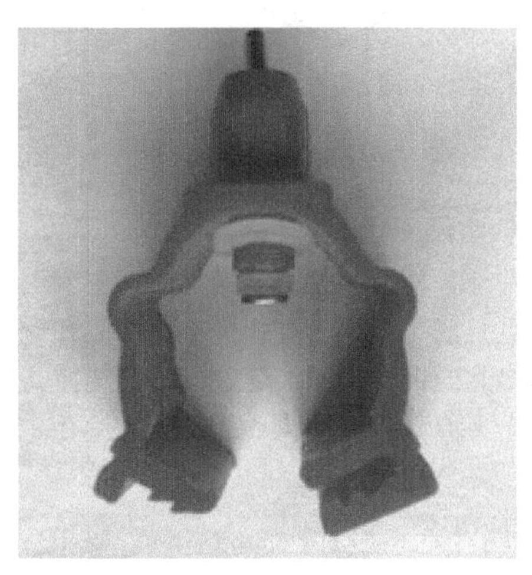

图 2-7　乳头式饮水器

4. 杯式饮水器

饮水器呈杯状，与水管相连，此饮水器采用杠杆原理供水，杯中有水能使触板浮起，由于进水管水压的作用，平时阀帽关闭，当鸡吸触板时，通过联动杆即可顶开阀帽，水流入杯内，借助于水的浮力使触板恢复原位，水不再流出。缺点是水杯需要经常清洗，且需配备过滤器和水压调整装置（图 2-8）。

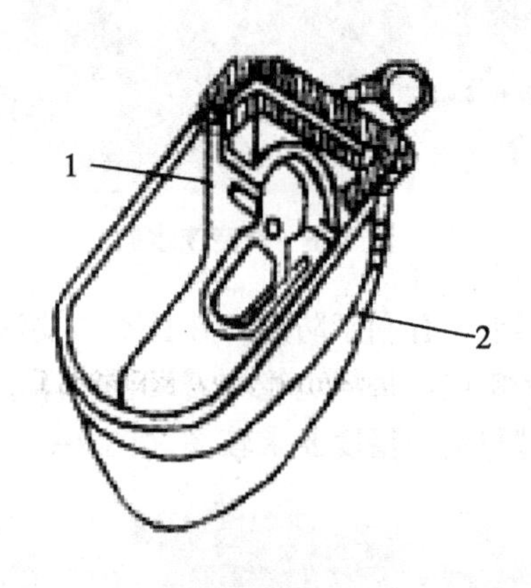

1. 触板；2. 水杯

图 2-8　杯式饮水器

5. 吊盘式饮水器

除少数零件外，其他部位用塑料制成，主要由上部的阀门机构和下部的吊盘组成。阀门通过弹簧自动调节并保持吊盘内的水位。一般都用绳索或钢丝悬吊在空中，根据鸡体高度调节饮水器高度，故适用于平养，一般可供 50 只鸡饮水用。优点为节约用水，清洗方便（图 2-9）。

（三）喂料设备

喂料设备包括贮料塔、输料机、喂料机和饲槽等 4 个部分。贮料塔一般在鸡舍的一端或侧面，用 1.5 毫米厚的镀锌钢板冲压

图 2-9　吊盘式饮水器

而成，其上部为圆柱形，下部为圆锥形，圆锥与水平面的夹角应大于 60°，以利于排料，喂料时，由输料机将饲料送到饲槽。

1. 链板式喂饲机

普遍应用于平养和各种笼养成鸡舍。它由料箱、链环、长饲槽、驱动器、转角轮和饲料清洁器等组成，链环经过饲料箱时将饲料带至食槽各处。

2. 螺旋弹簧式喂料机

广泛应用于平养成鸡舍。电动机通过减速器驱动输料圆管内的螺旋弹簧转动，料箱内的饲料被送进输料圆管，再从圆管中的各个落料口掉进圆形食槽。

3. 塞盘式喂饲机

它是由一根直径为 5~6 毫米的钢丝和每隔 7~8 厘米一个的塞盘组成（塞盘是用钢板或塑料制成的），在经过料箱时将饲料带出。优点是饲料在封闭的管道内运送，一台喂饲机可同时为2~3栋鸡舍供料。缺点是当塞盘或钢索折断时，修复麻烦且安装时技术水平要求高。

4. 喂料槽

平养成鸡应用得较多，适用于干粉料、湿料和颗粒料的饲喂，根据鸡只大小而制成大、中、小长形食槽。

5. 喂料桶

它是现代养鸡业常用的喂料设备。由塑料制成的料桶，圆形料盘和连接调节机构组成。料桶与料盘之间有短链相接，留一定的空隙（图2-10）。

图2-10　喂料桶

6. 斗式供料车和行车式供料车

此两种供料车多用于多层鸡笼和叠层式笼养成鸡舍。

二、环境控制设备

1. 通风设备

机械通风则可依靠机械动力，对舍内外空气进行强制交换，吊扇或壁扇只能使鸡舍内的空气进行内循环，不能将热量和有害气体全部排出。通风设备一般采用大直径、低转速的轴流风机。湿帘风机降温系统由纸质波纹多孔湿帘、轴流风机、水循环系统及控制装置组成。湿帘风机降温系统的主要作用是夏季空气通过湿帘进入鸡舍，用以降低进入鸡舍空气的温度，起到降温的效果。在夏季空气经过湿帘进入鸡舍，可降低舍内温度2~5℃。各种型号的风机有额定通风量，选用风机数量时可根据鸡舍的横截面积、要求的通风速度以及风机的额定通风量计算。计算公式为：风机数量=所需风速×鸡舍通风横截面积/每台风机通风量。而湿帘的大小则根据出风口的大小选取，一般湿帘面积为2~3倍出风口面积（图2-11）。

2. 降温设备

（1）屋顶喷水装置。在鸡舍旁边挖一深井，用潜水泵将地下冷水抽到鸡舍屋顶，在屋顶的中间设置1~2根塑料管，在水管的前后（或左右）制作多个漏水的孔眼，水可经孔眼漏出流在屋顶或鸡舍前后窗口，起到降温的作用。此法在炎热的夏季，可降温2~3℃。

（2）水帘风机系统。砖瓦结构的鸡舍，可以安装水帘风机系统降温。在鸡舍的一端（操作间）两侧的门窗和门的上方设置1~2根塑料管，在塑料管的下方打多个小孔，水管一端连接自来水管，另一端堵上，在打开自来水管时，水可以从塑料管小孔流出。在鸡舍的另一端安装纵向通风风机，当通风启动时，鸡舍水帘一端的空气经水帘冷却，进入鸡舍。此法可降低舍温2~3℃。

图 2-11　鸡舍低转速轴流风机

（3）高压喷雾系统。高压水泵将水打入水管，由特制的喷头与水管连接，安装在鸡舍内屋顶下面，水管行距和喷头的多少可根据鸡舍的跨度和长度设置，由于高压水泵的作用，液态水变为气态，在鸡舍另一端安装风机抽风，这样，间断喷雾和通风，可降低舍内温度 2~3℃。喷雾时间的长短和次数，可根据气温高低灵活掌握。

（4）湿帘风机降温系统。此系统一般可降温 7~10℃，降温效果最好。

3. 供温设备

（1）保温伞。电热育雏保温伞是一种新型的养殖设备，其主要运用于育雏舍的保温设备。该设备主要是利用电热丝发热的原理来进行的。在实际使用中，电热保温伞因为电热丝的热度辐射范围有限，所以使用对象和控温面积受限，一般一台电热保温伞可满足500~600只雏鸡的保暖需求。

（2）暖气供温。有水暖和气暖两种。水暖升温慢但保温时间长；气暖升温快、降温也快，舍内空气干燥。

三、粪污处理设备

1. 牵引式刮粪机

一般由牵引机、刮粪板、框架、钢丝绳、转向滑轮、钢丝绳转动器等组成。它是靠绳索牵引刮粪板，将粪便集中，刮粪板在清粪时自动落下，返回时，刮粪板自动抬起。主要用于鸡舍内同一个平面一条或多条粪沟的清粪，一粪沟与相邻粪沟内的刮粪板由钢丝绳相连，可在一个回路中运转，一刮粪板正向运行，另一个则逆向运行。钢丝绳牵引的刮粪机结构比较简单，维修方便，但钢丝绳易被鸡粪腐蚀而断裂（图2-12）。

图2-12 牵引式刮粪机板

2. 传送带清粪机

传送带清粪装置由传送带、主动轮、从动轮、托轮等组成。常用于高密度叠层式上下鸡笼间清粪，鸡的粪便可由底网空隙直接落于传送带上，可省去承粪板和粪沟。采用高床式饲养的鸡舍，鸡粪可直接落在深坑中，积粪经一年后再清理，非常省事。

传送带的材料要求较高，成本也昂贵。如制作和安装符合质量要求，则清粪效果好，否则系统易出现问题，会给日常管理工作带来许多麻烦（图 2-13）。

图 2-13　传送带清粪机

第三章　蛋鸡的营养与饲料

蛋鸡具有生长快，物质代谢旺盛，营养需求高等特点，需要更多的能量、蛋白质、矿物质和维生素饲料，只有满足蛋鸡的营养需要，才能正常生长，充分发挥其生产力。因此，首先要了解鸡的各生育阶段的营养需要与产蛋阶段的营养需要；了解饲料的种类和含有营养素的特点，将各类饲料合理搭配成配合饲料，使这些饲料所含的营养素符合蛋鸡的各个阶段生长的需要，符合蛋鸡产蛋期和产蛋高峰期的营养需要，这样才能充分发挥蛋鸡的生产潜力，经济合理地利用饲料，发挥饲料的最大作用。

第一节　蛋鸡的营养需要

蛋鸡的营养需求全面，容易消化吸收。蛋鸡需要的营养物质主要有能量、粗蛋白质、矿物质、维生素及水。

一、能量

鸡的一切生理活动，如呼吸、循环、吸收、排泄、繁殖和体温调节等都需要能量，而能量来源主要是饲料中的碳水化合物、脂肪、蛋白质等营养物质。其中，脂肪的能值为 39.54 兆焦/千克，蛋白质为 23.64 兆焦/千克，碳水化合物为 17.36 兆焦/千克。

饲料中各种营养物质的热能总值称为饲料总能（GE）；饲料中的营养物质在鸡的消化道内不能完全被消化吸收，不能消化的物质随粪便排出，粪中也含有能量，食入饲料的总能量减去粪中的能量，才是被鸡消化吸收的能量，这种能量称为消化能（DE）；食物在肠道消化时还会产生以甲烷为主的气体，被吸收的养分有些也不被利用而以尿中的各种形式排出体外，这些气体和尿中排出的能量未被鸡体利用，饲料消化能减去气体能和尿能，余者便是代谢能（ME）。在一般情况下，由于鸡的粪尿排出时混在一起，因而生产中只能去测定饲料的代谢能而不能直接测定其消化能，故鸡饲料中的能量都以代谢能来表示；代谢能去掉鸡体增热消耗，余者便是净能（NE）。

鸡是恒温动物，有维持体温恒定的能力。当外界温度低时，机体代谢加速，产热量增加，以维持正常体温，维持能量的消耗也就增多。因此，冬季日粮中能量水平应适当提高。

鸡还有自身调节采食量的本能，饲粮能量水平低时就多采食，使一部分蛋白质转化为能量，造成蛋白质的过剩或浪费；饲粮能量过高，则相对减少采食量，影响了蛋白质和其他营养物质的摄取量，从而造成鸡体内能量相对剩余，使鸡体过肥，对鸡产蛋不利。因此，在配合饲粮时必须首先确定适宜的能量标准，然后在此基础上确定其他营养物质的需要量。在我国鸡的饲料标准中，为了平衡饲粮的能量和蛋白质，用蛋白能量比来规定蛋白质与能量的比例关系。

二、粗蛋白质

粗蛋白质是饲料中含氮物质的总称，包括纯蛋白质和氨化物。氨化物在植物生长旺盛时期和发酵饲料中含量较多（占含氮量的30%～60%），成熟籽实含量很少（占含氮量的3%～10%）。氨化物主要包括未结合成蛋白质分子的个别氨基酸、植物体内由无机氮（硝酸盐和氨）合成蛋白质的中间产物和植物蛋白质经酶类和细菌分解后的产物。

各种饲料中粗蛋白质的含量和品质差别很大。就其含量而言，动物性饲料中最高（40%～80%），油饼类次之（30%～40%），糠麸及禾本科籽实类较低（7%～13%）；就其质量而言，动物性饲料、豆科及油饼类饲料中蛋白质品质较好。一般来说，饲料中蛋白质含量愈多，其营养价值就愈高。蛋白质品质的优劣是通过氨基酸的数量与比例来衡量的，在纯蛋白质中有 20 多种氨基酸，这些氨基酸可分为两大类：一类是必需氨基酸，另一类是非必需氨基酸。所谓必需氨基酸是指在鸡体内不能合成或合成的速度很慢，不能满足鸡的生长和产蛋需要，必需由饲料供给的氨基酸。鸡的必需氨基酸包括 13 种：蛋氨酸、赖氨酸、胱氨酸、色氨酸、精氨酸、亮氨酸、异亮氨酸、苯丙氨酸、酪氨酸、苏氨酸、缬氨酸、组氨酸和甘氨酸。由于在鸡体内胱氨酸可由蛋氨酸合成，酪氨酸可由苯丙氨酸合成，因而胱氨酸和酪氨酸也叫半必需氨基酸。所谓非必需氨基酸是指鸡体内需要量少且能够合成的氨基酸，如丝氨酸、丙氨酸、天门冬氨酸、脯氨酸等。在鸡的必需氨基酸中，蛋氨酸，赖氨酸、色氨酸在一般谷物中含量较少，它们的缺乏往往会影响其他氨基酸的利用率，因此，这 3 种氨基酸又称为限制性氨基酸。在鸡的日粮中，除了供给足够的蛋白质，保证各种必需氨基酸的含量外，还要注意各种氨基酸的比例搭配，这样才能满足鸡的营养需要。

在鸡的生命活动中，蛋白质具有重要的营养作用。它是形成鸡肉、鸡蛋、内脏、羽毛、血液等的主要成分，是维持鸡的生命、保证生长和产蛋的极其重要的营养素，而且蛋白质的作用不能用其他营养成分来代替。如果日粮中缺蛋白质，雏鸡生长缓慢，蛋鸡的产蛋率下降、蛋重减少，严重时体重下降，甚至引起死亡。相反，日粮中蛋白质过多也是不利的，它不仅增加饲料价格，造成浪费，而且还会使鸡代谢障碍，体内有大量尿酸盐沉积，是导致痛风病的原因之一。

鸡对蛋白质的需要量主要取决于产蛋水平、气温和体重 3 个因素。一般来说，鸡产蛋率（量）愈高，体重愈大，蛋白质需要量愈多；同一产蛋水平的母鸡，夏季对蛋白质需要量要高于冬季。此外，年龄、饲料组成对蛋白质利用亦有影响，尤其是饲粮中氨基酸不平衡，会降低蛋白质的利用率，此时蛋白质的需要量相对增加。实践证明，鸡饲粮中含粗蛋白质14%~17%，对大多数品系的产蛋鸡在整个产蛋期内，都能获得较多的产蛋量。

三、矿物质

矿物质是鸡体不可缺少的成分，具有调节渗透压、保持酸碱平衡的作用。矿物质又是骨骼、蛋壳、血红蛋白、甲状腺素的重要成分，是保证鸡正常发育的必需物质。矿物质按需要量可分为常量元素和微量元素两大类。

1. 常量元素

（1）钙和磷。钙、磷是鸡需要量最多的两种矿物质元素，二者约占体内矿物质元素总量的70%。钙不仅是骨骼、蛋壳的主要成分，而且在维持神经、肌肉、心脏的正常生理机能和调节酸碱平衡、促进血液凝固等方面均起重要作用。缺钙时，鸡出现佝偻病和软骨病，生长停滞，产蛋率下降，产薄壳蛋或软壳蛋。不同种类的鸡对钙的需要量是不同的，一般生长鸡饲粮中的需要量为0.8%~1.0%，成年鸡开始产蛋后对钙的需要量随产蛋率增加而增加，一般产蛋鸡饲粮中钙的含量为3.0%~4.0%。

钙与饲粮中能量浓度有一定关系，一般饲粮中能量高时，含钙量也适当增加，但也不是含钙量愈多愈好。如超过需要量，则影响鸡对镁、锰、锌等元素的吸收，对鸡的生长发育和生产也不利。

钙在贝粉、石粉、骨粉等矿物质饲料中含量丰富，而在一般谷物、糠麸中含量很少。因此，在配合饲粮时，要注意添加含钙量多的矿物质饲料。

磷作为骨骼的组成元素，其含量仅次于钙，也是构成蛋壳和蛋黄的原料。磷在碳水化合物与脂肪的代谢、钙的吸收利用以及维持酸碱平衡中也有重要作用。缺磷时，鸡食欲减退，出现异食癖，生长缓慢，严重缺乏时关节硬化，骨脆易折，蛋鸡产蛋率明显下降，甚至停产。

磷的主要来源是矿物质饲料、鱼粉、饼粕类和糠麸，而饲料中全部的磷称为总磷，其中鸡可以吸收利用的称为有效磷。鱼粉等动物性饲料和骨粉等矿物质性饲料中的磷，鸡容易吸收利用，都视为有效磷；植物性饲料中磷，鸡只能利用30%左右。因此，在配合饲粮时，应以有效磷作为磷需要量的指标。配合饲料中有效磷=动物磷+矿物磷+植物磷×30%。在一般情况下，鸡饲料中有效磷的含量为：雏鸡0.55%，青年鸡0.5%，产蛋鸡0.4%。

钙和磷两种元素有着密切的关系，饲粮中某种元素的含量不足或过量都会影响另一种元素的吸收和利用。在一般情况下，雏鸡和青年鸡饲粮中钙、磷的正常比例应为1.2：1，不超过（1.1~1.5）：1范围，产蛋鸡饲粮中钙、磷的比例为4：1或更宽些。

另外，在配合饲粮中，还要注意维生素D对钙、磷吸收和利用的影响。如果饲粮中维生素D含量充足，可以缓解钙、磷比例不当带来的危害；反之，若饲粮中维生素D缺乏，即使饲粮中钙、磷充足且比例适当，但其吸收和利用受到限制，鸡也会出现一系列缺乏钙、磷的症状。

（2）钾。鸡体内各组织细胞中均含有钾，它在维持细胞内液渗透压的稳定和调节酸碱平衡方面起重要作用。此外，钾还参与蛋白质和糖的代谢，并具有促进神经和肌肉兴奋性的作用。缺钾时，鸡食欲减退，精神萎靡，甚至出现弛缓性瘫痪。

一般情况下，鸡饲粮中钾的含量为0.2%~0.4%。植物性饲料中含有丰富的钾，一般饲粮中含钾量可以满足鸡的需要，但饲粮中有些拮抗物，如镁、磷等可影响钾的吸收和利用，拮抗物含量过多，会导致鸡缺乏钾。

（3）镁。镁在鸡体内含量较少，主要存在于骨骼中，余者分布于软组织和细胞外液中。它既具有抑制神经和肌肉兴奋性的作用，又是一些酶类的活化剂，与碳水化合物、脂肪、蛋白质和钙、磷代谢有着密切关系。缺乏镁时，鸡生长发育不良，但过多则扰乱钙、磷平衡。

在一般情况下，鸡每千克饲粮中应含镁200~600毫克。植物性饲料中镁的含量丰富，尤其是麦麸、棉籽饼中含量更多，一般饲粮中的含镁量可以满足鸡的需要。

（4）硫。鸡体内含硫约为0.15%，大部分的硫与含硫氨基酸——胱氨酸、蛋氨酸一起存在，同时它也是硫胺素、生物素的组成成分。它以含硫氨基酸的形式参与羽毛、喙、爪等角质蛋白的合成，以硫胺素的形式参与碳水化合物代谢，它还作为黏多糖的成分参与胶原蛋白和结缔组织的代谢。

饲料中一般都含有丰富的硫，不需要另外补充。但在鸡的换羽期间，补饲硫有利于换羽。

2. 微量元素

（1）铁和铜。各种天然植物饲料含铁甚多，特别是幼嫩青绿饲料。动物性饲料除奶中含铁贫乏外，其余均很丰富。日粮补充铁的原料通常用硫酸亚铁、氯化亚铁等，而氧化铁和碳酸铁溶解度低，效果不好。

铜在鸡体内的作用是很广泛的。虽然铜本身不是血红素的成分，但它能促进铁进入血液以合成血红素，而且铜是红细胞的成分，并能促进红细胞的成熟，因此缺铜时，影响了铁的吸收，红细胞的生成及成熟受到限制，结果导致贫血；铜是某些酶类的组成成分和活化剂，对维持血管弹性起重要作用，缺铜时易导致动脉血管破裂；铜还与维持神经机能、促进骨骼发育和羽毛色素有着密切关系，缺铜时可导致佝偻症、心力衰竭、有色羽毛褪色等。

鸡对铜的需要量很少，每千克饲粮中应含铜4毫克左右。铜在饲料中分布比较广泛，尤其是豆科牧草、大豆饼、禾本科籽实及其副产品中含量丰富。因此，一般饲粮中铜的含量能够满足鸡的需要，不会发生缺铜问题。只是为保险起见，微量元素添加剂中应含有硫酸铜。不过，当饲粮中锌、钼和无机硫酸盐过多时，会影响铜的吸收，可导致出现缺铜症。

（2）锰和锌。锰分布于所有鸡体组织内，以肝、骨骼、脾、胰及脑下垂体中浓度最高。锰为骨骼正常发育所必需，锰与骨骼的生长和鸡的繁殖有关。鸡对锰的吸收较差，所以日粮中必须添加。植物性饲料中锰的含量差异很大，青绿饲料、糠麸含锰丰富，禾本科籽实及块根、块茎中含量较少，动物性饲料中含锰量很少。饲料缺锰时，常以硫酸锰、碳酸锰和氧化锰来补充。

锌是鸡体内多种酶类、激素和胰岛素的组成成分，参与碳水化合物、蛋白质和脂肪的代谢，与羽毛的生长、皮肤健康和伤口愈合密切相关。缺锌时，生长鸡生长发育缓慢，羽毛生长不良，诱发皮炎；成年鸡产蛋量减少，蛋壳变薄，种蛋孵化率降低，胚胎出现畸形。

在正常情况下，鸡每千克饲粮应含锌35~65毫克。锌在鱼粉、肉骨粉和糠麸中含量较多，但植物性饲料中含锌量与土壤有关，差别比较大。虽然配合饲料的含锌量一般可以满足鸡的需要，但如果饲粮本身含锌不足，微量元素添加剂质量又差，或饲粮中含钙过多（超过正常标准的1%~2%），或喂给生黄豆粉，影响锌的吸收利用，则易造成锌缺乏症。

饲粮中含锌过多会影响铁和铜的吸收利用，如每千克饲粮含锌超过800毫克，即超过需要量的10倍以上，则引起中毒反应，表现为厌食，生长受到抑制。

（3）碘和硒。碘是构成鸡体甲状腺的重要成分，它参与体内各种营养物质的代谢过程，对能量代谢、生长发育和繁殖等多种生理功能具有促进作用。鸡缺碘时易患甲状腺肿大病，雏鸡和青年鸡生长缓慢，羽毛不丰满，成年鸡产蛋量减少，种蛋孵化率低。

在正常情况下，鸡每千克饲粮应含碘 0.35 毫克。海鱼粉和海产贝壳粉中含有丰富的碘，沿海地区的土壤和饮水，以及这些地区生产的饲料也含有微量的碘，但为了可靠地满足鸡对碘的需要，应通过微量元素添加剂，向每千克饲粮中添加 0.46 毫克，折合纯碘 0.35 毫克。在我国一些内陆地区，饲料中往往缺碘。因此，除使用含碘的微量元素添加剂外，配料所用的食盐应是碘化食盐。

在饲粮中添加较多的碘化钾或喂给大量的海藻，能使母鸡产出含碘量很高的鸡蛋，即所谓的“碘蛋”，在内陆缺碘地区是一种有益的保健食品，但饲料中含碘量超过 300 毫克/千克，会使鸡群产蛋减少甚至停产，种蛋的孵化率也明显降低。

微量元素硒对于维持蛋鸡的正常生理活动和产蛋性能具有十分重要的作用，当日粮中微量元素硒缺乏时，会出现产蛋率降低、繁殖力下降、饲料利用率降低和免疫力降低等症状；过量的硒会引起硒中毒，带来生产中巨大的经济损失。因此，在蛋鸡日粮配制时，要通过科学合理的微量元素营养调配，才能有效地改善鸡蛋品质，满足市场需求，提高鸡蛋的营养价值与经济效益。

四、维生素

维生素分为脂溶性和水溶性两种，鸡所需要的主要有如下 14 种维生素：脂溶性维生素有维生素 A、维生素 D、维生素 E 和维生素 K 4 种；水溶性维生素有维生素 B_1、维生素 B_2、维生素 B_3、维生素 B_6、维生素 B_{11}、维生素 B_{12}、PP、生物素、胆碱和维生素 C 10 种。这 14 种维生素，有几种可以在鸡的体内合成，但维生素 C 除外，合成量都不能有效地满足需要，必须由饲料供给。脂溶性维生素在鸡的体内可以储存，储存充足时，可维持 214~600 天的需要，对短期供给不足问题不大；水溶性维生素在鸡的体内如利用不完，即随尿排出，几乎不能储存（维生素 B_{12}除外），短期供给不足即影响正常代谢机能。

1. 脂溶性维生素

（1）维生素 A。其主要功能是保护黏膜上皮细胞，维持生殖机能，促进生长发育。鸡缺乏维生素 A 会造成法氏囊过早消失，使机体的免疫功能和皮肤、黏膜的屏障功能降低，容易通过皮肤黏膜途径感染传染病。雏鸡维生素 A 缺乏一般发育不良，重症可见流眼泪、流鼻液，眼部或面部肿胀，死亡率可达 50%以上；成年蛋鸡多为慢性经过，首先出现产蛋率下降，重症也出现眼部病变，种蛋孵化率降低。

动物性饲料一般含维生素 A 较多；部分植物性饲料，尤其是青绿多汁饲料中则含有大量的胡萝卜素。胡萝卜素又称维生素 A 原，可在鸡的肠道和肝脏中转化成维生素 A，供机体利用。维生素 A 缺乏时在每千克饲料中添加鱼肝油 5 毫升，连用 10~15 天，同时每吨饲料的多种维生素用量增加到 500 克效果会更明显。

（2）维生素 D。其主要功能是促进小肠上皮和肾小管对钙、磷的吸收，维持一定的血钙和血磷浓度；维持骨骼的正常钙化；调节淋巴细胞和单核细胞的增殖、分化和免疫反应，促进巨噬细胞的成熟。雏鸡缺乏维生素 D，常以飞节着地行走；喙、趾软而易弯曲，龙骨变形，生长迟缓和完全停止；产蛋鸡缺乏维生素 D 首先是薄壳蛋和软壳蛋数量明显增加，之后产蛋率急剧下降，种蛋孵化率也下降。

植物性饲料一般含维生素 D 较少，但其所含的麦角固醇经阳光照射可转变成维生素 D；缺乏时，每千克饲料添加鱼肝油 10~20 毫升，同时将维生素 AD 粉添加量加倍，持续一段时间，一般 2~3 周可收到较好的效果。

（3）维生素 E。维生素 E 又叫生育酚或抗不育维生素，不仅有抗氧化作用，且有抗应激和促进免疫的功能，还能通过促进肝脏和其他器官细胞内泛醌的形成，参与机体的能量代谢过程，对很多激素的合成具有重要作用。因此，缺乏时会引起鸡机体广泛的功能障碍，导致骨骼肌、心脏、肝脏、脑、胰腺的病变和生长发育、繁殖等障碍综合征，主要表现为脑软化症、渗出性素质、白肌病等。

青绿饲料和种子的胚芽中富含维生素 E。缺乏时每千克日粮添加维生素 E 40 毫克、亚硒酸钠 0.2 毫克、蛋氨酸 3~5 克，连用 2 周。与此同时，改善饲料配方，多用一些富含维生素 E 的饲料，如苜蓿草粉、糠麸、玉米蛋白粉、酵母等。

（4）维生素 K。维生素 K 与机体的凝血作用有关，缺乏时会导致凝血时间延长，全身性出血，严重时可出现死亡。维生素 K 缺乏症很少见于成鸡，主要见于雏鸡。雏鸡可因轻微擦伤或创伤而血流不止，血凝时间延长，甚至引起死亡；严重者可因过度贫血或肝、肾、脾等内脏器官出血不止而突然死亡。

鸡群出现维生素 K 缺乏症时，每千克饲料中添加 10~20 毫克维生素 K_3，饲喂一段时间可使血液凝固恢复正常。个别病重鸡可用维生素 K_3 肌内注射治疗，连用 2 天即可康复。

2. 水溶性维生素

（1）维生素 B_1。维生素 B_1 的分子结构含有硫和氨基，故又称为硫胺素，是一种白色粉末，易溶于水。在加热和在碱性的环境中易被破坏。维生素 B_1 经磷酸化作用可转变为焦磷酸硫胺素，是催化 α-酮酸脱羧必需的辅酶，维生素 B_1 不足时，丙酮酸不能进入三羧循环中被氧化，积累于血液及组织中，特别是脑及心肌等代谢强度高的组织，并由于能量供应不足而引起机能失调现象，称为多发性神经炎。维生素 B_1 又是其他生物化学反应所必需的物质，当维生素 B_1 缺乏时，能使机体内一种增强肠蠕动的乙酰胆碱受到胆碱酯酶的分解破坏，以致肠蠕动减慢，肠壁弛缓，食欲不振，影响生长。

对维生素 B_1 缺乏症的严重病鸡，肌内注射硫胺素 5 毫克/只，能很快见效。糠麸类、豆饼、花生饼、多种青料及其干粉、发酵饲料和干酵母粉中，都含有相当丰富的维生素 B_1，舍饲鸡如吃到糠麸类饲料，放牧鸡又吃到青饲料时，一般不会出现维生素 B_1 缺乏症。

（2）维生素 B_2。维生素 B_2 又叫核黄素，它是鸡体内黄酶类辅基的组成成分，参与碳水化合物、脂肪和蛋白质的代谢，是鸡体较易缺乏的一种维生素。维生素 B_2 缺乏时，雏鸡生长缓慢，下痢，足趾弯曲，用踝部行走；成鸡产蛋率下降，种蛋孵化率降低。

维生素 B_2 在青绿饲料、苜蓿粉、酵母粉、蚕蛹粉中含量丰富，鱼粉、油饼类饲料及糠麸次之，籽实饲料如玉米、高粱、小米等含量较少。在一般情况下，用常规饲料配合鸡的饲粮，往往维生素 B_2 含量不足，需注意添加维生素 B_2 制剂。

在生产中，饲喂高脂肪而低蛋白的饲粮，鸡对维生素 B_2 的需要量增加；雏鸡及种母鸡对维生素 B_2 需要量要比一般鸡高 1 倍。在一般情况下，鸡每千克饲粮应含维生素 B_2 的量为：0～14 周龄的幼鸡 3. 6 毫克，商品产蛋鸡 2. 2 毫克。

（3）维生素 B_3。也叫泛酸，它是辅酶 A 的组成成分，参与体内碳水化合物、脂肪及蛋白质的代谢，能起到维持皮肤和黏膜正常功能的作用，对增强羽毛色泽和提高对疾病的抵抗力有重要作用。雏鸡缺乏泛酸时，生长受阻，羽毛粗糙，眼内有黏性分泌物流出，使眼睑边有粒状物，把上下眼睑黏在一起，喙角和肛门有硬痂，脚爪有炎症；在产蛋鸡缺乏泛酸时，虽然产蛋率下降幅度不大，但孵化率降低，育雏成活率降低。

维生素 B_3 在各种饲料中均有一定含量，在苜蓿粉、糠麸、酵母及动物性饲料中含量丰富，根茎饲料中含量较少。在一般情况下，鸡每千克饲粮应含泛酸的量为：0~20 周龄的生长鸡 10 毫克；商品产蛋鸡 2.2 毫克。

（4）烟酸。也叫尼克酸或维生素 PP，它在鸡体内转化为烟酰胺，是辅酶Ⅰ和辅酸酶Ⅱ的组成成分。这两种酶参与碳水化合物、脂肪和蛋白质的代谢，对维持皮肤和消化器官的正常功能起到重要作用。雏鸡对烟酸需要量高，缺乏时食欲减退，生长缓慢，羽毛发育不良，踝关节肿大，腿骨弯曲；成年鸡缺乏时，种蛋孵化率降低。

烟酸在青绿饲料、糠麸、酵母及花生饼中含量丰富，在鱼粉、肉骨粉中含量也较多，但鸡对植物性饲料中的烟酸利用率低。因此，在鸡饲粮中应考虑补加酵母或烟酸制剂。色氨酸在体内能转变为烟酰胺，大约 60 毫克色氨酸可以合成 1 毫克烟酰胺。在一般情况下，每千克鸡饲粮应含烟酸的量为：0~14 周龄的幼鸡 27 毫克；15~20 周龄的青年鸡 11 毫克；商品产蛋鸡 10 毫克。

（5）生物素。也叫维生素 H，它参与脂肪代谢，是丙酮酸氧化辅酶的组成成分，参与氨基酸的脱氨基化作用以及神经营养过程。缺乏生物素时，会破坏鸡体内分泌功能，雏鸡常发生眼睑、嘴及头部、脚部表皮角质化；成年鸡产蛋率受影响，种蛋孵化率降低。

生物素在蛋白质饲料中含量丰富，在青绿饲料、苜蓿粉和糠麸中也比较多，但鸡对禾谷类籽实中的生物素吸收利用率不同，有些籽实饲料中生物素，鸡只能利用 1/3 左右，雏鸡对饲粮中生物素的利用率明显低于成年鸡。

在一般情况下，鸡每千克饲料应含生物素的量为：0~14 周龄幼鸡 0.15 毫克；15~20 周龄的青年鸡、商品产蛋鸡 0.1 毫克。一般配合饲料都可以达到这一水平，优质的多种维生素添加剂也含有维生素，通常不会缺乏。

（6）维生素 B_6。也叫吡哆醇，它是氨基酸转换酶辅酶的重要成分，参与蛋白质的代谢。鸡缺乏吡哆醇时发生神经障碍，从兴奋而至痉挛，雏鸡生长缓慢，成鸡体重减轻，产蛋率及种蛋孵化率低。

吡哆醇主要存在酵母、糠麸及植物性蛋白质饲料中，动物性饲料及根茎类饲料相对贫乏，籽实饲料中每千克含 3 毫克左右。在一般情况下，鸡每千克饲粮应含吡哆醇的量为：雏鸡、青年鸡、商品产蛋鸡 3 毫克。

（7）维生素 B_9。也叫叶酸、维生素 BC 或维生素 M。它在鸡体内还原为氢叶酸，参与蛋白质与核酸等代谢过程，与维生素 C 和维生素 B_{12}共同促进红细胞和血红蛋白的生成，并有利于抗体的生成，对防止恶性贫血和肌肉、羽毛的生成有重要作用。鸡缺乏叶酸时生长发育不良，羽毛不正常，贫血，种蛋孵化率低。

叶酸在酵母、苜蓿粉中含量丰富，在麦麸、青绿饲料中的含量也比较多，但在玉米中比较贫乏。一般常规饲粮中叶酸含量能够满足青年鸡和商品产蛋鸡的需要，在雏鸡和种鸡的饲粮中应考虑添加叶酸制剂。

一般情况下，鸡每千克饲粮应含叶酸的量为：0~14 周龄的幼鸡 0.55 毫克；15~20 周龄的青年鸡、商品产蛋鸡 0.25 毫克。

（8）维生素 B_{12}。又叫氰酸钴维生素或氰钴维生素。它是加速血细胞成熟、维持营养物质代谢过程，特别是蛋白质代谢不可缺少的因子，曾被称为“动物蛋白因子”，它和叶酸一样参与核酸的合成，但不能互相代替，并能保持中枢和周围的有髓鞘神经纤维功能的完整性。此外，它还能提高植物性蛋白质的利用，促进幼鸡的生长发育。缺乏维生素 B_{12}时，幼鸡生长发育停滞，羽毛蓬乱；成年鸡产蛋下降，种蛋孵化率降低。

维生素 B_{12}只存在于动物性饲料中，虽然鸡的肠道内能合成一些维生素 B_{12}，但合成后吸收率很低，在含有鸡粪的垫草和牛、羊粪、淤泥中，含有大量由微生物繁殖所产生的维生素 B_{12}，因而地面平养鸡可以通过扒翻垫料、啄食粪便而获取维生素 B_{12}，但笼养或网养鸡就无法从垫料中获取维生素 B_{12}。因此，如果配合饲料中鱼粉等动物性成分很少，多种维生素添加剂用量不足，又采取笼养或网养方式，就容易引起维生素 B_{12}缺乏症。

在一般情况下，鸡每千克饲粮应含维生素 B_{12}的量为：0～14周龄的幼鸡 0.009 毫克；15～20 周龄的青年鸡、商品产蛋鸡 0.003 毫克。

(9) 维生素 C。又叫抗坏血酸，它参与鸡体内氧化还原反应，保护酶系中活性巯基，起到体内解毒作用；参与细胞间质的合成，降低毛细血管通透性，促进伤口愈合，促进叶酸形成四氢叶酸，保护亚铁离子，起到防止贫血的作用；增强鸡体免疫力，缓解应激反应。缺乏维生素 C 时，鸡易患坏血病，生长停滞，体重减轻，关节变软，身体各部出血、贫血。

由于大部分饲料中含有维生素 C，青绿饲料中含量丰富，且鸡体内又能合成，所以在一般情况下，鸡很少出现维生素 C 缺乏症。在高温和疾病等应激条件下，补加适量维生素 C 对消除应激、提高产蛋率和蛋壳厚度均有良好作用，这时可看情况在每千克饲料中添加 10～200 毫克维生素 C。

五、水

水是构成鸡体和产品的主要成分，是各种营养素的溶剂。各种营养素的消化、吸收、运输，废物的排出，体温调节也全靠水来完成。鸡缺水的后果比缺乏饲料严重得多，当饮水不足时，就会引起吸收不良，血液浓稠，体温上升，使生长受到影响。在一般情况下，每昼夜的需水量，成年鸡为 1 千克/只，但鸡对水的需要受许多因素影响，其中受温度的影响最大。当气温高于 20℃时，饮水量就开始增加，35℃时饮水量为 20℃时的 1.5 倍，0~20℃时饮水量变化不大，0℃以下饮水量减少。采用混合干粉料或颗粒料时，雏鸡和生长期的幼鸡采食 1 克饲料需饮水 2~2.5 毫升。根据饮水量的变化，可以观察到鸡群健康状况，比如，鸡患病或处于逆境时，往往在采食减少前 1~2 天饮水量就先减少。鸡饮用水的质量，应该与人的饮水标准一致。

第二节　蛋鸡的常用饲料

鸡的饲料种类繁多，根据营养物质含量的特点，大致可分为能量饲料、蛋白质饲料、维生素饲料、矿物质饲料和饲料添加剂等。

一、能量饲料

这类饲料富含淀粉、糖类和纤维素，包括谷实类、糠麸类、块根、块茎和瓜类，以及油、糖蜜等，用量占日粮的 60%左右，此类饲料的粗蛋白质含量不超过 20%，一般不超过 15%，粗纤维低于 18%，所以仅靠这种饲料喂鸡不能满足鸡的需要。

（一）谷实类

谷实类饲料的缺点是：蛋白质和必需氨基酸含量不足，粗蛋白质含量一般为 8%~14%，特别是赖氨酸、蛋氨酸和色氨酸含量少。钙的含量一般低于 0.1%，而磷含量可达 0.34%~0.45%，缺维生素 A 和维生素 D。

1. 玉米

它是养鸡业中最主要的饲料之一，含代谢能量高达 12.55~14.10 兆焦/千克，粗蛋白质 8.0%~8.7%，粗脂肪 3.3%~

3.6%，无氮浸出物 70.7%~71.2%，粗纤维素 1.6%~2.0%，适口性强，易消化。黄玉米一般每千克含维生素 A 3 200~4 800国际单位，白玉米含维生素 A 仅为黄玉米含量的 1/10。黄玉米还富含叶黄素，是蛋黄和皮肤、爪、喙黄色的良好来源。玉米的缺点是蛋白质含量低，且品质较差，色氨酸（0.07%）和赖氨酸（0.24%）含量不足，钙（0.02%）、磷（0.27%）和 B 族维生素（维生素 B_1 除外）含量亦少，玉米油中含亚油酸丰富。玉米易感染黄曲霉菌，贮存时水分应小于 13%。在鸡日粮中，玉米可占 50%~70%。

2. 小麦

含能量约为玉米的 90%，约 12.89 兆焦/千克，蛋白质多，一般粗蛋白质含量为 12%~15%，氨基酸比例比其他谷类完善，B 族维生素也较丰富。适口性好，易消化，可以作为鸡的主要能量饲料，一般可占日粮的 30%左右。但因小麦中不含类胡萝卜素，如对鸡的皮肤和蛋黄颜色有特别要求时，适当予以补充。当日粮含小麦 50%以上时，鸡易患脂肪肝综合征，必须考虑添加生物素。小麦的 β-葡聚糖（5 克/千克）和戊聚糖（61 克/千克）比玉米高，在饲料中添加相应的酶制剂可改善鸡的增重和饲料转化率。

3. 大麦

碳水化合物含量稍低于玉米，蛋白质含量约 12%，稍高于玉米，品质也较好，赖氨酸含量高（0.44%）。适口性稍差于玉米和小麦，而较高粱好，但如粉碎过细并且用量太多，因其黏滞，鸡不爱吃。粗纤维含量较多，烟酸含量丰富，日粮中的用量以 10%~20%为宜，大量饲喂会使鸡蛋着色不佳，大麦的 β-葡聚糖（33 克/千克）和戊聚糖（76 克/千克）含量较多，在饲料中添加相应的酶制剂可改善鸡的增重和饲料转化率，雏鸡日粮中超过 30%，可引起雏鸡生长缓慢，且会因在肠道内发生秘结而死亡。

4. 高粱

高粱含淀粉与玉米相仿，蛋白质稍高于玉米，但脂肪含量低于玉米，饲养效果只相当于玉米的90%左右。高粱中含有单宁，适口性差，多喂易造成便秘，因此，在配合饲料时占20%以下为宜。

5. 稻谷

其营养价值只相当于玉米的80%左右，能量水平低。但它的适口性好，为鸡所喜食，而且含核黄素、磷较多，是雏鸡开食常用的饲料之一。碎米的营养价值稍好，是雏鸡的好饲料。稻谷的喂量以占精料的15%~20%为宜。

（二）糠麸类

糠麸类含无氮浸出物较少，粗纤维含量较多，含磷量高，但主要是植酸磷（约70%），鸡对此利用率很低，B族维生素含量丰富。由于这类饲料营养特点，主要用于种鸡和育成鸡。

1. 麦麸

小麦麸蛋白质、锰和B族维生素含量较多，适口性强，为鸡最常用的辅助饲料，但能量低，代谢能约为6.53兆焦/千克，粗蛋白质约为14.7%，粗脂肪3.9%，无氮浸出物53.6%~71.2%，粗纤维8.9%，灰分4.9%，钙占0.11%，磷0.92%，但其中植酸磷含量（0.68%）高，含有效磷0.24%，麦麸纤维含量高，容积大，属于低热能饲料，不宜用量过多，有轻泻作用，一般可占日粮的3%~15%，育成鸡可占10%~20%。大麦麸在能量、蛋白质和粗纤维含量上都优于小麦麸。

2. 米糠

含脂肪、纤维较多，富含B族维生素，用量太多易引起消化不良，常作辅助饲料，一般可占鸡日粮的5%~10%。

（三）油脂

动物脂肪和油脂是含能量最高的能量饲料，动物油脂代谢能为32.2兆焦/千克，植物油脂含代谢能为36.8兆焦/千克，适合于配合高能日粮。在饲料中添加动、植物油脂可提高生产性能和饲料利用率。

二、蛋白质饲料

粗蛋白质含量在20%以上的饲料称为蛋白质饲料。它是日粮配合的重要组成部分。蛋白质饲料主要分为植物性蛋白质饲料和动物性蛋白质饲料两大类。植物性蛋白质饲料有豆饼、花生饼、葵花籽饼、菜籽饼、棉籽饼、芝麻饼等；动物性蛋白质饲料有鱼粉、血肉粉、蚕蛹粉、羽毛粉等。

（一）植物性蛋白质饲料

包括饼粕、豆科籽实及一些加工副产品。

1. 豆饼和豆粕

大豆经压榨去油后的产品通称“饼”，用溶剂提油后的产品通称“粕”，它们是饼粕类饲料中最富有营养的一种饲料，蛋白质含量42%~46%。大豆饼（粕）含赖氨酸高味道芳香，适口性好，营养价值高，一般用量占日粮的10%~30%。大豆饼（粕）的氨基酸组成接近动物性蛋白质饲料，但蛋氨酸、胱氨酸含量相对不足，故以玉米和豆饼（粕）为基础的日粮通常需要添加蛋氨酸。但是，如果日粮中大豆饼（粕）含量过多，可能会引起雏鸡粪便粘着肛门的现象，还会导致鸡的爪垫炎。加热处理不足的大豆饼含有抗胰蛋白酶因子、尿素酶、血球凝集素、皂素等多种抗营养因子或有毒因子，鸡食入后蛋白质利用率降低，生长减慢，产蛋量下降。

2. 花生仁饼（粕）

营养价值仅次于豆饼，适口性优于豆饼，含蛋白质38%左右，有的饼粕含蛋白质高达44%～47%，含精氨酸、组氨酸较多。配料时可以和鱼粉、豆饼一起使用，或添加赖氨酸和蛋氨酸。花生饼易感染黄曲霉毒素，使鸡中毒，因此，贮藏时切忌发霉，一般用量可占日粮的15%～20%。

3. 菜籽饼（粕）

蛋白质含量34%左右，粗纤维含量约11%。含有一定芥子苷（含硫苷）毒素，具辛辣味，适口性较差，产蛋鸡用量不超过10%，后备生长鸡5%～10%，经脱毒处理可增加用量。菜籽饼用量过多，鸡会由于甲状腺肿大停止生长，所产的蛋有时带有“鱼腥”味或其他异味，这是蛋黄中含有过量的三甲胺引起的，产蛋鸡日粮中的用量不超过5%。

4. 棉仁饼（粕）

蛋白质含量丰富，可达32%～42%。氨基酸含量较高。微量元素含量丰富、全面，含代谢能较低。粗纤维含量较高，约10%，高者达18%。棉仁饼（粕）含游离棉酚和棉酚色素，棉酚含量取决于棉籽的品种和加工方法。一般来说，预压浸提法生产的棉仁饼（粕）中棉酚含量较低，赖氨酸的消化率较高。棉酚中毒有蓄积性，棉酚可使鸡蛋呈橄榄色，鸡蛋蛋白变成粉红色。棉酚可与消化道和鸡体的铁形成复合物，导致缺铁，添加0.5%～1%硫酸亚铁粉可结合部分棉酚而去毒，并可提高棉仁饼的营养价值。棉仁饼一般不宜单独使用，喂量过多不仅影响蛋品质，而且还降低种蛋受精率和孵化率，种鸡尽量不用，幼鸡对棉酚的耐受力较成年鸡差，一般用量不超过日粮的5%，低毒或去毒棉仁饼可增加用量，如添加少量鱼粉或蛋氨酸及赖氨酸可代替豆饼使用。

5. 葵花籽饼

葵花籽饼的粗蛋白质含量在40%以上，粗脂肪含量在5%以下，粗纤维在10%以下，可作为蛋白质饲料代替部分豆饼喂鸡，既可喂雏鸡，又可喂种鸡。

6. 芝麻饼

它含蛋白质高，硫氨基酸及赖氨酸的含量也较高，B族维生素含量丰富，且适口性好，喂量可占日粮的5%~7%。此外，还有其他饼类如胡麻饼、棕榈饼等饼粕，均含有较高的蛋白质，可因地制宜开发利用。

（二）动物性蛋白质饲料

1. 鱼粉

它是养鸡最佳的蛋白质饲料，营养价值高，必需氨基酸含量全面，特别富含植物性蛋白质饲料缺乏的蛋氨酸、赖氨酸、色氨酸，并含有大量B族维生素和丰富的钙、磷、锰、铁、锌、碘等矿物质，还含有硒和促生长的未知因子，是其他任何饲料所不及的，可用于调节日粮氨基酸的平衡，对雏鸡生长和成年鸡产蛋、繁殖都有良好效果。鱼粉含粗脂肪约10%。含粗蛋白质可达55%~77%，一般进口鱼粉含粗蛋白质60%左右，多为棕黄色。国产优质鱼粉含粗蛋白质可达55%，而一般鱼粉含粗蛋白质35%~55%，灰褐色，含盐量高，选用鱼粉要注意质量，以免引起鸡的食盐中毒。一般用量占日粮的2%~8%，饲喂过量鱼粉可使鸡发生肌胃糜烂，特别是加工错误或贮存中发生过自燃的鱼粉中含有较多的“肌胃糜烂因子”。鱼粉还会使鸡肉和鸡蛋出现不良气味。鱼粉应贮存在通风和干燥的地方，否则容易生虫或腐败而引起中毒。因鱼粉含大肠杆菌较多，易污染沙门氏菌，国内有关部门规定曾祖代鸡日粮不用鱼粉，祖代鸡不用或少用。国内开发出的无鱼粉日粮，不仅降低了饲料成本，还有利于种鸡健康，受到养鸡场的普遍欢迎。

2. 肉骨粉

肉骨粉是屠宰场或病死畜禽尸体等经高温、高压处理后脱脂干燥制成。营养价值取决于所用的原料，饲用价值比鱼粉稍差，含蛋白质5%左右，含脂肪较高，最好与植物蛋白质饲料混合使用。雏鸡日粮用量不要超5%，成鸡可占5%~10%。肉骨粉容易变质腐败，喂前应注意检查。

3. 蚕蛹粉、蚯蚓粉

全脂蚕蛹粉含粗蛋白质约54%，粗脂肪约22%。脱脂蚕蛹粉含粗蛋白质约64%，粗脂肪约4%，维生素 B_2 含量较多。蚯蚓粉含蛋白质可达50%~60%，必需氨基酸组成全面，脂肪和矿物质含量较高，加工优良的蚯蚓粉饲喂效果与鱼粉相似，鲜蚯蚓喂鸡效果更佳。蚯蚓粪含蛋白质也较多，还含有未知因子，可促进鸡的生长和产蛋。

4. 羽毛粉、血粉

水解羽毛粉含蛋白质近80%，含有较多的含硫氨基酸，但赖氨酸、色氨酸和组氨酸含量低，这是造成羽毛粉蛋白质生物学价值低的主要原因。羽毛粉仅作蛋白质补充饲料，使用量一般限制在2.5%左右，水解羽毛粉的加工大多是高压蒸煮后烘干粉碎制成。血粉是动物鲜血经蒸煮、压榨、干燥或浓缩喷雾干燥或用发酵法制成，呈黑褐色，其粗蛋白质含量达80%以上，但其蛋白质可消化性较其他动物性饲料差，适口性不好。血粉氨基酸的含量很不平衡，赖氨酸非常多，但异亮氨酸、蛋氨酸缺乏，钙、磷含量很少，铁含量很高，每千克血粉可含铁1 000毫克。

三、矿物质饲料

（一）含钙饲料

贝壳、石灰石、蛋壳均为钙的主要来源，其中贝壳最好，含钙多，易被鸡吸收，饲料中的贝壳最好有一部分碎块，石灰石含钙也很高，价格便宜，但有苦味，注意镁的含量不得过高（不超过0.5%），还要注意铅、砷、氟的含量不超过安全系数。蛋壳经过清洗煮沸和粉碎之后，也是较好的钙质饲料。这3种矿物质饲料用量，雏鸡占日粮的1%左右，产蛋鸡占日粮的5%~8%。此外，石膏（硫酸钙）也可作钙、硫元素的补充饲料，但不宜多喂。

（二）富磷饲料

骨粉、磷酸钙、磷酸氢钙是优质的磷、钙补充饲料。骨粉是动物骨骼经高温、高压、脱脂、脱胶、碾碎而成，因加工方法不同，品质差异很大，选用时应注意磷含量和防止腐败。一般以蒸制的脱胶骨粉质量较好，钙、磷含量分别达30%和14.5%，磷酸钙等磷酸盐中含有氟和砷等杂质，未经处理不宜使用。骨粉用量一般日粮占1%~2.5%，磷酸盐一般占1%~1.5%。磷矿石一般含氟量高并含其他杂质应做脱氟处理，饲用磷矿石含氟量一般不宜超过0.04%。

（三）食盐

食盐为钠和氯的来源，雏鸡用量占日粮的0.25%~0.3%，成鸡占0.3%~0.4%，如日粮中含有咸鱼粉或饮水中含盐量高时，应弄清含盐量，在配合饲料中减少食盐用量或不加。

（四）其他

沙砾有助于肌胃的研磨力，笼养鸡一般应补给。虽然最新研究认为，喂沙砾并不能提高饲料转化率和生产性能，但是有研究表明，现在用低纤维、高能饲粮养鸡，喂沙砾可减少肌胃腐蚀的发生。不喂沙砾时，雏鸡啄食垫草或羽毛，损伤肠道。日粮中一般添加0.5%~1%的沙砾，也可单独补饲，但要注意，种鸡停料日喂沙砾，容易采食过量。麦饭石、沸石和膨润土等，不仅含有常量元素，还富含微量元素，并且由于这些矿物结构的特殊性，所含元素大多具有可交换性和溶出性，因而容易被动物所吸收利用，可提高鸡的生产性能。饲料中添加2.5%~5%麦饭石、5%沸石、1.5%~3%的膨润土，对提高鸡的生产性能和饲料转化率均有良好效果。此外，它们还具有较强的吸附性，如沸石和膨润土有减少消化道氨浓度的作用。

四、氨基酸饲料

1. *DL*–蛋氨酸

它是有旋光性的化合物，分为 *D* 型和 *L* 型。在鸡体内，*L* 型易被肠壁吸收，*D* 型要经酶转化成 *L* 型后才能参与蛋白质的合成，工业合成的产品是 *L* 型和 *D* 型混合的外消旋化合物，是白色片状或粉末状晶体，具有微弱的含硫化合物的特殊气味，易溶于水、稀酸和稀碱，微溶于乙醇，不溶于乙醚。

2. *L*–赖氨酸盐

L–赖氨酸化学名称是 *L*–2，6–二氨基乙酸，白色结晶。赖氨酸由于营养需要量高，许多饲料原料中含量又较少，故常常是第一或第二限制性必需氨基酸。谷类饲料中赖氨酸含量不高，豆类饲料中虽然含量高，但是作为鸡饲料原料的大豆饼或大豆粕均是加工后的副产品，赖氨酸遇热或长期贮存时会降低活性。在鱼粉等动物性饲料中赖氨酸虽多，但也有类似失活的问题，因而在饲料中可被利用的赖氨酸只有化学分析得到数值的 80%左右。

五、添加剂饲料

添加剂饲料包括营养性添加剂与非营养性添加剂两大类。营养性添加剂，主要是补充配合饲料中含量不足的营养素，使所配合的饲料达到全价。非营养性添加剂并不是营养需要，它是一种辅助性饲料，添加后可提高饲料的利用效率，防止疾病感染，增强抵抗力，杀害或控制寄生虫，防止饲料变质，或是提高适口性等。

（一）营养性饲料添加剂

有人工合成的氨基酸、微量元素添加剂和维生素添加剂等。

1. 人工合成的氨基酸

常用的有 *L*-赖氨酸和 *DL*-蛋氨酸。根据配合饲料中含量的多少，参照饲养标准，添加其不足部分，直到全价为止。

2. 微量元素添加剂

根据鸡的生长发育阶段和产蛋期的营养需要，常以每吨饲料计算添加量。

3. 维生素添加剂

多由人工合成的各种维生素配合而成为复合维生素添加剂。要根据饲料配方和鸡的营养需要添加，要求搅拌均匀。脂溶性维生素易氧化失效，其添加量要适当增加。微量元素与维生素添加剂的用量甚微，添加时应以细玉米粉为载体，玉米粉以 10 千克为宜，这样添加剂的量达到 1%，易于在饲料中混匀。微量元素有结晶水，用前应烘干磨碎才能混匀。维生素应在添加前与载体混合，不宜早配，以免失效。

（二）非营养性添加剂

有抗菌药物、促生长药物、抗球虫药、抗氧化剂及防霉剂等。

1. 抗菌药与促生长药

常用的有杆菌肽、泰乐霉素等，并不断地有新药出现，根据需要和使用说明书添加，对生产有显著的效果。

2. 抗球虫药

有预防和治疗鸡球虫病的作用。抗球虫药种类很多，根据说明书使用，要注意轮换用药，防止产生抗药性。

3. 抗氧化剂

为了避免饲料氧化酸败和脂溶性维生素被氧化失效，饲料中加入丁基化羟基甲苯（BHT）、丁基化羟基苯甲醚（BHA）、乙氧基喹等，可以防止饲料的氧化，一般添加量为 0.01%~0.05%。

4. 防霉剂

为了防止饲料发霉变质，可在饲料贮存期间加入丙酸钠或丙酸钙，防止霉菌繁殖，其加入量分别为2.5毫克/千克和5毫克/千克。

第三节　蛋鸡的饲养标准

一、饲养标准的概念

动物营养学家通过长期的饲养研究，根据鸡不同生长阶段，科学地规定出每只鸡应当喂给的能量及各种营养物质的数量和比例，这种按鸡的不同情况规定的营养指标，就称为饲养标准。饲养标准是以鸡在生长发育、繁殖、生产等生理活动中每天对能量、蛋白质、维生素和矿物质等营养物质的需要量制定的。

二、蛋鸡饲养标准

鸡的饲养标准很多，不同国家或地区都有自己的饲养标准，如美国NRC标准、英国ARC标准、日本家禽饲养标准等。另外，一些国际著名的大型育种公司，如加拿大雪佛育种公司、荷兰优利布里德公司等，根据各自向全球范围提供的一系列优良品种，分别制订了其特殊的营养规范要求，按照这一饲养标准进行饲养，便可达到该公司公布的某一优良品种的生产性能指标。在饲养标准中，详细地规定了鸡在不同生长时期和生产阶段，每千克饲粮中应含有的能量、粗蛋白质、各种必需氨基酸、矿物质及维生素等的含量。有了饲养标准，可以避免实际饲养中的盲目性，对饲粮中的各种营养物质能否满足鸡的需要，与需要量相比有多大差距，可以做到胸中有数，不至于因饲粮营养指标偏离鸡的需要量或比例不当而降低鸡的生产水平。

我国最初的《鸡的饲养标准》是1986年经农业部批准正式公布的，随着品系选育和饲料营养科学的发展，鸡的生产性能得到了极大的提高，原来的饲养标准已不能适应现代高产品系鸡的生产要求，根据我国鸡的品种、饲料原料和环境条件的实际情况，并借鉴世界其他国家先进的饲养标准和营养需要量，于2004年制定了新的《鸡的饲养标准》。为使读者使用方便，特列出我国蛋鸡的饲养标准供参考。见表3-1、表3-2。

表3-1 我国生长蛋鸡饲养标准

营养指标	单位	0~8周龄	9~18周龄	19周龄至开产
代谢能	兆焦/千克（兆卡/千克）	11.91（2.85）	11.7（2.80）	11.50（2.75）
粗蛋白质	%	19.0	15.5	17.0
蛋白能量比	克/兆焦（克/兆卡）	15.95（66.67）	13.25（55.30）	14.78（61.82）
赖氨酸能量比	克/兆焦（克/兆卡）	0.84（3.51）	0.58（2.43）	0.61（2.55）
赖氨酸	%	1.00	0.68	0.70
蛋氨酸	%	0.37	0.27	0.34
蛋氨酸+胱氨酸	%	0.74	0.55	0.64
苏氨酸	%	0.66	0.55	0.62
色氨酸	%	0.20	0.18	0.19
精氨酸	%	1.18	0.98	1.02
亮氨酸	%	1.27	1.01	1.07
异亮氨酸	%	0.71	0.59	0.60
苯丙氨酸	%	0.64	0.53	0.54
苯丙氨酸+酪氨酸	%	1.18	0.98	1.00
组氨酸	%	0.31	0.26	0.27
脯氨酸	%	0.50	0.34	0.44

（续表）

营养指标	单位	0~8 周龄	9~18 周龄	19 周龄至开产
缬氨酸	%	0.73	0.60	0.62
甘氨酸+丝氨酸	%	0.82	0.68	0.71
钙	%	0.90	0.80	2.00
总磷	%	0.70	0.60	0.55
非植酸磷	%	0.40	0.35	0.32
钠	%	0.15	0.15	0.15
氯	%	0.15	0.15	0.15
铁	毫克/千克	80	60	60
铜	毫克/千克	8	6	8
锌	毫克/千克	60	40	80
锰	毫克/千克	60	40	60
碘	毫克/千克	0.35	0.35	0.35
硒	毫克/千克	0.30	0.30	0.30
亚油酸	%	1	1	1
维生素 A	国际单位/千克	4 000	4 000	4 000
维生素 D	国际单位/千克	800	800	800
维生素 E	国际单位/千克	10	8	8
维生素 K	毫克/千克	0.5	0.5	0.5
硫胺素	毫克/千克	1.8	1.3	1.3
核黄素	毫克/千克	3.6	1.8	2.2
泛酸	毫克/千克	10	10	10
烟酸	毫克/千克	30	11	11
吡哆醇	毫克/千克	3	3	3
生物素	毫克/千克	0.15	0.10	0.10
叶酸	毫克/千克	0.55	0.25	0.25

（续表）

营养指标	单位	0~8 周龄	9~18 周龄	19 周龄至开产
维生素 B_{12}	毫克/千克	0.010	0.003	0.004
胆碱	毫克/千克	1 300	900	500

注：根据中型体重鸡制订，轻型鸡可酌减 10%；开产日龄按 5%产蛋率计算

表 3-2　我国产蛋鸡饲养标准

营养指标	单位	开产至高峰期（>85%）	高峰后（<85%）	种鸡
代谢能	兆焦/千克（兆卡/千克）	11.29（2.70）	10.87（2.65）	11.29（2.70）
粗蛋白质	%	16.5	15.5	18.0
蛋白能量比	克/兆焦（克/兆卡）	14.61（61.11）	14.26（58.49）	15.94（66.67）
赖氨酸能量比	克/兆焦（克/兆卡）	0.64（2.67）	0.61（2.54）	0.63（2.63）
赖氨酸	%	0.75	0.70	0.75
蛋氨酸	%	0.34	0.32	0.34
蛋氨酸+胱氨酸	%	0.65	0.56	0.65
苏氨酸	%	0.55	0.50	0.55
色氨酸	%	0.16	0.15	0.16
精氨酸	%	0.76	0.69	0.76
亮氨酸	%	1.02	0.98	1.02
异亮氨酸	%	0.72	0.66	0.72
苯丙氨酸	%	0.58	0.52	0.58
苯丙氨酸+酪氨酸	%	1.08	1.06	1.08
组氨酸	%	0.25	0.23	0.25
缬氨酸	%	0.59	0.54	0.59
甘氨酸+丝氨酸	%	0.57	0.48	0.57
可利用赖氨酸	%	0.66	0.60	—
可利用蛋氨酸	%	0.32	0.30	—
钙	%	3.5	3.5	3.5

（续表）

营养指标	单位	开产至高峰期（>85%）	高峰后（<85%）	种鸡
总磷	%	0.60	0.60	0.60
非植酸磷	%	0.32	0.32	0.32
钠	%	0.15	0.15	0.15
氯	%	0.15	0.15	0.15
铁	毫克/千克	60	60	60
铜	毫克/千克	8	8	6
锌	毫克/千克	80	80	80
锰	毫克/千克	60	60	60
碘	毫克/千克	0.35	0.35	0.35
硒	毫克/千克	0.30	0.30	0.30
亚油酸	%	1	1	1
维生素 A	国际单位/千克	8 000	8 000	10 000
维生素 D	国际单位/千克	1 600	1 600	2 000
维生素 E	国际单位/千克	5	5	10
维生素 K	毫克/千克	0.5	0.5	1.0
硫胺素	毫克/千克	0.8	0.8	0.8
核黄素	毫克/千克	2.5	2.5	3.8
泛酸	毫克/千克	2.2	2.2	10
烟酸	毫克/千克	20	20	30
吡哆醇	毫克/千克	3.0	3.0	4.5
生物素	毫克/千克	0.10	0.10	0.15
叶酸	毫克/千克	0.25	0.25	0.35
维生素 B_{12}	毫克/千克	0.004	0.004	0.004
胆碱	毫克/千克	500	500	500

表 3-3 常见饲料原料的营养素含量

中国饲料号（CFN）	名称	干物质（DM）%	粗蛋白质（CP）%	粗脂肪（EE）%	粗纤维（CF）%	无氮浸出物（NFE）%	粗灰分（Ash）%	中洗纤维（NDF）%	酸洗纤维（ADF）%	钙（Ca）%	总磷（P）%	非植酸磷（N-Phy-P）%	鸡代谢能（ME）	
													兆卡/千克	兆焦/千克
4-07-0278	高蛋白玉米	86.0	9.4	3.1	1.2	71.1	1.2	—	—	0.02	0.27	0.12	3.18	13.31
4-07-0288	高赖氨酸玉米	86.0	8..5	5.3	2.6	67.3	1.3	—	—	0.16	0.25	0.09	3.25	13.6
4-07-0279	玉米	86.0	8.7	3.6	1.6	70.7	1.4	9.3	2.7	0.02	0.27	0.12	3.24	13.56
4-07-0280	玉米	86.0	7.8	3.5	1.6	71.8	1.3	—	—	0.02	0.27	0.12	3.22	13.41
4-07-0272	高粱	86.0	9.0	3.4	1.4	70.4	1.8	17.4	8.0	0.13	0.36	0.17	2.94	12.3
4-07-0270	小麦	87.0	13.9	1.7	1.9	67.6	1.9	13.3	3.9	0.17	0.41	0.13	3.04	12.72
4-07-0274	大麦（裸）	87.0	13.0	2.1	2.0	67.7	2.2	10.0	2.2	0.04	0.39	0.21	2.68	11.21
4-07-0277	大麦（皮）	87.0	11.0	1.7	4.8	67.1	2.4	18.4	6.8	0.09	0.33	0.17	2.70	11.30
4-07-0281	黑麦	88.0	11.0	1.5	2.2	71.5	1.8	12.3	4.6	0.05	0.30	0.11	2.69	11.25
4-07-0273	稻谷	86.0	7.8	1.6	8.2	63.8	4.6	27.4	28.7	0.03	0.36	0.20	2.63	11.00
4-07-0276	糙米	87.0	8.8	2.0	0.7	74.2	1.3	—	—	0.03	0.35	0.15	3.36	14.06
4-07-0275	碎米	88.0	10.4	2.2	1.1	72.7	1.6	—	—	0.06	0.35	0.15	3.40	14.23
4-07-0279	粟（谷子）	86.5	9.7	2.3	6.8	65.0	2.7	15.2	13.3	0.12	0.30	0.11	2.84	11.88
4-04-0067	木薯干	87.0	2.5	0.7	2.5	79.4	1.9	8.4	6.4	0.27.	0.09	—	2.94	12.38

（续表）

中国饲料号（CFN）	名称	干物质（DM）%	粗蛋白质（CP）%	粗脂肪（EE）%	粗纤维（CF）%	无氮浸出物（NFE）%	粗灰分（Ash）%	中洗纤维（NDF）%	酸洗纤维（ADF）%	钙（Ca）%	总磷（P）%	非植酸磷（N-Phy-P）%	鸡代谢能（ME）	
													兆卡/千克	兆焦/千克
4-04-0068	甘薯干	87.0	4.0	0.8	2.8	76.4	3.0	—	—	0.19	0.02	—	2.34	9.79
4-08-0104	次粉	88.0	15.4	2.2	1.5	67.1	1.5	18.7	4.3	0.08	0.48	0.14	3.05	12.76
4-08-0105	次粉	87.0	13.6	2.1	2.8	66.7	1.8	—	—	0.08	0.48	0.14	2.99	12.51
4-08-0069	小麦麸	87.0	15.7	3.9	8.9	53.6	4.9	42.1	13.0	0.11	0.92	0.24	1.63	6.82
4-08-0070	小麦麸	87.0	14.3	4.0	6.8	57.1	4.8	—	—	0.10	0.93	0.24	1.62	6.78
4-08-0041	米糠	87.0	12.8	16.5	5.7	44.5	7.5	22.9	13.4	0.07	1.43	0.10	2.68	11.21
4-10-0025	米糠饼	88.0	14.7	9.0	7.4	48.2	8.7	27.7	11.6	0.14	1.69	0.22	2.43	10.17
4-10-0018	米糠粕	87.0	15.1	2.0	7.5	53.6	8.8	—	—	0.15	1.82	0.24	1.98	8.28
5-09-0127	大豆	87.0	35.5	17.3	4.3	25.7	4.2	7.9	7.3	0.27	0.48	0.30	3.24	13.56
5-09-0128	全脂大豆	88.0	35.5	18.7	4.6	25.2	4.0	—	—	0.32	0.40	0.25	3.75	15.69
5-10-0241	大豆饼	89.0	41.8	5.8	4.8	30.7	5.9	18.1	15.5	0.31	0.50	0.25	2.52	10.54
5-10-0103	大豆粕	89.0	47.9	1.0	4.0	31.2	4.9	8.8	5.3	0.34	0.65	0.19	2.40	10.04
5-10-0102	大豆粕	89.0	44.0	1.9	5.2	31.8	6.1	13.6	9.6	0.33	0.62	0.18	2.35	9.83
5-10-0118	棉籽饼	88.0	36.3	7.4	12.5	26.1	5.7	32.1	22.9	0.21	0.83	0.28	2.16	9.04

（续表）

中国饲料号（CFN）	名称	干物质（DM）%	粗蛋白质（CP）%	粗脂肪（EE）%	粗纤维（CF）%	无氮浸出物（NFE）%	粗灰分（Ash）%	中洗纤维（NDF）%	酸洗纤维（ADF）%	钙（Ca）%	总磷（P）%	非植酸磷（N-Phy-P）%	鸡代谢能（ME）	
													兆卡/千克	兆焦/千克
5-10-0119	棉籽粕	90.0	47.0	0.5	10.2	26.3	6.0	—	—	0.25	1.10	0.38	1.86	7.78
5-10-0117	棉籽粕	90.0	43.5	0.5	10.5	28.9	6.6	28.4	19.4	0.28	1.04	0.36	2.03	8.49
5-10-0183	菜籽饼	88.0	35.7	7.4	11.4	26.3	7.2	33.3	26.0	0.59	0.96	0.33	1.95	8.16
5-10-0121	菜籽粕	88.0	38.6	1.4	11.8	28.9	7.3	20.7	16.8	0.65	1.02	0.35	1.77	7.41
5-10-0116	花生仁饼	88.0	44.7	7.2	5.9	25.1	5.1	14.0	8.7	0.25	0.53	0.31	2.78	11.63
5-10-0115	花生仁粕	88.0	47.8	1.4	6.2	27.2	5.4	15.5	11.7	0.27	0.56	0.33	2.60	10.88
5-10-0031	向日葵饼	88.0	29.0	2.9	20.4	31.0	4.7	41.4	29.6	0.24	0.87	0.13	1.59	6.65
5-10-0242	向日葵仁粕	88.0	36.5	1.0	10.5	34.4	5.6	14.9	13.6	0.27	1.13	0.17	2.32	9.71
5-10-0243	向日葵仁粕	88.0	33.6	1.0	14.8	38.8	5.3	32.8	23.5	0.26	1.03	0.16	2.03	8.49
5-10-0119	亚麻仁饼	88.0	32.2	7.8	7.8	34.0	6.2	29.7	27.1	0.39	0.88	0.38	2.34	9.79
5-10-0120	亚麻仁粕	88.0	34.8	1.8	8.2	36.6	6.6	21.6	14.4	0.42	0.95	0.42	1.90	7.95
5-10-0246	芝麻饼	92.0	39.2	10.3	7.2	24.9	10.4	18.0	13.2	2.24	1.19	0.00	2.14	8.95
5-11-0001	玉米蛋白粉	90.1	63.5	5.4	1.0	19.2	1.0	8.7	4.6	0.07	0.44	0.17	3.88	16.23
5-11-0002	玉米蛋白粉	91.2	51.3	7.8	2.1	28.0	2.0	—	—	0.06	0.42	0.16	3.41	14.27

（续表）

中国饲料号（CFN）	名称	干物质（DM）%	粗蛋白质（CP）%	粗脂肪（EE）%	粗纤维（CF）%	无氮浸出物（NFE）%	粗灰分（Ash）%	中洗纤维（NDF）%	酸洗纤维（ADF）%	钙（Ca）%	总磷（P）%	非植酸磷（N-Phy-P）%	鸡代谢能（ME）	
													兆卡/千克	兆焦/千克
5-11-0008	玉米蛋白粉	89.9	44.3	6.0	1.6	37.1	0.9	—	—	—	—	—	3.18	13.31
5-11-0003	玉米蛋白饲料	88.0	19.3	7.5	7.8	48.0	5.4	33.6	10.5	0.15	0.70	—	2.02	8.45
5-11-0026	玉米胚芽饼	90.0	16.7	9.6	6.3	50.8	6.6	—	—	0.04	1.45	—	2.24	9.37
5-11-0244	玉米胚芽粕	90.0	20.8	2.0	6.5	54.8	5.9	—	—	0.06	1.23	—	2.07	8.66
5-11-0007	DDGS	90.0	28.3	13.7	7.1	36.8	4.1	—	—	0.20	0.74	0.42	2.20	9.20
5-11-0009	蚕豆粉浆蛋白粉	88.0	66.3	4.7	4.1	10.3	2.6	—	—	—	0.59	—	3.47	14.52
5-13-0004	麦芽根	89.7	28.3	1.4	12.5	41.4	6.1	—	—	0.22	0.73	—	1.41	5.90
5-13-0044	鱼粉（CP64.5%）	90.0	64.5	5.6	0.5	8.0	11.4	—	—	3.81	2.83	2.83	2.96	12.38
5-13-0045	鱼粉（CP62.5%）	90.0	62.5	4.0	0.5	10.0	12.3	—	—	3.96	3.05	3.05	2.91	12.18
5-13-0046	鱼粉（CP60.2%）	90.0	60.2	4.9	0.5	11.6	12.8	—	—	4.04	2.90	2.90	2.82	11.8
5-13-0077	鱼粉（CP53.5%）	90.0	53.5	10.0	0.8	4.9	20.8	—	—	5.88	3.20	3.20	2.90	12.13
5-13-0036	血粉	88.0	82.8	0.4	0.0	1.6	3.2	—	—	0.29	0.31	0.31	2.46	10.29

（续表）

中国饲料号（CFN）	名称	干物质（DM）%	粗蛋白质（CP）%	粗脂肪（EE）%	粗纤维（CF）%	无氮浸出物（NFE）%	粗灰分（Ash）%	中洗纤维（NDF）%	酸洗纤维（ADF）%	钙（Ca）%	总磷（P）%	非植酸磷（N-Phy-P）%	鸡代谢能（ME）	
													兆卡/千克	兆焦/千克
5-13-0037	羽毛粉	88.0	77.9	2.2	0.7	1.4	5.8	—	—	0.20	0.68	0.68	2.73	11.42
5-13-0038	皮革粉	88.0	74.7	0.8	1.6	—	10.9	—	—	4.40	0.15	0.15	—	—
5-13-0047	肉骨粉	93.0	50.0	8.5	2.8	—	31.7	32.5	5.6	9.20	4.70	4.70	2.38	9.96
5-13-0048	肉粉	94.0	54.0	12.0	1.4	—	—	31.6	8.3	7.69	3.88	—	2.20	9.20
1-05-0074	苜蓿草粉（CP19%）	87.0	19.1	2.3	22.7	35.3	7.6	36.7	25.0	1.40	0.51	0.51	0.97	4.06
1-05-0075	苜蓿草粉（CP17%）	87.0	17.2	2.6	25.6	33.3	8.3	39.0	28.6	1.52	0.22	0.22	0.87	3.64
1-05-0076	苜蓿草粉（CP14~15%）	87.0	14.3	2.1	29.8	33.8	10.1	36.8	2.9	1.34	0.19	0.19	0.84	3.51
5-11-0005	啤酒糟	88.0	24.3	5.3	13.4	40.8	4.2	39.4	24.6	0.32	0.42	0.14	2.37	9.92
7-15-0001	啤酒酵母	91.7	52.4	0.4	0.6	33.6	4.7	—	—	0.16	1.02	—	2.52	10.54
4-13-0075	乳清粉	94.0	12.0	0.7	0.0	71.6	9.7	—	—	0.87	0.79	0.79	2.73	11.42
5-01-0162	酪蛋白	91.0	88.7	0.8	—	—	—	—	—	0.63	1.01	0.82	4.13	17.28
5-14-0503	明胶	90.0	88.6	0.5	—	—	—	—	—	0.49	—	—	2.36	9.87
4-06-0076	牛奶乳糖	96.0	4.0	0.5	0.0	83.5	8.0	—	—	0.52	0.62	0.62	2.69	11.25
4-06-0077	乳糖	96.0	0.3	—	—	95.7	—	—	—	—	—	—	—	—

（续表）

中国饲料号（CFN）	名称	干物质（DM）%	粗蛋白质（CP）%	粗脂肪（EE）%	粗纤维（CF）%	无氮浸出物（NFE）%	粗灰分（Ash）%	中洗纤维（NDF）%	酸洗纤维（ADF）%	钙（Ca）%	总磷（P）%	非植酸磷（N-Phy-P）%	鸡代谢能（ME）	
													兆卡/千克	兆焦/千克
4-06-0078	葡萄糖	90.0	0.3	—	—	59.7	—	—	—	—	—	—	3.08	12.89
4-06-0079	蔗糖	99.0	0.0	0.0	—	—	—	—	—	0.04	0.01	0.01	3.90	16.32
4-02-0889	玉米淀粉	99.0	0.3	0.2	—	—	—	—	—	0.00	0.03	0.01	3.16	13.22
4-07-0001	牛脂	99.0	0.3	≥98	0.0	—	—	—	—	0.00	0.00	0.00	7.78	32.55
4-07-0002	猪油	99.0	0.0	≥98	0.0	—	—	—	—	0.00	0.00	0.00	9.11	38.11
4-07-0003	家禽脂肪	99.0	0.0	≥98	0.0	—	—	—	—	0.00	0.00	0.00	9.36	39.16
4-07-0004	鱼油	99.0	0.0	≥98	0.0	—	—	—	—	0.00	0.00	0.00	8.45	35.35
4-07-0005	菜籽油	99.0	0.0	≥98	0.0	—	—	—	—	0.00	0.00	0.00	9.21	38.53
4-07-0006	椰子油	99.0	0.0	≥98	0.0	—	—	—	—	0.00	0.00	0.00	8.81	36.76
4-07-0007	玉米油	100.0	0.0	≥99	0.0					0.00	0.00	0.00	9.66	40.42
4-07-0008	棉籽油	100.0	0.0	≥99	0.0					0.00	0.00	0.00	—	—
4-07-0009	棕榈油	100.0	0.0	≥99	0.0					0.00	0.00	0.00	5.80	24.27
4-07-0010	花生油	100.0	0.0	≥99	0.0					0.00	0.00	0.00	9.36	39.16
4-07-0011	芝麻油	100.0	0.0	≥99	0.0					0.00	0.00	0.00	—	—
4-07-0012	大豆油	100.0	0.0	≥99	0.0					0.00	0.00	0.00	8.37	35.02
4-07-0013	葵花油	100.0	0.0	≥99	0.0					0.00	0.00	0.00	9.66	40.42

三、鸡常用饲料及营养价值

表 3-3 所列数据为多个样品的平均值，具体到某个地方品种与此数值肯定会有差异，若能找到本地区的饲料成分与营养价值，尽量采用地方标准则更为准确可靠。

第四节　蛋鸡的日粮配合

蛋鸡日粮的配制要使蛋鸡充分发挥其生产潜力，就必须喂给含各种营养物质全面的而且平衡的配合饲料。饲料要根据蛋鸡的各个生长阶段和产蛋期的营养需要来进行配合。

一、饲料配合的原则

（一）必须以饲养标准为基础

如果因条件限制不能达到饲养标准中的某些营养指标标准，也必须满足对能量、蛋白质、钙、磷、食盐等的需要，对 4 种限制性氨基酸（蛋氨酸、赖氨酸、色氨酸和苏氨酸）也应尽量满足。

（二）选择适宜的饲养标准

结合蛋鸡的类型、品种、品系、年龄、生长发育、产蛋率和季节等，根据蛋鸡的营养需要和消化特点，按照各种饲料的营养成分进行科学配制。

（三）要注意营养全面、均衡

在考虑到主要营养成分是否达到饲养标准时，还要注意营养物质的质量，尽量使原料多样化，达到营养平衡。在考虑补充蛋白质时，应考虑蛋白质的质量，如蛋氨酸、赖氨酸的补充。

（四）根据蛋鸡的消化特点，选用适宜的饲料

鸡为单胃动物，对粗纤维的消化能力较差，要限制粗纤维的含量，蛋鸡的日粮中粗纤维含量一般宜控制在5%以下，尤其是雏鸡或高产蛋鸡应适当减少日粮中糠、麸饲料的比例。

（五）饲料营养搭配比例应合理

饲料配方中能量与蛋白质的比例和钙、磷的比例，一定要符合蛋鸡饲养标准的营养需要量。

二、配合饲料的种类

（一）按营养成分分类

1. 全价配合饲料

它又称全价饲料，它是采用科学配方和通过合理加工而得到营养全面的复合饲料，能满足鸡的各种营养需要，是理想的配合饲料。全价配合饲料可由各种饲料原料加上预混料配制而成，也可由浓缩饲料稀释而成。

2. 浓缩饲料

它又叫平衡用混合饲料和蛋白质补充饲料。它是由蛋白质饲料、矿物质饲料与添加剂预混料按规定要求混合而成，不能直接用于喂鸡。一般含蛋白质30%以上，与能量饲料的配合比应按生产厂家的说明进行稀释，通常占全价配合饲料的20%~30%。

3. 添加剂预混料

由各种营养性和非营养性添加剂加载体混合而成，是一种饲料半成品。可供生产浓缩饲料和全价饲料使用，其添加量为全价饲料的0.5%~5%。

4. 混合饲料

它又叫初级配合饲料或基础日粮，由能量饲料、蛋白质饲料、矿物质饲料按一定比例组合而成，它基本上能满足鸡的营养

需要，但营养不够全面。

（二）按生理阶段分类

蛋鸡及种鸡按周龄及产蛋率分为6~7种，即0~6周龄、6~12周龄、12~18周龄、18周龄至开产、产蛋率大于80%，产蛋率65%~80%、产蛋率小于65%等阶段。

（三）按饲料物理形状分类

鸡的饲料按形状可分粉料、颗粒料和碎裂料，这些不同形状的饲料各有其优缺点，可酌情选用其中的一种或两种。通常生长后备鸡、蛋鸡、种鸡喂粉料；雏鸡1周内可喂全价的颗粒料或碎裂料。

1. 粉料

粉料是目前国内最常见的一种饲料形态，它是将饲料原料磨碎后，按一定比例与其他成分和添加剂混合均匀而成。这种饲料的生产设备及工艺均较简单，品质稳定，饲喂方便安全可靠。鸡可以吃到营养较完善的饲料，由于鸡采食慢，所有的鸡都能均匀采食。适用于各种类型和年龄的鸡。但粉料的缺点是易引起挑食，尤其是用链条输送饲料时，使鸡的营养不平衡。喂粉料采食量少，且易飞扬散失，使舍内粉尘较多，造成饲料浪费，在运输中易产生分级现象。粉料的细度应在1~2.5毫米，磨得过细，鸡不易下咽，适口性变差。

2. 颗粒料

颗粒料是粉料再通过颗粒压制机压制成的块状饲料，形状多为圆柱状。颗粒机由双层蒸煮器与环模压粒机组成，混合好的颗粒饲料加入到双层蒸煮器上层，由搅拌桨慢慢推进，并加入少量水蒸气，20~30分钟后顺序进入环膜压粒机，由一对压辊压入环模无数特定直径的孔隙挤出切制成颗粒，再经干燥机干燥后过筛，筛上为颗粒饲料，筛下的破碎细末再送回重加工。为增强颗粒的结实度，还常加入黏着剂如粮蜜、膨润土等。脂肪的加入是在饲料制成颗粒冷却后喷涂在表面，或将油脂洒入环模内，这样颗粒不易破碎。若将油脂直接加入饲料中，由于润滑作用胜过它的黏合力，添加到3%就能使颗粒开裂或不成型。颗粒料的直径是中鸡小于4.5毫米，成年鸡小于6毫米。

颗粒饲料的优点是适口性好，鸡采食量多，可避免挑食，保证了饲料的全价性；鸡可全部吃净，不浪费饲料，饲料报酬高，一般可比粉料增重5%～15%；制造过程中经过加压加温处理，破坏了部分有毒成分，起到了杀虫、灭菌作用，饲料比较卫生，有利于淀粉的糊化，提高了利用率。但颗粒饲料制作成本较高，在加热加压时使一部分维生素和酶失去活性，宜酌情添加。制粒增加了水分，不利于保存。饲喂颗粒料，鸡粪含水量增加，易发生啄癖。

3. 粒料

粒料主要是未经过磨碎的整粒的谷物，如玉米、稻谷或草籽等。粒料容易饲喂，鸡喜食、消化慢，故较耐饥，适于傍晚饲喂。粒料的最大缺点营养不完善，单独饲喂鸡的生产性能不高，常与配合饲料配合使用。对实施限饲的种鸡常在停料日或傍晚喂给少量粒料。

4. 碎裂料（粗屑料）

碎裂料是颗料经过粗磨或特制的碎料机加工而成，其大小介于粉料和粒料之间，它具有颗粒料的一切优点和缺点，成本较颗粒料稍高。因制小颗粒料成本高，所以一般先制成直径6～8毫米的颗粒，冷却后将颗粒通过辊式破碎机碾压成片状，再经双层筛，将破裂粒筛分为2毫米和1毫米的碎料与粉碎料，喂给1～2周龄的雏鸡，特别适于作1日龄雏鸡的开食饲料。制粒时含水量可达15%～17%，冷却后可降为12%～13%。

三、饲料配方的设计方法

一般养殖场户可用试差法，四边形法等手算方法计算所需配方。手算配方速度较慢，随着计算机的普及应用，利用计算机进行线性规划，使这一过程大大加快，配方成本更低。下面介绍一下试差法。

试差法这种饲料配方计算方法的优点是可以考虑多种原料和多个营养指标，具体做法是：首先根据经验初步拟出各种饲料原料的大致比例，然后用各自的比例去乘以原料所含的各种养分的百分含量，再将各种原料的同种养分之积相加，即得到该配方的每种养分的总量。将所得结果与饲养标准进行对照，若有任一养分超过或不足时，可通过增加或减少相应的原料比例进行调整和重新计算，直至所有的营养指标都基本满足要求为止。调整的顺序为能量、蛋白质、磷（有效磷）、钙、蛋氨酸、赖氨酸、食盐等。这种方法简单易学、学会后就可以逐步深入，掌握各种配料技术，因而广为利用。

第一步：找到所需资料。如蛋鸡饲养标准、中国饲料成分及营养价值表、各种饲料原料的价格。

第二步：查饲养标准。

第三步：根据饲料成分表查出所用各种饲料的养分含量。

第四步：按能量和蛋白质的需求量初拟配方。根据饲养工作实践经验或参考其他配方，初步拟定日粮中各种饲料的比例。蛋雏鸡饲粮中各类饲料的比例一般为：能量饲料 60%~70%，蛋白质饲料 25%~35%，矿物质饲料等 2%~3%（其中维生素和微量元素预混料一般各为 0.1%~0.5%）。据此，先拟定蛋白质饲料用量，棉仁饼适口性差含有毒物质，日粮中用量要限制，一般定为 5%；鱼粉价格昂贵，可定为 3%，豆粕可拟定 20%；矿物质饲料等按 2%；能量饲料如麸皮为 10%，则玉米 60%。

第五步：调整配方，使能量和粗蛋白质符合饲养标准规定量。方法是降低配方中某一饲料的比例，同时增加另一饲料的比例，两者的增减数相同，即用一定比例的某一饲料代替另一种饲料。

第六步：计算矿物质和氨基酸用量。根据上述调整好的配方，计算钙、非植酸磷、蛋氨酸、赖氨酸的含量。对饲粮中能量、粗蛋白质等指标引起变化不大的所缺部分可加在玉米上。

第七步：列出配方及主要营养指标。维生素、微量元素添加剂、食盐及氨基酸计算添加量可不考虑。

四、蛋鸡饲料配方设计要求

要求蛋鸡饲料配方设计科学、合理，充分运用动物营养领域的新知识、新成果。在保证满足各生长期蛋鸡营养需要和确保产蛋量的前提下，设计饲料配方要考虑饲养成本，并科学、合理运用各类原料及杜绝使用国家明令禁止使用的各种违禁药物和饲料添加剂。

1. 浓缩料

通常蛋维鸡饲料配方中有30%~50%的浓缩料，育成鸡有30%~40%的浓缩料，产蛋鸡有35%~40%的浓缩料，浓缩料用量计算方法有由配合饲料推算和由设定比例推算两种。用户可按照饲料企业的推荐用量使用浓缩料，饲料原料出现变化时，应重新进行配比计算。忽视饲料原料的消化率是常见的问题，棉仁粕、菜籽粕等杂粕的用量一般不宜超过饲料总量的5%。

2. 氨基酸

为保证蛋鸡稳产高产，可按照蛋鸡可消化氨基酸量配置平衡日粮，以使日粮中各种氨基酸含量与蛋鸡的维持量和生产需要量相符，并使饲料转化率最大，营养素排出减少。

3. 酶制剂

酶制剂能加速营养物质在鸡体内的降解，并能将不易被鸡体吸收的大分子物质降解为易被吸收的小分子物质，其可促进营养物质的消化和吸收，提高饲料利用率。

植物酶可以利用饲料原料中的植酸磷，从而减少粪便对环境造成的污染。

4. 中草药添加剂

许多中草药添加剂具有顺气消食、镇静安神、驱虫除积、消热解毒、杀菌消炎的功能，其可促进蛋鸡的新陈代谢、增强其抗病能力，提高饲料转化率。

五、设计饲料配方注意事项

（一）不同种类、不同阶段、不同生产目的的蛋鸡其营养需要有较大区别

1. 蛋雏鸡

蛋鸡0~6周龄为育雏期。该阶段为鸡体组织快速生长阶段，采食的营养主要用于肌肉、骨骼的快速生长，但消化系统发育不健全，采食量较小，同时肌胃研磨饲料能力差，消化道酶系发育不全，消化力低。因此，其在营养上要求比较高，需要高能量、高蛋白、低纤维含量的优质饲料，并要补充较高水平的矿物质和维生素。设计配方时可使用玉米、鱼粉、豆粕等优质原料。

2. 育成蛋鸡

蛋鸡7~18周龄为育成期。该阶段鸡生长发育旺盛，体重增长速度比较稳定，消化器官逐渐发育成熟，骨骼生长速度超过肌肉生长速度，因此，对能量、蛋白等营养成分的需求相对较低，对纤维素水平的限制可以适量放宽，可以使用一些粗纤维较高的原料如糠麸、草粉等，降低饲料成本。育成后期为限制体重增长，还可使用麸皮等稀释饲料营养浓度。18周龄至开产可以使

用过渡性高钙饲料，以加快骨钙的储备。

3. 产蛋鸡

（1）产蛋前期为开产至40周龄或产蛋率由5%达到70%。因这段时期产蛋鸡负担较重，对粗蛋白质的需要量随产蛋率的提高而增加，蛋氨酸、维生素、微量元素等营养指标也应适量提高，确保营养成分供应充足，力求延长产蛋高峰期，充分发挥其生产性能。此外，蛋壳的形成需要大量的钙，因此对钙的需要量增加。含钙原料应选用颗粒较大的贝壳粉和粗石粉，便于鸡只挑食。

（2）产蛋中期为40~60周龄或产蛋率由80%至90%的高峰期过后，这一时期蛋鸡体重几乎没有增加，产蛋率开始下降，营养需要较高峰期略有降低。但由于蛋重增加，饲粮中的粗蛋白质水平不可降得太快，应采取试探性降低蛋白质水平较为稳妥。

（3）产蛋后期为60周龄以后或产蛋率降至70%以下。这一时期的鸡群产蛋率持续下降，对饲料中营养物质的消化和吸收能力下降，蛋壳质量变差，饲粮中应适当增加矿物质饲料的用量，以提高钙的水平。产蛋后期随产蛋量下降，母鸡对能量的需要量相应减少，在降低粗蛋白质水平的同时，不可提高能量水平，以免使鸡变肥而影响生产性能。

（4）种鸡的营养需求特点与商品产蛋鸡相比，种母鸡产蛋期除维持需要和产蛋需要外，还要将部分营养物质储存在蛋中，以满足鸡胚孵化的营养需要，因此，要求饲料中含有较高水平的维生素和微量元素，可以参阅种鸡公司的饲养标准。

（二）有的饲料原料含有一些有毒有害物质，在设计饲料配方时应加以注意

1. 菜籽饼过量的危害

菜籽饼含粗蛋白质35%以上，含可消化蛋白27.8%，是一种优质的蛋白质原料，但其所含有的硫葡萄糖苷可水解成有毒的

异硫氰酸酯、噁烷硫酮等，若菜籽饼不经过适当处理就直接饲喂蛋鸡则易引起中毒。菜籽饼的含毒量与菜籽品种有关，不同品种的蛋鸡对菜籽饼的耐受能力也不同，普通菜籽饼在产蛋鸡饲料中占8%即可引起中毒。

2. 棉籽饼过量的危害

棉籽饼的蛋白质含量在36%以上，其氨基酸含量仅次于豆粕，是一种经济的蛋白质原料，但其含有棉酚。长时间或大量饲喂蛋鸡未脱毒的棉籽饼，造成棉酚在鸡体内蓄积过量时就会引起中毒。

3. 食盐过量的危害

食盐是鸡日粮中不可缺少的成分，其含量一般为0.3%～0.4%。当鸡摄入过量食盐时会很快出现中毒反应。雏鸡对食盐过量最敏感，一般雏鸡料中的食盐达0.7%、成鸡料中的食盐达1%时就可引起鸡明显口渴和腹泻，当雏鸡料中的食盐达1%时，鸡群就会出现大批死亡。

4. 氟过量的危害

氟是动物机体必需的微量元素，但长期饲喂未经过脱氟处理的矿物质添加剂，如过磷酸钙等可引起畜禽氟中毒。鸡日粮中的钙磷补充剂大多为矿物磷酸盐（主要为磷酸氢钙），其含有一定量的氟，易引起鸡的氟中毒。

在饲料生产中常出现成品质量与配方设计存在一定差异的现象，因此应对原料营养成分、粉碎粒度、混合均匀度、配料精度、制料工艺、成品水分、物料残留、采样、化验等影响饲料成品质量的每一因素进行分析、调整，以使理论值与实际情况相吻合。

六、蛋鸡饲料配方设计技巧

1. 根据原料价格及时调整配方

要明确原料价格是库存价格还是市场价格，是预测价格还是平均价格，应根据原料价格变化及时调整配方，以降低配方成本。

2. 控制粗纤维的含量

配合饲料中的粗纤维含量一般用量控制在5%以下，雏鸡为2%~3%，育成鸡为5%~6%，产蛋鸡为2.5%~3.5%。

3. 饲料体积应与蛋鸡消化道相适应

饲料体积过大可造成蛋鸡消化道负担过重而影响饲料的消化和吸收，但饲料体积过小时，即使营养已足够，蛋鸡仍有饥饿感，不利于蛋鸡的正常生长和产蛋，因此应注意让饲料的体积与蛋鸡消化道的容积相适应。

第五节　常用饲料的识别及质量控制

一、掺假饲料的识别

（一）饲料掺沙的识别

饲料掺沙常见于鱼粉、大豆饼、肉粉等饲料中，可采用饱和盐水漂浮法予以识别。

取一只玻璃杯，加入饱和盐水适量，将待检饲料样品放入盐水中，充分搅拌，泥沙因比重大而沉于水底，弃去漂浮物和盐水，便可识别沉淀物或估算其掺入量。

（二）鱼粉掺假的识别

鱼粉中常见的掺假物有血粉、羽毛粉、皮革粉、尿素、肉骨粉、木屑、花生壳粉、粗糠、棉籽壳粉以及饼粕、酱醋渣、贝壳粉、铁屑、棕色土等，其中以价廉不易消化的物质为多见，可用以下方法予以识别。

1. 感官识别

纯正鱼粉呈淡黄色、淡褐色或红褐色，有烤鱼香味和略带鱼腥味；手感松散，指捻颗粒细度较均匀。劣质鱼粉呈深褐色、腥臭味浓厚，甚至有氨味。掺有酱油渣的咸味浓，指捻成团。掺有肉骨粉、皮革粉的指捻感觉松软，颗粒细度不均匀。掺有棉籽壳粉、棉籽饼（粕）的用指捻有棉绒感觉，并成团状。

若检查是否掺有尿素、盐分，可取一张光滑、深颜色的硬纸，把鱼粉样品薄薄铺上一层，在阳光下观察深颜色是否一致。见有白色结晶颗粒，则表明掺有尿素或盐分。

2. 燃烧识别法

取鱼粉样品少量放入铁勺置火上加热，若发出芳香味和焦糊味则表明掺有植物性物质；若是烧毛发味则表明是纯鱼粉或掺有动物性物质。

3. 磁棒吸附法

若检查鱼粉中是否掺有铁屑，可用磁棒搅拌，铁屑即吸附于表面。

4. 测色识别法

若检查鱼粉中是否掺有木屑，取鱼粉样品少量放入洁净的玻璃杯中，加入95%的酒精浸泡后再滴入浓盐酸1~2滴，木屑呈深红色，加水后且浮于表面。

5. 石蕊试纸测试法

取少量鱼粉样品置火上燃烧，待冒烟时用石蕊试纸测试，试纸呈红色则为鱼粉；呈蓝色则表明掺有植物性物质。

6. 碱煮识别法

取一支试管或烧杯，加入少量鱼粉样品和10%的氢氧化钾溶液适量，置火上煮沸，溶解的则为鱼粉；不溶解的则为植物性物质等。

（三）大豆饼粕掺假的识别

大豆饼中的掺假物主要是细沙，一般是在加工时掺入。大豆粕中的掺假物主要是混入玉米胚芽饼，或用玉米胚芽饼冒充大豆粕销售。掺沙可用沉淀法检查。检查是否掺有玉米等含淀粉物质，方法有以下两种。

1. 清水浸泡法

将饼粕样品放入清水中浸泡或煮沸，待吸水膨胀后用木棒搅拌，使玉米及其胚芽饼则呈糊状，有黏性；而大豆粕不呈糊状，亦无黏性，稍静止即分离出水分。

2. 碘溶液识别法

取饼粕样品少量，平摊于玻璃片上，滴加医用碘酒 2~3 滴，用肉眼或放大镜观察，豆品颗粒呈棕黄色；玉米颗粒呈蓝褐色。识别蛋白质中是否混入淀粉物质，均可用此法。

（四）小麦麸掺假识别

小麦麸中常见的掺假物有木屑、细稻糠等，一般仔细观察即可识别；手捻可感觉粗硬呈粒状；而小麦麸则手感柔软且手滑。

（五）骨粉掺假及真伪的识别

市售骨粉主要有脱胶骨粉、蒸骨粉和生骨粉。脱胶骨粉因高温除去了骨髓和脂肪，提取了骨胶，长期保存不易变质，且质量上等。未经脱脂胶处理的骨粉，在保存期间极易变质。而未经高温灭菌处理的生骨粉，往往含有大量致病微生物，易引起传染病的发生。变质和未灭菌处理的骨粉均不宜饲用。

骨粉中的掺假物主要石粉、贝壳粉、细沙等。假骨粉是一种用不含钙的矿土制成的颗粒，用这种假骨粉喂雏鸡，易发生钙磷缺乏症。对掺假和伪劣骨粉的识别可用以下方法。

1. 观察法

纯正骨粉呈黄褐色乃至灰白色，颗粒呈蜂窝状；劣质骨粉一般呈土黄色；掺假骨粉加工得较细，蜂窝状颗粒少；而假骨粉呈灰白色，其中无蜂窝颗粒。

2. 清水浸泡法

真骨粉颗粒在水中浸泡不分解；而假骨粉颗粒在水中分解成粉状，与水混合后，静置又很快沉淀。

3. 饱和盐水漂浮法

真骨粉颗粒要漂浮于浓盐水表面；掺假骨粉常有部分沉淀物；而假骨粉在浓盐水中速速下沉，并且被分解。

4. 焚烧法

取骨粉样品少量，放入试管或金属小勺内置火焰上焚烧，真骨粉先产生蒸气，然后产生刺鼻的烧毛发味；掺假骨粉气味相对较少；而假骨粉无气味且无蒸气。

5. 稀盐酸溶解法

将盐酸溶液与水按 1：(1~2) 的比例稀释后倒入试管或酒杯中，取骨粉样品少量放入稀盐酸溶液中，观察反应情况。若发出轻微的、短暂的“沙沙”声，颗粒表面不断产生气泡，最后基本全部溶解，液体变混浊，则为脱胶骨粉；蒸骨粉和生骨粉的不溶性物较多，漂浮于溶液表面。

若是发生清晰的、较长时间的响声，并产生大量的气泡，则可能掺有石粉、贝壳粉；若无溶解现象，并沉淀于溶液底层，可能掺有细沙。而假骨粉在稀盐酸溶液中被分解成粉状。

(六) 氨基酸掺假及真伪的识别

蛋氨酸和赖氨酸是配合饲料中常用的营养性添加剂。市售产品的主要掺假物有尿素、碳酸铵、葡萄糖、小苏打等，识别可用下列方法。

1. 感官识别法

蛋氨酸为白色或淡黄色结晶性粉末或片状，有特殊气味，稍甜。赖氨酸为白色或淡褐色的小颗粒或粉末，无味或略有异性酸味。假氨基酸气味不正，有的带芳香气味，品尝口感涩。甜味重可能掺有葡萄糖。

2. 水溶识别法

取氨基酸样品少量放入100毫升清水中，搅拌5分钟后静置，能完全溶解无沉淀物的可能是真品；而有沉淀物或漂浮物的则为掺假或假冒产品。

蛋氨酸1%水溶液的pH值为5.6~6.1；赖氨酸水溶液的pH值为5~6，pH值在7以上，可能掺有小苏打等碱性物质。

3. 燃烧识别

取蛋氨酸或赖氨酸制剂少量，放入试管或金属勺内置火焰上燃烧，发生难闻的烧毛发气味的为真品；无这种气味的为假货。氨基酸含量98%以上的产品，能很快燃尽而无残渣的为真品；而有残渣的为掺假或假冒产品。

4. 化学试剂鉴别法

取蛋氨酸样品少许置试管内或玻璃板上，滴加硫酸5滴，无水硫酸铜数粒，搅拌均匀，呈深黄色者为真品。

取赖氨酸样品5粒和水20滴，置于试管中溶解，加硝酸银试液1滴，生成白色沉淀者为真品。

二、养鸡场饲料生产质量的控制

（一）严把饲料原料采购关

1. 制订采购标准

各生产场（厂）要制订每种原料的采购标准。标准中要明确产品的说明、化学成分、物理性质（颜色、气味、质地、容重）及掺杂使假的处理，让采购人员知道购买时注意哪些问题和供应商怎么订合同，什么情况下索赔，什么情况下拒绝收货。采购标准一旦制订，应严格执行。如果修改，要经专业技术人员同意。

2. 要让供应商提供必要的保证

如原料的分析化验单，产品说明书，以便饲料厂怀疑某种原料时，能有依据证明是不是供应商的责任。

3. 保留样品

每批订货前，可让供应商提供样品，以便和大批原料对照。

4. 现场考察

如有可能，采购人员到供应商的生产现场考察，了解其工艺、原料情况及质量管理措施。

5. 运输过程中的防潮、防污染

保证运输过程中不会降低原料质量。如原料不被雨淋，不被有害物质（如有毒物质、汽油等）污染。

（二）严把原料的入库关

1. 核对发货单

收到货后要核对标签、货物的规格、生产批号和生产日期，确保所购货物不会过期。

2. 接货的感官检查

包括颜色、气味、有无杂物、虫蛀、发霉、结块以及水分含量、颗粒的大小等是否符合采购标准，收到原料后和所存样品比较后，确定能不能入库。

3. 取样检查

一些重要的项目如豆粕、鱼粉的蛋白质、骨粉的磷含量送化验室做化验，取样方法如下。

（1）散装原料在卸货的前期、中期和后期取样，并在卸货结束时看车厢底部有没有污染原料的物品。

（2）袋装原料要用取样器斜插到袋里取样，不足 20 袋的每袋取样，20~100 袋的每隔 5 袋取 1 次样，超过 100 袋，每 10 袋取 1 次样。

（3）桶装原料从桶的上部、中部、下部取样。

（4）取出的样品混合后，取出 500 克样品，存放在玻璃瓶或塑料瓶中密封贴上标签，标签上注明原料名称、取样日期，供货人和进货数量，由取样人和供应商共同签名。

（三）严把生产质量关

1. 操作人员要具备的知识

辨别所用的各种原料质量的优劣；知道各原料的存放地点和先进先出原则；校对保养所用的秤；知道固体、液体原料的称量方法；了解加工设备的保养和维修方法；发现问题后的处理方法。

2. 上料过程

生产人员按当天生产计划，领取原料，上料时对所用原料仔细检查，挑出发霉原料和结块原料集中处理。上料顺序：先加入1/3~1/2 大宗原料，如玉米、豆粕等，后加入小宗原料，然后加入剩余的大宗原料，最后加入液体原料。

3. 开机前的准备

检查粉碎机的锤片、筛片是否符合工艺要求。

4. 粉碎和搅拌

检查粒度是否符合要求，如不符合立刻停机检修。加料结束，按最佳搅拌时间搅拌。一般立式搅拌机搅拌 8~15 分钟，卧式搅拌机搅拌 3~7 分钟。

5. 打包

打包开始时检查成品的颜色、气味、粒度。如果颜色不一致表明搅拌不均匀，气味不正常可能所用原料不对，粒度不合要求说明粉碎机需调整。所有不合要求的产品要单独码放，另行处理，符合要求的成品料打包，取样、检验合后才可出厂。

（四）严把饲料储存关

第一，对入库原料实行挂牌、牌上注明品名、产地、入库时间、主要成分、垛号。

第二，定期观测原料的温度、水分、有无结块，发现异常应及时通风倒垛或立即使用。

第三，变质原料由技术人员提出处理意见。

第四，执行先进先出原则。

三、选购使用全价饲料应注意的问题

(1) 选择有实力的生产厂家。由于生产饲料的厂家众多，一些厂家没有经科研试验即生产全价饲料，甚至生产劣质假饲料，这就要求用户正确有目的地选择厂家，购买经过试验推广应用的产品。

(2) 选择适合饲养对象的全价饲料。目前全价饲料品种繁多，不同生产阶段有不同型号的全价饲料，购买时一定要按产品说明有针对性地选购，不能张冠李戴。

(3) 使用时要适量饲喂，不要过多或过少。应根据蛋鸡日粮实际需要量，分次投料，过多造成消化不良，浪费饲料；过少达不到预期效果，也造成浪费。

(4) 要生料干喂，切忌加热处理。全价饲料其成分全面，营养丰富，直接饲喂即可。若经高温煮熟后，其营养成分会遭到破坏而损失。可先用湿料诱饲，待鸡适应后再用干料喂，并供应充足饮水。

(5) 若要停喂全价饲料应循序渐进，切忌骤然停喂。因此，更换饲料时应逐渐进行，使蛋鸡慢慢适应，以免发生应激反应。

(6) 切忌重复使用添加剂。全价饲料中加入了一些常用添加剂，购买应注意了解其添加药物的种类，避免重复添加该类添加剂。

第四章　鸡人工授精与孵化

第一节　鸡的人工授精

鸡人工授精是用人工方法将公鸡精液采出，经处理后，再用输精器将精液送入母鸡输卵管内，使母鸡卵子受精的过程。我国从 20 世纪 70 年代开始采用这项技术，目前已经在全国得以广泛推广。

一、人工授精技术优越性

在种鸡养殖过程中，采用人工授精技术可提高公鸡利用率和种蛋受精率，从而可降低养殖成本，加快育种进程。因此，鸡人工授精已经成为现代化种鸡场不可缺少的一项实用技术。

1. 提高种蛋受精率

自然交配的前期蛋鸡受精率一般都在 90%以上，有的高达 95%以上，但后期的受精率比较低，平均在 80%左右，有的最低受精率在 60%左右，整个生产期的受精率平均在 85%左右。而人工授精的受精率前期在 93%~96%，有时高达 98%以上，后期的受精率在 90%~92%，整个生产期的平均受精率 92%左右。

2. 解决了配种的困难

自然交配困难，直接影响到种蛋的受精率，而采用人工授精技术，就可解决这种配种困难的问题。

3. 降低饲养成本

采用人工授精可以大量减少种公鸡饲养量，节省饲料和设备费用。由于种鸡人工授精技术的成功，种母鸡也实行笼养，笼养后种鸡耗料量减少，大大降低了饲养成本。

4. 克服了公母鸡的选相交配

在自然交配中，无论公鸡或母鸡都存在偏爱，影响受精率，特别是小群配种受精率极低，只有人工授精才能解决这种选相交配，提高受精率。

5. 可以充分利用优秀种公鸡，提高优秀种公鸡的利用价值

自然交配公母配比为1：(8~10)，而用人工授精公母配比扩大到1：30以上，若采用精液稀释的方法，可以扩大到1：60以上。另外，个别优秀种公鸡由于外伤，特别是腿部受伤无法自然交配，而采用人工授精就可充分发挥优秀种公鸡的利用价值。

6. 人工授精是育种工作的一大改革

采用笼养人工授精技术，不需单间配种和记录，不仅记录准确，而且通过公鸡精液质量的检测，提高后代的生产性能，加快了育种进程。

7. 减少疾病的传播

主要指公鸡交配器官疾病的传播，在公鸡交配器官有病时，公鸡精液污染，如果自然交配，导致母鸡阴道疾病。

8. 扩大基因库

精液冷冻技术能使受精率达到80%~90%，不受公鸡年龄、时间、地区及国界的限制，无论年限多久，用冷冻技术都可将优秀品系保存，利用它的精液繁殖后代。

9. 便于推广应用

人工授精技术操作简单，易行，不需要比较精密及复杂的设备，经过学习培训和实际操作训练，就能基本掌握。

鸡人工授精也有一些值得考虑的问题。人工授精需大量的劳

动力，人工费用高于自然交配繁殖。人工授精人员比较辛苦，每天都要做1~2小时人工授精工作。另外，人工授精技术工作要有严肃认真、责任心较强的人员参加，在具体操作时，要爱护鸡群，动作不能粗暴。

二、人工授精的准备工作

（一）种公鸡的选择和饲养

人工授精所用种公鸡的好坏，不仅影响到受精率的高低，而且对人工授精工作的劳动效率，对鸡场的生产计划都有影响。为此，应做好种公鸡的选择和饲养管理工作。

1. 种公鸡的选留

选择种公鸡除考虑品种特征、生产性能、健康状况外，还要选择性欲旺盛、精液品质好的个体。

（1）体形外貌的选择。采精公鸡的双亲必须健康、高产、具有该品种的优良特征性状。具体要求：外观发育良好，体质健壮，肌肉结实，前胸宽阔，眼睛明亮有神；灵活敏捷，叫声清亮；腿脚粗壮，脚垫结实富有弹性；羽毛丰满有光泽；第二性征明显，鸡冠和肉髯发育良好，以颜色鲜红为佳（该性状与精液品质呈正相关）。

（2）关键时期的筛选。第一次选择：6~8周龄时选留个体发育好、冠髯大而鲜红者；淘汰外貌有缺陷，如胸骨、腿部和喙弯曲，嗉囊大而下垂，胸部有囊肿者。对特别瘦小和雌雄鉴别错误的鸡亦应淘汰。第二次选择：17~18周龄进行。选留发育良好，体重符合品系标准，腹部柔软，按摩时有性反应，如翻肛、交配器勃起和排精。这类公鸡可望以后有较好的生存力和繁殖力。第三次选择：一般在20周龄进行，主要根据精液品质和体重选留。通常，新公鸡经7天左右按摩，采精便可形成条件反射。经过一段时间训练后，淘汰排精量很少和不排精的公鸡。若全年实行人工授精的种鸡场，应留有15%~20%的后备公鸡和补充新公鸡。

(3) 生长发育正常。公鸡过肥时，精子密度会降低、活力会下降；过瘦则性反射不强，繁殖机能低下。因此，凡性成熟较晚、体重过大（过小）或无雄性特性的公鸡，不管其他指标如何，均应予以淘汰，公母鸡比例可按1∶40预留。

(4) 性反射良好。种公鸡的性反射必须要强。挑选时，用拇指和食指刺激公鸡尾根，能往上高高翘起、泄殖腔周围松弛干净、乳状突外翻充分者在日后采精训练时易形成条件反射，往往1次按摩采精便可成功。

(5) 精液品质质量高。鸡的正常精液为乳白色浓稠液体，每次射精量为0.4~1.0毫升。不同品种（品系）个体间的精子密度差异较大，一般为25亿~40亿个/毫升。精子密度和受精率密切相关，相关系数为0.3~0.4。精子密度越大，呈直线前进运动的精子就越多，受精率就越高。一般来说，人工授精时，公鸡的精子密度和鲜精活力应分别达到3亿个/毫升和0.95。

2. 种公鸡的饲养管理

(1) 饲养方式。用作人工授精的公鸡要采用笼养，最好单笼饲养，以免啄架和相互爬跨影响采精量。

(2) 营养水平。目前对种公鸡营养的研究还很不清楚，仍无统一的饲养标准。表4-1标准仅供参考。

表4-1 种公鸡的饲料营养参考标准

项目	20~45周龄	45周龄以后
代谢能（兆焦/千克）	11.60	11.60
粗蛋白质（%）	14.5	15.5
钙（%）	1.2	1.2
有效磷（%）	0.5	0.5

（续表）

项目	20~45周龄	45周龄以后
蛋氨酸（%）	0.35	0.35
赖氨酸（%）	0.90	0.95
精氨酸（%）	1.10	1.15

在饲料配制中复合维生素和微量元素按使用标准添加，必要时可适当提高添加量。在种公鸡饲料中尽量不使用棉仁（籽）饼和菜籽饼。在笼养条件下以母鸡的饲料为基础，在种用期间适当提高蛋白质和维生素含量，可得到满意的受精率。

（3）饲养。每天喂料2~3次，安排在早晨开灯后，上午10：00—11：00和17：00，喂料量要根据鸡的体况作适当的调整。饮水要清洁，每天供水时间不少于8个小时，夏天延长供水时间。

（4）环境要求。舍内温度10~30℃为宜，冬季要注意升温保暖，夏天高温季节要采取降温措施，可在饲料中添加0.6%的小苏打或0.4%的氯化铵，这样对保持和提高精液质量有良好的效果。单独饲养的公鸡在繁殖期每天光照时间要控制在14~15个小时。室内要及时打扫、消毒并及时通风换气，若舍内尘埃过多，落入集精杯会影响精子活力。

（二）种公鸡的训练

1. 公鸡处理

为了防止污染精液，开始训练之前，应剪去肛门周围直径5~7厘米的羽毛，尾基部的鞍羽也剪去一部分。由于种公鸡肛门周围的羽毛较硬，剪毛时动作要轻，以免将种公鸡的皮肤剪破，影响采精。

2. 采精训练

（1）训练时间。种公鸡在20~22周龄，亦即在开始使用前

7~10 天开始采精训练，每天训练 1~2 次，经 3~5 天训练后，大多数公鸡都能采出精液，此后每天坚持训练一次，以使其建立条件反射。

（2）训练方法。可采用单人采精法和双人采精法。

①单人采精法。采精员系上围裙，坐在椅子上，握住公鸡使头部朝左，用大腿夹住公鸡的双腿，然后用右手的中指和无名指夹住采精杯。用左手的大拇指和食指轻轻按摩公鸡背部的腰区，用右手大拇指和手掌由腹部向尾部按摩，经过几秒钟，公鸡翘起尾巴对按摩产生反应，生殖器勃起，此时迅速用左手的拇指和食指挤压生殖器外侧的泄殖腔，将集精杯对准泄殖腔，将精液收集起来。为避免公鸡排粪，采精前 2 小时要对公鸡进行停水停料。

②双人采精法。由一人负责将公鸡固定，一般采用左手握住公鸡双腿，右手握住公鸡双翅，采精员进行按摩，采精和集精方法同单人采精。

三、人工授精技术

（一）人工授精的器具

授精盒包括器具箱、集精管和输精器。器具箱中间有一层隔板，一侧放消毒干燥的注头，一侧放用后的注头，挎带长短可调节。集精管为 15 毫米×100 毫米的试管。输精器由注头 500 支、注射器 1 支、微量吸头 1 个组成。

（二）器械洗刷与消毒

先用清水冲洗再用清水泡，然后加入洗衣粉反复洗刷，再用清水冲洗干净，最后用蒸馏水或凉开水冲洗一次，注头和微量吸头应甩去管内的水，全部放入干燥箱，升温 80℃左右，要保证全部器械清洁干燥。

（三）采精方法

多采用按摩法采精，具体操作因场地设备而异。生产实际中多采用双人立式背腹部按摩采精法，现以笼养种鸡的采精输精为例简述其具体操作。

1. 保定

一人从种公鸡笼中用一只手抓住公鸡的双脚，另一只手轻压在公鸡的颈背部。

2. 固定采精杯

采精者用右手食指与中指或无名指夹住采精杯，采精杯口朝向手背。

3. 按摩

夹持好采精杯后，采精者用其左手从公鸡的背鞍部向尾羽方向抚摩数次，刺激公鸡尾羽翘起。与此同时，持采精杯的右手大拇指和其余四指分开从公鸡的腹部向肛门方向紧贴鸡体作同步按摩。当公鸡尾部向上翘起，肛门也向外翻时，左手迅速转向尾下方，用拇指和食指跨捏在耻骨间肛门两侧挤压，此时右手也同步向公鸡腹部柔软部位快捷的按压，使公鸡的肛门更明显的向外翻出。

4. 采精

当公鸡的肛门明显外翻，并有射精动作和乳白色精液排出时，右手离开鸡体，将夹持的采精杯口朝上贴住向外翻的肛门，接收外流的精液。公鸡排精时，左手一定要捏紧肛门两侧，不得放松，否则精液排出不完全，影响采精量。

5. 采精的时间和频率

采精时间应安排在 14：00 以后，这样采出的精液可以马上用于输精。采精的次数因鸡龄不同而异，一般青年公鸡开始采精的第一月，可隔日采精一次，随鸡龄增大，也可一周内连续采精 5 天，休息 2 天。

（四）采精过程中应注意的问题

1. 采精中常见的问题

（1）精液量极少或没有。饲养管理不善、饲料搭配不均、饲料更换、种公鸡患病、更换采精人员、操作不熟练、鸡龄偏大等原因引起。

（2）粪尿污染精液。在采精过程中，由于按摩和挤压，容易出现排粪尿现象。因此，按摩时，集精杯口不可垂直对着泄殖腔，应向泄殖腔左或右偏离一点，防止粪便直接排到集精杯内。一旦出现排粪尿时，要将集精杯快速离开泄殖腔。如果精液被粪尿污染严重，应连同精液一起弃掉；如果精液污染较轻，可用吸管将粪尿吸出弃掉。否则，给母鸡输入污染严重的精液，不仅影响受精率，而且会引起输卵管发炎。采精人员应动作敏捷，尽可能避免粪便污染精液。

（3）性反射过快或性反射差。这类种公鸡要先标上记号，对性反射快的应提前做好采精的准备工作，首先采取此类种公鸡精液。对性反射差的，按摩动作要轻，用力要小，并适当调整抱鸡姿势，当出现轻微性反应时，一旦泄殖腔外翻，立即挤压，便采出精液。

2. 采精时应注意的事项

（1）保持采精场所安静和卫生，从笼内抓出公鸡时动作要轻，防止公鸡过分挣扎，精液自动流失。

（2）采精人员相对固定，因为每个人的手势不同，公鸡已适应了某一人手势，换人后，往往采精量下降或采不到精液。

（3）挤压生殖器不可太猛，防止生殖器出血，污染精液。留心一些性反射较快的公鸡，每天要先采取这部分公鸡的精液，否则等采完其他公鸡，再采这部分公鸡就采不到精液了。

（4）公鸡采精前3~4小时停食，防止公鸡过饱时采精排粪，污染精液。每只公鸡准备1个接精杯，弃去不合格精液，将合格精液用吸管吸出，集中于集精杯中。

（5）采出的精液及时放入盛有39～42℃温水的保温杯内的试管里。

（五）精液品质检查

1. 精液的颜色

健康公鸡的精液为乳白色浓稠如牛奶。若颜色不一致或混有血、粪尿等，或呈透明，都不是正常的精液，不能用于输精。

2. 射精量

射精量的多少与鸡的品种、年龄、生理状况、光照以及饲养管理条件有关，同时也与公鸡的使用制度和采精者的熟练程度有关。种公鸡的平均射精量为0.3～0.45毫升。

3. 精液的浓度

一般把公鸡精液浓度分为浓、中、稀3种，在显微镜下观察视野中精子的数量，一次射精的平均浓度为30.4亿个/毫升，其计算方法是用血球计数板一个视野中的精子数量而推算，范围在1亿～100亿个/毫升变化。

4. 精子活力

精子活力对种蛋的受精率大小影响很大，只有活力大的精子才能进入母鸡输卵管，到达漏斗部使卵子受精，精子的活力也是在显微镜下观察，用精液中直线摆动前进的精子的百分比来衡量。

5. 精液的pH值

采精过程中，有异物落入其中是精液pH值变化的主要原因。正常的精液pH值通常为中性到弱碱性，6.2～7.4。精液pH值的变化影响精子的活力，从而也影响种蛋的受精率。

（六）输精技术

1. 输精时间

从理论上讲，一次输精后母鸡能在12～16天内产受精蛋，但生产实际中为保证种蛋的高受精率，一般每间隔 5 天输精 1 次，每次输精应在大部分鸡产完蛋后进行，一般在 15：00—16：00以后。为平衡使用人力，一个鸡群常采用分期分批输精，即按一定的周期每天给一部分母鸡输精。

2. 输精量

输精量多少主要取决于精液中精子的浓度和活力，一般要求输入8 000万～1 亿个精子，约相当于 0. 025 毫升精液中的精子数量。

3. 输精部位与深度

在生产实际中多采用母鸡阴道子宫部的浅部输精，翻开母鸡肛门看到阴道口与排粪口时为度，然后将输精管插入阴道口 1. 5～2 厘米就可输精了。

4. 输精操作

生产实际中常采用两人配合。一人左手从笼中抓着母鸡双腿，拖至笼门口，右手拇指与其余手指跨在泄殖腔柔软部分上，用巧力压向腹部，同时握两腿的左手，一面向后微拉，一面用手指和食指在胸骨处向上稍加压力，泄殖腔立即翻出阴道口，将吸有精液的输精管插入，随即用握着输精管手的拇指与食指轻压输精管上的胶塞，将精液压入。目前绝大多数的生产场都采用新鲜采集不经稀释的精液输精，具体操作时宜将多只公鸡的精液混合后并在不超过半小时时间内使用。

5. 注意事项

无论用连续输精器或滴管输精器，输精时不要输进气泡；第一次输精，输精量加倍或连续两次输精；固定母鸡的人员与输精员要配合默契，当输精器插入阴道口的一瞬间，固定者应立即停止按压鸡的腹部；为防止疾病传播，最好一只母鸡用一套输精器具。

6. 器械的消毒

人工授精器具用完后立即进行洗刷、消毒，用时保证全部器械清洁干燥。按规程严格操作，不但能够保证受精率，而且能够避免在人工授精过程造成鸡病的相互感染，确保种鸡场鸡群健康。

四、影响受精率的因素

种蛋的受精率，不仅直接影响到孵化率，更影响到种鸡场的经济效益，因此提高种蛋的受精率，能有效地提高供雏数量，最大限度地挖掘种蛋的利用潜力，达到事半功倍的效果。影响种蛋受精率的主要因素有：

（一）公母比例的配置

公鸡与母鸡正常交配才能产生受精卵，孵化出雏鸡。因此公鸡与母鸡的比例是种鸡群应首先考虑的问题，公母比失调，无论公鸡多，还是母鸡多，都会降低种蛋的受精率。公母比例一般确定为1：(8~12)，即8~12只母鸡配1只公鸡。

（二）种公鸡的质量

公鸡的健壮与否，是影响受精率的一个很重要方面。在种鸡育雏、育成过程中，特别要注意公鸡的发育情况，定期称重，性成熟的公鸡必须达到饲养手册所规定的体重标准，太瘦小的公鸡必须淘汰，不能作为种用。公鸡的精子活力低、数量少同样也会影响到种蛋受精率，正常的要求每次射精至少要在0.5亿~1亿个精子。

（三）维生素缺乏

维生素是鸡维持生长发育、正常生理机能和新陈代谢所必需的重要物质，特别是缺乏维生素A、维生素E及维生素B_2对种蛋受精率的影响较大。

1. 维生素 A

缺乏维生素 A 能引起母鸡产蛋率下降，胚胎错位；公鸡性机能降低，精液品质退化。种鸡维生素 A 的需要量，日粮中需有4 000国际单位/千克，维生素 A 缺乏时可按维生素正常需要量加大 3 倍以上混料。

2. 维生素 E

维生素 E 又称生育酚，它的作用主要是抗氧化。缺乏维生素 E 时，公鸡易发生睾丸退化变性，生殖机能减退，使蛋鸡所产的蛋受精率低、孵化率低。

3. 维生素 B_2

维生素 B_2 是体内黄酶类的辅基，在生物氧化的呼吸链中起着递氢的作用。维生素 B_2 缺乏时种母鸡则出现产蛋减少，受精率低，孵化率下降等症状。

（四）微量元素缺乏

1. 铁

铁是机体内构成血红蛋白的必需物质，蛋中也含有铁，所以铁与种蛋受精率、孵化率有关。鸡对铁元素的正常需要量为 80 毫克/千克体重。铁可以从硫酸亚铁、碳酸亚铁、氧化亚铁等中获得，可在饲料中加入硫酸亚铁（含量 20. 1%）132~199 毫克/千克。

2. 铜

铜对铁的利用有促进作用，能促进铁的吸收作用。铜缺乏时，会降低机体对铁的吸收，影响到产蛋量，降低种蛋受精率、孵化率。铜可以从硫酸铜、氧化铜等中获得，正常需要量为 4 毫克/千克，通常日粮中加入硫酸铜（含量 25. 5%）20 毫克/千克。

3. 钴

钴为红细胞生成的必需元素，钴缺乏时能使产蛋率、受精率和孵化率降低，钴可以从维生素 B_{12}或硫酸钴、氧化钴等中获得。

（五）外在因素的影响

1. 疾病、霉菌毒素的影响

很多疾病都能影响到种鸡的产蛋率和种蛋的品质，从而影响到种蛋的受精率，如鸡霉形体、支气管炎等疾病。只要在生产中搞好种鸡的疫苗免疫，制订出正确的免疫程序，定期进行消毒，保证环境的卫生安全，就能控制疾病，减少疾病对种蛋受精率的影响。

有些霉菌在生长时会在饲料中产生毒素，如黄曲霉的黄曲霉毒素，能引起鸡生长缓慢，产蛋率下降，对肝、肾及其他主要器官产生伤害，也使种鸡受到影响。生产中不能饲喂霉变的饲料，以防止霉菌毒素对种鸡群的影响。

2. 寄生虫的影响

寄生虫可引起鸡皮肤机械性损伤，夺取鸡体的营养，分泌毒素，导致机体营养不良，母鸡产卵减少，公鸡不交配，使受精率大大下降。在防治中首先要及时清理鸡粪，搞好鸡舍内外环境卫生，加强饲养管理，以增强机体抵抗力，每年定期驱虫1~2次。

3. 环境的影响

鸡舍温度较低，会抑制公鸡睾丸的正常生长而降低受精率。鸡舍应能把混浊空气及时排出，引入新鲜空气，鸡舍中的氨气水平不得高于20毫克/千克。鸡舍最适宜温度为18~25℃，相对湿度为55%~65%。光照计划的正确与否，饲养密度的大小也会影响到种蛋的受精率。光照计划能有效控制种鸡性成熟时间，因此正确的光照计划、光照强度才能保证种鸡正常的性发育。饲养密度过大，造成公母鸡体质下降，也是影响种蛋受精率的一个重要外界因素。

第二节　鸡的人工孵化

一、孵化场的建场要求和设备

（一）孵化场的建设要求

1. 场址选择

孵化场要建在地势较高、交通方便、水电资源充足的地方，周围环境要清静优雅、空气新鲜。孵化场应是一个独立的场所，远离主要交通干线500米以上，远离市中心、居民区等人口密集的区域，更要远离震动较大、粉尘严重的工矿区和养禽场、屠宰厂、电镀厂、农药厂和化工厂等污染严重的企业，以防震伤胚胎或使胚胎中毒、感染疾病。

2. 孵化场的规划

孵化场的规模应根据当前本地区养鸡发展情况而定。应充分调查本地区养鸡场的数量和鸡的品种、存栏量，计算出每月需要生产的雏鸡量和所需的种蛋数、批次、每批入孵的种蛋数，进而确定孵化箱的台数和孵化室的面积。根据每批出雏的最高数量，来确定出雏室和雏鸡存放室、贮蛋室、收蛋室、洗涤室等需要的面积，作为建场的依据。

孵化场的布局必须严格按照“种蛋→种蛋消毒→种蛋保存→种蛋处置（分级码盘等）→孵化→移盘→出雏→雏鸡处置（分级鉴别、预防接种等）→雏鸡存放”的生产流程进行规划。由“种蛋”到“出雏”，较小的孵化场可采用长条流程布局，但大型孵化场，则应以孵化室、出雏室为中心，根据生产流程确定孵化场的布局，安排其他各室的位置和面积，以减少运输距离和工作人员在各室之间不必要的往来，提高房屋的利用率，有效改善孵化效果。

3. 孵化场的建设要求

屋顶要铺防水材料以防漏雨，最好下面再铺一层隔热保温材料，夏季能有效防止室内高热，冬季便于保温，天花板不产生冷凝水滴。孵化场的天花板、墙壁、地面最好用防火、防潮、既便于冲洗又便于消毒的材料来建造。地面和天花板的距离3.4~3.8米为宜。地面要平整光洁，便于清洁卫生和消毒管理。在适当的地方设下水道，以便冲洗室内。

孵化室和出雏室最好是无柱结构，这样能使孵化机固定在合适的位置上，便于工作，也便于通风。

孵化室应坐北朝南。门高2.4米、宽1.2~1.5米，以便于搬运种蛋和雏鸡时出入。门以密封性好的推拉门为宜。窗为长方形，要能随意开关。南面（向阳面）窗的面积可适当大些，以利采光和保温。窗的上面下面都要留活扇，以根据情况调节室内通风量，保持室内空气的清洁度。窗与地面的距离1.4~1.5米。北墙上部应留小窗，距地面1.7~1.9米。孵化室和出雏室之间应建移盘室，这样一方面便于移盘，另一方面能在孵化室和出雏室之间起到缓冲作用，便于孵化室的操作管理和卫生防疫。有的孵化室和出雏室仅一门之隔，且门又不密封，出雏室污浊的气体很容易污染孵化室。尤其是出雏时，将出雏车或出雏盘放在孵化室，更容易对孵化室造成严重污染。

安装孵化机时，孵化机间距应在80厘米以上，孵化机与墙壁之间的距离应不小于1.1米（以不妨碍码盘和照蛋为原则），孵化器顶部距离天花板的高度应为1~1.5米。

4. 孵化场的通风系统

通风换气系统的设计和安装不仅要考虑为室内提供新鲜空气和排出二氧化碳、硫化氢及其他有害气体，同时还要把温度和湿度协调好，不能顾此失彼。因各室的情况不同，最好各室单独通风，将废气排出室外。至少孵化室与出雏室应各设一套单独通风系统，温、湿度及通风应符合相关技术参数。为减少空气污染，出雏室的废气排出之前，应先通过带有消毒剂的水箱后再排出室外。否则带菌的绒毛污染空气散布孵化车间和其他各处，造成大面积的严重污染。据试验，通过有消毒液的水箱过滤后，可消灭气体中99%的病原微生物，大幅度提高空气的清洁度，进而提高孵化率和雏鸡品质。

孵化场的洗涤室内以负压通风为宜，其余各室均以正压通风为宜。

（二）孵化场的设备

1. 孵化机

孵化器类型繁多，规格各异，自动化程度也不同（图4-1）。孵化器质量要求是温差小，孵化效果好；安全可靠，便于

图4-1　全自动孵化器

操作管理；故障少，且容易排除；价格便宜，美观实用。为了提

高孵化器的利用率和保障安全可靠地运转，还应注意两个问题：一是根据孵化场的规模及发展，决定孵化器类型和数量以及孵化、出雏的配套比例（即入孵器和出雏器的数量）；二是根据本单位技术力量，选择孵化器类型。

2. 照蛋器

有手执式照蛋器、箱式照蛋器和盘式照蛋器（图 4–2）。

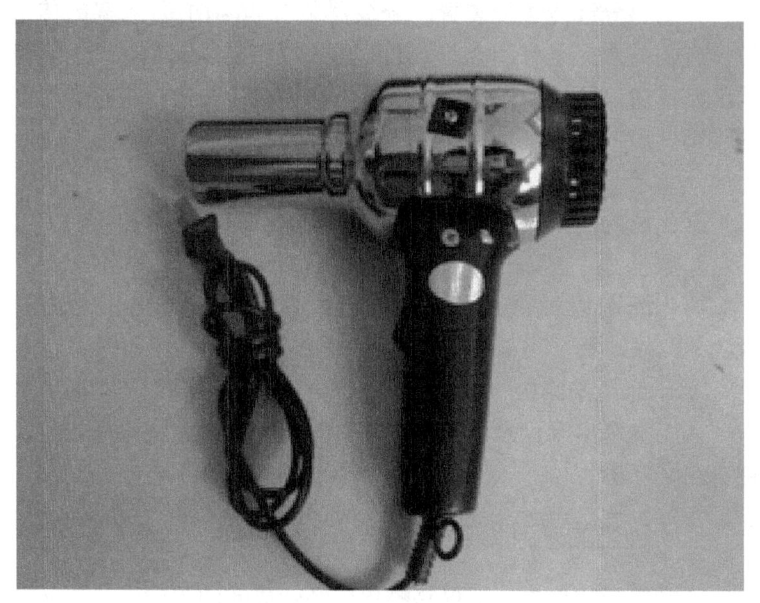

图 4–2　手执式照蛋器

3. 标准温度计

孵化场应备有标准水银温度计，用以检测其他水银温度计或酒精（红色或蓝色）温度计、干湿球计，根据检测校正，正负多少度标于橡皮膏上，再粘贴于温度计上端。

4. 工作台

应装有转轮可移动的工作台，供进行雏鸡分级，雌雄鉴别，装箱及其他日常工作之用，工作台的大小应视孵化场的类型而定。

5. 雏鸡箱

雏鸡箱的规格较常用的为宽 40~50 厘米，长 50~70 厘米，高 18 厘米左右。

6. 雏鸡分级器

即雏鸡分级传送带装置，分级器装有 46~61 厘米宽的传送带，有长条形，也有圆盘形。传送距离为 183~244 厘米，雏鸡从出雏室窗口开始传送，工作人员坐在传送带两边，将符合标准的雏鸡挑出，淘汰雏从另一端落下。

7. 真空吸尘器

孵化场内的尘埃应用真空吸尘器吸除，而不用清扫。

8. 压力泵

孵化场用以冲洗地板、墙壁、孵化设备、孵化盘和出雏盘等。

9. 出雏盘洗涤机

人工洗涤出雏盘是非常费力、费时的，故大型孵化场均应配置自动洗涤机。

二、种蛋的来源和选择

种蛋质量的优劣，不仅是孵化厂经营成败的关键之一，而且对雏鸡质量以及对成年鸡的生产性能都有较大影响。种蛋质量好，则胚胎生活力强，供胚胎发育的各种营养物质丰富，孵化率高，雏鸡质量好；种蛋质量一般，在正常的孵化条件下能孵出雏鸡，但育雏条件要求较严格；种蛋品质低劣，即使有好的孵化条件，孵化率仍很低。因此，种蛋必须来自健康的高产鸡群，同时种蛋也应来自非疫区。

（一）种蛋的来源

种蛋应取健康种鸡产的蛋。

初产母鸡开产后半个月内的蛋不应作种蛋，因为这时的蛋鸡性机能活动差，受精率低。

种蛋产后 1 周内为合适，最好是孵化前 3～5 天内产的蛋，夏天不超过 10 天。

（二）种蛋的选择

种蛋品质的好坏不但影响孵化率的高低，而且与初生雏鸡的品质和以后的生活力有密切关系，因而种蛋入孵前必须经过认真的选择。

1. 大小

种蛋要大小适中，每个品种都有一定的蛋重要求范围，超过和低于标准范围 15%的蛋就不应留作种用。如来航鸡种蛋以 45～50 克为好。

2. 形状

鸡蛋应呈卵圆形，蛋型指数（蛋的纵径和横径之间的比率）应为 1.30～1.35。过大、过小、过长、过圆、压腰的畸形蛋均不宜用来孵化鸡苗。畸形蛋孵出的鸡亦多畸形，而且出雏率亦低。双黄蛋或三黄蛋、软壳蛋、蛋包蛋、蛋白中有血块的蛋、沙壳蛋等也都不宜用来孵化鸡苗。

3. 净洁度

种蛋必须保持蛋面净洁。新鲜的蛋壳表面光滑，无斑点、污点，具有光泽。若用水洗蛋，壳面的胶质脱落，微生物容易侵入内部，蛋内水分也容易蒸发，故一般种蛋尽量少用水洗。

4. 壳纹

种蛋的壳纹应当光滑，无皱褶或凹凸不平等畸形。

5. 壳色

蛋壳的颜色代表着品种特征，来航鸡产的蛋为白色；洛岛红、白洛克、本地鸡产的蛋多为褐色。颜色不正说明品种不纯，不应作种蛋。

6. 蛋壳的厚度

种蛋的蛋壳厚度应致密，厚薄适度，在 0.33～0.35 毫米。厚度小于 0.27 毫米的即为薄壳蛋，这种蛋水分蒸发较快，易被微生物侵入，又易破损。反之，蛋壳太厚（0.45 毫米以上），水分不易蒸发，气体交换困难，鸡胚不易啄破蛋壳而往往被闷死。

为了进一步判断种蛋的质量，可以利用光照透视检验。新鲜种蛋间气室很小，蛋黄清晰浮映蛋内，并随蛋的转动而慢慢转动，蛋白浓度匀称，稀、浓两种蛋白也可明显辨别，蛋内无异物，蛋黄上的胚盘尚看不见，蛋黄表面无血丝、血块。若发现气室很大，蛋黄颜色变暗，蛋黄上方甚至有血管，那就是陈旧的蛋，保存不善受过热的缘故。

三、种蛋的消毒、保存和运输

（一）种蛋的消毒

种蛋容易受到细菌的污染。种蛋受到污染不仅影响孵化率，更严重的是污染了孵化机和用具，传染各种疾病，因此，种蛋产出后，除及时收集种蛋外，应立即进行消毒处理，以杀灭蛋壳表面附着的病原微生物。种蛋在种鸡场一般要进行 1～2 次消毒，入孵升温前应进行彻底消毒，这对防止疾病的传播大有好处。常用的消毒方法有熏蒸、喷雾和浸泡 3 大类。

1. 喷雾消毒

采用对胚始发育无影响的消毒药，在种蛋码盘后采用喷雾器从种蛋的上方和下方分别喷雾，使蛋壳表面的消毒液保持湿润 5 分钟。

2. 浸泡消毒

多用高锰酸钾或新洁而灭溶液，前者易使蛋壳氧化褪色变暗，不易照蛋。多用新洁尔灭浸泡，即用5%的新洁而灭原液加50倍清洁温水（40~43℃）配成0.1%的消毒液，把种蛋放进去或把码好盘的种蛋带盘一起放入浸泡5分钟，即可装入机器孵化。

3. 熏蒸法

把种蛋码盘放入孵化器内关闭进出气口，升温达25~30℃时，在机内底板上放一容积比福尔马林量大10倍的搪瓷瓦盆或陶瓷盆，计算好孵化器的容积，按照每立方米空间15克高锰酸钾称量放入盆内，再把每立方米空间30毫升的福尔马林加入盆内，立即关闭孵化机门，使气体充满整个机内，消毒30分钟后打开机门取出盆子，打开风机让有害气体排出后开始正式升温。

（二）种蛋的保存

在孵化管理中，种蛋产出后尽管贮存时间较短，但也不可能立即入孵，因此，种蛋在入孵前要经过一定时间的贮存。即使种蛋来源于优秀的种鸡群，经过严格的挑选，品质优良的种蛋，如果保存条件较差，保存方法不当，对孵化效果均有不良的影响。尤其是在冬、夏两季更为突出，因此，应给种蛋创造一个适宜的保存环境（表4-2）。

表4-2　保存种蛋的环境要求

项目	保存时间						
	1~4天内	1周内	2周内		3周内		
			第一周	第二周	第一周	第二周	第三周
温度（℃）	15~18	13~15	13	10	13	10	7.5
相对湿度（%）	70~75		75		75		

1. 种蛋贮存室的要求

大型的孵化场应有专门的种蛋贮存室，贮存室要求隔热能力良好、无窗式的密闭房间。此外，贮存室内还应配备恒温控制的采暖设备以及制冷设备，配备湿度自动控制器。种蛋贮存室与鸡舍之间的距离越远越好，同时应便于清洗和消毒。

2. 适宜的温度和湿度

种蛋保存的理想温度为 13～16℃。但保存时间不同也有差异，保存在 7 天以内，控制在 15℃较适宜；7 天以上以 11℃为宜。高温对种蛋孵化率的影响极大，当保存温度高于 23℃时，胚胎开始缓慢发育，尽管发育程度有限，但由于细胞的新陈代谢会逐渐导致胚胎的衰老和死亡；相反温度过低，也会造成胚胎的死亡，影响孵化率，低于 0℃时，种蛋因受冻而失去孵化能力。应注意的是，不管在什么情况下，种蛋应存放在比较稳定的温度环境中。因此，在贮存前，如果种蛋的温度高于保存温度，应逐步降温，使种蛋温度接近贮存室温度，然后放入贮存室。若贮存室温度低，种蛋表面回潮，容易发霉变质；若贮存室湿度过低，蛋内水分大量蒸发，势必影响孵化效果，保存的湿度以近于蛋的含水量为最好，贮存室内一般相对湿度控制在 75%～80%范围内为宜。

3. 适宜的蛋位

保存一周内的种蛋，存放时的蛋位对孵化率或许只有较小的影响。为了使气室保持适当位置，种蛋应以钝端向上。钝端向上可防治胚胎与壳膜的粘连，否则引起胚胎的早期死亡。保存期较长时，翻蛋的角度以大于 90°为宜。但也有研究认为，种蛋保存两周之内，翻蛋与否对孵化率无影响（表 4–3）。

表 4-3　种蛋保存时间及是否翻蛋对孵化率的影响

处理	重复	孵化率（%） 保存天数（天） 14	21	28
保存期间每天翻蛋	1	72.1	58.6	36.6
	2	72.6	63.1	47.2
保存期间不翻蛋	1	72.1	51.1	30.7
	2	73.2	50.3	31.8

4. 适宜的保存期

保存期越短，对提高孵化率越有利。随着保存期的延长，孵化率会逐渐下降。孵化率的下降与季节也有很大的关系，即使有适当的保存条件，保存时间过长，也难以获得理想的孵化效果。因为新鲜蛋的蛋白具有杀菌作用，长期保存后，蛋白的杀菌作用急剧下降。另一方面，保存时间过长，蛋内水分的过分蒸发，导致内部 pH 值的改变，各种酶的活动加强，引起胚胎的衰老，营养物质的变化及残余细菌的繁殖，从而危害胚胎，造成孵化率降低。种蛋如需较长时间的保存，可将种蛋装在密封的塑料袋内，填充氮气，密封后放在蛋箱内，这样可阻止蛋内物质和微生物的代谢，防止蛋内水分的过分蒸发，这样保存超过 3～4 周，仍可获得 70%～80%的孵化率。

（三）种蛋的运输

运输种蛋是交换良种、育种和引进良种的工作中不可缺少的一个环节。

1. 做好防震包装

种蛋包装最好用特制的纸箱和蛋托，若有专用蛋箱，一般可放 5 层 10 个蛋托，当然也可放 6 层 12 个蛋托，每个蛋托大概装

30 枚种蛋，每箱共放种蛋 300 枚（12 个蛋托可放 360 枚）；若无特制蛋托，可用黄板瓦楞纸做成方格，每格放一枚种蛋；若运输数量少，可使用纸箱，一层垫料（刨花、碎纸、稻草），一层种蛋装箱，也可将种蛋一个个用纸包好装箱。装蛋时，要将大头向上竖放，蛋与蛋间、层与层间用清洁的碎纸、锯木屑或软稻草隔开填实，以起到防震保护作用。

2. 做好防热措施

在炎热季节里运输种蛋是越快越好，最长不超过 7 天，同时要注意避免阳光暴晒和雨淋。

3. 做好防冻措施

在零度以下的气温中，种蛋的蛋白会凝固而造成死亡，所以要特别注意给种蛋保温。

4. 装运种蛋时要轻拿轻放。若种蛋不慎受到强烈震动，系带会断裂、卵黄膜破裂和气室移位，而严重影响种蛋的孵化率。当种蛋运到后，要轻拿轻放，将其放于蛋盘中静置 12~24 小时，后方可入孵。

四、人工孵化的条件

鸡的胚胎发育主要依靠蛋里的营养物质和合适的外界条件，经过 21 天才能破壳出雏。人工孵化，就是为胚胎发育创造合适的外界条件，因此，进行孵化时应根据胚胎的发育严格掌握温度、湿度、通风和转蛋等，不能疏忽。

（一）孵化温度

在孵化温度、湿度和通风三者中，孵化温度是尤为重要的，它是决定孵化成败和孵化效果好坏的第一要素。大量的实验和生产实践表明，鸡的人工孵化温度在 37.8℃左右。但是，根据种蛋的大小、品种和环境温度以及机器性能不同，理想的孵化温度会有一定的变化，但不会超过 38.5℃，不能低于 36.5℃。理想的孵化温度，就是在满足孵化积温（从大于临界温度开始计算到出雏时间的累计孵化温度）的前提下，尽可能地使设定的孵化温度接近37.8℃。孵化温度设定在生产上常用恒温孵化和变温孵化两种方案。对于整批入孵变温孵化法而言，在环境温度24℃左右时，1～5天，38.2～38℃；6～13天，37.9～37.7℃；14～18天，37.6～37.4℃；19～21天，37.2～37℃。在实际操作中我们还需定期对胚蛋发育情况进行检查，作为调节温度的参考。

（二）孵化湿度

孵化中湿度控制的原则是两头高，中间低。孵化湿度的重要性主要体现在出雏阶段，出雏时相对湿度不能低于60%，保持在65%～70%为最佳，较高的湿度有利于雏鸡啄壳，湿度低了会引起粘毛等现象，影响出雏。一般地，整批入孵：1～7天，60%～65%；8～18天，50%～55%；19～21天，65%～75%。分批入孵：1～18天，50%～55%；19～21天，60%～70%。因湿热的穿透力强，在同样温度条件下高湿可使胚胎吸收的热量增加，这在实际生产中应引起高度重视。

（三）通风

由于数量众多的种蛋密集在相对窄小的空间，而胚胎的发育需要良好的空气环境，因此，电孵化器都设有大风扇和进、出气孔。在使用电孵化器孵化时，只要孵化器的大风扇在正常转动，无论进出气口开启程度的大与小，只要不是密闭，由于负压的作用，孵化器都不会严重缺氧。孵化器通风量应掌握早期小、后期大的原则，若能保证孵化的温度，这样做是有利胚胎发育的。但有时遇到一些特殊的情况，如冬季严寒，孵化厅保温条件又差，通风量大，不仅浪费电力，有时甚至连设定的孵化温度都不能保证，反而出现孵化效果不理想的现象。当环境温度较低时，使用电孵化器孵化，在保证大风扇正常运转的前提下，考虑孵化通风量时应兼顾保证孵化温度。

（四）转蛋

翻蛋可以帮助胚胎活动，使它经常变换位置和调整温度，以避免胚胎和蛋壳粘连，所以从入蛋的第一天起，就要每天定时转蛋。一般每2~4小时须转动1次，有条件的以多翻转为好。全自动孵化器一般设定2小时自动翻蛋1次。

（五）凉蛋

在孵化过程中，随着胚胎发育到中后期产生大量的热能，所以每天要凉蛋两次。凉蛋可以更换孵化器内的空气，降低机温，排出蛋内污浊的气体，同时用较低的温度来刺激胚胎，促使它发育并增强将来雏鸡对外界气温的适应能力。凉蛋的方法应根据孵化日期及季节而定，早期胚胎及寒冷季节不宜多凉，后期胚胎及热天应该多凉，这是因为早期胚胎本身发热少，寒冷季节凉蛋的时间过长容易使胚胎受凉，所以在这种情况下，每次凉蛋的时间一般5~15分钟就够了。后期胚胎发热多，天气炎热气温高，凉蛋的时间可以延长到30~40分钟。具体凉蛋时间的长短应根据蛋的温度来决定。一般可用眼皮来试温，即以蛋贴眼皮，稍感微凉，就应该停止。

五、人工孵化的管理

（一）孵化设备安装调试

无论什么型号的电孵化器，通常都包括控制部分、蛋架、加热、加湿、大风扇和转动部分。大多数孵化器生产厂家会为你完成安装，我们在测试时，重点注意以下几点。

1. 控制器是否工作正常

高温、低温、高湿、低湿的报警是否在说明书有关技术指标之内。门表温度与控制器电子显示器上显示的温度差值有多大。

2. 转动部分是否正常

包括加湿器转轮和翻蛋系统是否有卡住的现象。

3. 风扇转动的方向是否与说明书上要求的一致

4. 辅助设备是否正常

孵化厂最重要的辅助设备就是备用发电机，电孵化器孵化用电必须保证，长时间的停电，将造成巨大的损失。若用市电供电，应准备一台发电机；若用自备发电机供电，还得准备一台备用发电机，以确保供电正常。

（二）孵化前的准备工作

1. 制订计划

在孵化前，根据孵化与出雏能力、种蛋数量以及雏鸡销售等具体情况，制订出孵化计划。一般每周入孵两批，工作效率较高。也可采用 3 天入孵一批，孵化效果好，工作效率高。

2. 用品准备

入孵前 1 周一切用品应准备齐全，包括照蛋灯、温度计、消毒药品、防疫注射器材、记录表格和易损电器原件、电动机等。

3. 孵化场内外的环境和孵化器具的清洗消毒

在开孵前对孵化场内外进行清洁，消毒地面时常用 2%～5% 烧碱喷洒。孵化室内及孵化器可按每立方米甲醛 42 毫升，高锰酸钾 21 克，在温度 20～24℃，相对湿度 75%～80% 的条件下密闭熏蒸 20 分钟。孵化场内外环境和孵化器具的清洗消毒是一项经常性的工作，开孵后应按疫病的流行趋势，气候的变化等实际情况，进行定期和不定期的消毒。

4. 孵化工作安排

孵化是一项时间性很强的工作。开孵前应据其销售情况和本场的生产实际，制定出切合实际的孵化日程。简单地说，每批孵化间隔时间安排，工作人员的调配等等，都需要我们做出周密的安排，以最大限度地提高设备利用率和提高劳动效率。

5. 孵化工作记录

就是要将每批次的孵化情况用一定的表格记录在案，主要内容有：开孵日期，孵化设定温湿度，实际观测温湿度（温、湿度观测一般要求每隔 2 小时一次），上蛋数量，受精率，出雏情况，以及一些有关的情况，如停电、机器维修等。有了这些记录，我们就可对孵化工作进行有效的检查、总结，及时发现问题，并提出解决的办法，以提高我们的孵化技术水平。

（三）孵化实际操作规程和方法

每个孵化厂家使用的设备和实际生产情况不同，其孵化程序不尽一致，但大致可按以下程序操作。

1. 种蛋预热

入孵前预热种蛋，能使胚胎发育从静止状态中逐渐“苏醒”过来，减少孵化器里温度下降的幅度，除去种蛋表面凝水，以便入孵后能立刻消毒种蛋。入孵前，将种蛋在不低于 22~25℃ 环境中，放置 4~9 小时或 12~18 小时。种蛋放在 38℃ 环境中 1~5 小时或 38.3℃ 预热 6~8 小时，虽然能提高孵化率，但需增加设备和开支，生产上很少采用。

2. 上蛋

按种蛋标准选择符合要求的种蛋上架，此时应大头朝上，小头朝下。上蛋时按一听、二看再上蛋的方法选择种蛋。听：两枚种蛋互相轻碰时会发出不同的声响，据此可判定是否是裂纹蛋。看：看蛋形是否正常，是否是沙壳蛋、钢皮蛋等。

3. 开机

开机前应严格检查是否有卡盘现象存在。根据本场出雏时间要求确定合适的开机时间。鸡的孵化时间为 21 天，但应加上开机后机内温度上升到孵化设定温度的时间，根据不同的环境温度，一般要提前 1~10 小时。一般整批孵化，每周入孵两批；分批孵化时，3~5 天入孵一批，入孵时间在 16：00—17：00（根据升至孵化温度的时间长短而定），这样一般可望白天大量出雏。

4. 孵化器内种蛋消毒

当孵化器内温度达到 34℃左右时，即可对之进行甲醛熏蒸消毒，方法同入种蛋库时的消毒，熏蒸半小时后应打开孵化器门，迅速排出消毒气体。有时应诸多原因需要增加消毒次数时，应避开开机后 24~96 小时，因为此阶段的鸡胚，对甲醛气体高度敏感。

5. 温度调节

孵化器控温系统，在入孵前已经校正、检验并试机运转正常，一般不要随意更动。刚入孵时，开门入蛋引起热量散失以及种蛋和孵化盘吸热，因此孵化器里温度暂时降低是正常的现象。待蛋温、盘温与孵化器里的温度相同时，孵化器温度就会恢复正常，这个过程大约历时数小时（少则 3~4 小时，多则 6~8 小时）。即使暂时性停电或修理，引起机温下降，一般也不必调整孵化给温。只有在正常情况下，机温偏低或偏高 0.5~1℃时，才予调整，并密切注视温度变化情况。

6. 湿度调节

孵化器内挂有干湿温度计，每 2 小时观察记录 1 次，并换算出机内的相对湿度。要注意棉纱的清洁和水盂加蒸馏水。相对湿度的调节，是通过放置水盘多少、控制水温和水位高低来实现。

7. 转蛋

一般 2 小时转蛋 1 次。手动转蛋要稳、轻、慢，自动转蛋应先按动转蛋开关的按钮，待转到一侧 45°自动停止后，再将转蛋开关扳至“自动”位置，以后每两小时自动转蛋 1 次。但遇切断电源时，要重复上述操作，这样自动转蛋才能起作用。

8. 照蛋

照蛋要稳、准、快，尽量缩短时间，有条件时可提高室温。照完一盘，用外侧蛋填满空隙，这样不易漏照。照蛋时发现胚蛋小头朝上应倒过来。摆放盘时，有意识地对角倒盘（即左上角与右下角孵化盘对调，右上角与左下角孵化盘对调）。放盘时，孵化盘要固定牢，照蛋完毕后再全部检查一遍，以免转蛋时滑出。最后统计无精蛋、死胚蛋及破蛋数，登记入表，计算受精率。

9. 移盘

鸡胚孵至18~19天后，将胚蛋从入孵器的孵化盘移到出雏器的出雏盘，称移盘或落盘。移盘时，应提高室温，动作要轻、稳、快，尽量减少破蛋。出雏期间，用纸遮住观察窗，使出雏器里保持黑暗，这样出壳的雏鸡安静，不致因骚动踩破未出壳的胚蛋，而影响出雏效果。

10. 雏鸡消毒

雏鸡一般不必消毒，只有出壳期间发生脐炎才消毒。消毒方法：在移盘后，胚蛋有10%“打嘴”时，每立方米用福尔马林28毫升和高锰酸钾14克，熏蒸20分钟，但有20%以上“打嘴”时不宜采用；或在第20至21天，每立方米用福尔马林20~30毫升加温水40毫升，置于出雏器底部，使其自然挥发。

11. 捡雏

在成批出雏时，每4小时左右捡雏1次。可在出雏30%~40%时捡第一次，60%~70%时捡第二次（叠层式出雏盘出雏法，在出雏75%~85%时，捡第一次），最后再捡1次并“扫盘”。捡雏时动作要轻、快，尽量避免碰破胚蛋。前后开门的出雏器，不要同时打开，以免温度大幅度下降而推迟出雏。捡出绒毛已干的雏鸡同时捡出蛋壳，以防套在其他胚蛋上闷死雏鸡。大部分出雏后（第二次捡雏后），将已“打嘴”的胚蛋并盘集中，放在上层，以促进弱胚出雏。

12. 预防接种

第1天接种马立克氏疫苗，根据实际情况进行其他免疫。

13. 清扫消毒

出雏完毕（鸡一般在第22天的上午），首先捡出死胎（“毛蛋”）和残雏、死雏，并分别登记入表，然后对出雏器、出雏室、雏鸡处置室和洗涤室彻底清扫消毒。

（四）停电时的措施

应备有发电机，以应停电的急需。室温提高至27～30℃，不低于25℃。每半小时转蛋1次。一般在孵化前期要注意保温，在孵化后期要注意散热。孵化前、中期，停电4~6小时，问题不大。在孵化中后期停电，必须重视用手感或眼皮测温（或用温度计测不同点温度），特别是最上几层胚蛋温度。必要时，还可采用对角线倒盘以至开门散热等措施，使胚胎受热均匀，发育整齐。

六、孵化效果的检查和分析

（一）衡量孵化效果的指标

在每批出雏后，根据照蛋捡出的无精蛋、死胚蛋、破蛋，出雏的健雏数、残弱雏数、死雏数及死胎数等，分别统计在成绩表内（表4-4），按下列各主要孵化性能指标，进行资料的统计分析，计算每批的孵化成绩。

1. 受精率

受精率=受精蛋数/入孵蛋数×100%；受精蛋包括活胚蛋和死胚蛋。受精率一般水平应在90%以上。

2. 早期死胚率

早期死胚率=1～5胚龄死胚数/受精蛋数×100%；通常统计头照（5胚龄）时的死胚数。早期死胚率正常水平在1.0%～2.5%范围内。

表 4-4 孵化记录表

进蛋日期	批次	入孵蛋数	无精蛋			死精蛋			破蛋	死胚蛋	出雏数			受精蛋数	受精率（%）	受精蛋孵化率（%）	备注
			头照	二照	合计	头照	二照	合计			健雏	弱雏	合计				

3. 受精蛋孵化率

受精蛋孵化率=出雏的全部雏鸡数/受精蛋数×100%；出雏的雏鸡数包括健雏、残弱雏和死雏。受精蛋孵化率高水平应达92%以上，此项指标是衡量孵化场孵化效果的主要参考依据。

4. 入孵蛋孵化率

入孵蛋孵化率=出雏的全部雏鸡数/入孵蛋数×100%；入孵蛋孵化率高水平应达到87%以上，该项指标反映种鸡场及孵化场的综合水平。

5. 健雏率

健雏率=健雏数/出雏的全部雏鸡数×100%；健雏率高水平应达98%以上；孵化场多以售出的雏鸡视为健雏。

6. 死胚率

死胚率=死胚蛋数/受精蛋数×100%；死胚蛋一般指出雏结束后扫盘时的未出雏的种蛋（俗称“毛蛋”）。

（二）孵化效果的检查

每枚蛋的个体差异是存在的，反映到胚胎发育上就有些快慢差异，这在产蛋鸡中后期种蛋中表现尤为明显，产蛋高峰期胚蛋质量好，差异小，可见孵化条件得当，胚胎发育特征并不一定都与发育标准完全一样，一般按70%胚蛋的整体情况进行判断，如70%胚胎已符合标准“蛋相”，10%的胚胎发育偏慢，约有20%的胚胎发育是偏快，则认为温度是适当的。若通过抽查发现用温偏高或偏低，将孵化用温在原来基础上降低或升高0.1℃，孵化效果能得到很好的改变。在生产中必须要掌握胚蛋的3个典型“蛋相”，简述如下。

1. 孵化5天的胚蛋（黑眼）

正常胚胎1/3的蛋面布有血管，可明显见到胚胎黑色的眼睛，俗称“黑眼、起珠”。胚胎异常有下列情况。

（1）受精率正常，发育略快，死胚蛋增多，血管出现充血现象。一般是孵化温度较高。

（2）受精率正常，发育略慢，死胎少。一般是温度偏低。

（3）气室大，死胎多，多出现血线、血环，有时其粘于壳上，散黄多，“白蛋多”。一般是种蛋贮存时间过长。

（4）胚胎在小头发育。种蛋大头朝下码放所致。

（5）胚胎发育参差不齐。一般是机内温差大、种蛋贮存时间明显不一或种蛋源于不同的鸡群。

（6）破裂蛋多，散黄蛋多，气室可动。一般是种蛋系带受到剧烈震动或受冻（存放温度在0℃以下）。

2. 孵化10天的胚蛋

正常胚胎尿囊血管在小头“合拢”，除气室外，整个蛋面均布满血管，正面血管粗，背面血管细。胚胎异常有下列情况。

（1）尿囊血管提前“合拢”，死亡率提高。一般是孵化前期温度偏高。

（2）尿囊血管“合拢”推迟，死亡率较低。一般是温度偏低，湿度过大或种鸡偏老。

（3）尿囊血管未“合拢”，小头尿囊血管充血严重，部分血管破裂，死亡率高。一般是孵化温度过高。

（4）尿囊血管未“合拢”，但不充血。一般是温度过低，通风不良，翻蛋异常，种蛋偏老或营养不全。

（5）胚胎发育快慢不一，部分胚蛋血管充血，死胎偏多。一般是孵化机内温差大，局部超温。

（6）胚胎发育快慢不一，血管不充血。一般是种蛋贮存时间明显不一。

（7）胚胎头位于小头。一般是种蛋大头向下所致。

（8）孵蛋爆裂，散发恶臭气味。一般是脏蛋或孵化环境污染。

3. 孵化17天的胚蛋

正常胚胎以小头对准光源照蛋，小头再也看不到发亮部分或仅有少许发亮，俗称“封门”。胚胎异常有下列情况。

（1）“封门”延迟，气室小。一般是孵化温度偏低或偏高。

（2）“封门”提前，血管充血。一般是孵化温度偏高。

（3）不“封门”。一般是孵化温度过高或过低，翻蛋不正常，种鸡偏老，饲料营养不全或通风不良。

（三）出雏期间的观察

1. 啄壳情况的检查

（1）啄壳时间。与出雏高峰时间一样，某种蛋的啄壳时间也应是相对恒定的，若出雏高峰提前或推迟，预示着用温可能偏高或偏低。

（2）啄口位置与形状。啄口位置应在蛋的中线与钝端之间，啄口呈“梅花”状清洁小裂缝。若在小头啄壳，说明胎位不正；若啄壳的位置在钝端很高的地方，说明雏鸡通过小的气室来啄壳，可能湿度偏大；若啄口有血液流出，可能用温不当。

2. 出雏情况的检查

（1）出雏高峰时间检查。若出雏高峰期比正常提前或推迟，可能用温偏高或偏低；无明显的高峰期，这可能与机内温差大、种蛋贮存时间明显不一或种蛋源于不同鸡龄的种鸡有关。

（2）出壳鸡检查。观察雏鸡活力及结实程度，体重大小，卵黄吸收情况，绒毛色泽、长短及整洁度，喙、脚、跗部的表现。

①绒毛“胶毛”。一般为孵化温度过高或过低、种蛋贮存期过长或翻蛋异常。

②雏鸡出壳拖延、软弱无力、腹大、脐收不全、“胶毛”。一般是孵化偏低或湿度过大。

③雏鸡干瘦，有的肠管充血并拖在外面，卵黄吸收不良。一般是整个孵化期用温高。

④雏鸡出现无头颅、瞎眼、弯趾、鹦鹉喙、关节肿大等畸形

症状。一般是与遗传、早期高温孵化或营养缺乏有关。

⑤腿脚皱缩、腿部静脉血管突出或口内组织色深且异常干燥。一般是出雏机湿度太低以及雏鸡在出雏机内所停留时间过长而引起的脱水症状。

⑥跗部色红。一般是雏鸡出壳困难的表现。

⑦雏鸡喘息。一般是孵化温度过高、雏鸡缺氧或患传染病所致。

（四）孵化效果分析

当遇到孵化效果不理想时，往往从孵化技术、操作管理上找原因，而很少去追究孵化技术以外的因素。在实际工作中孵化成绩受多种因素的影响，总结其原因主要有 3 个因素：种鸡质量、种蛋管理和孵化条件，第一、第二因素决定孵化种蛋质量，是提高孵化率的前提，第三因素就是影响孵化效果的关键。

1. 整个孵化期胚胎死亡的分布规律

主要存在着两个死亡高峰：第一个高峰出现在孵化前期，鸡胚在孵化第 3～5 天，死亡原因是 3～5 天正是胚胎生长迅速、形态变化显著时期，各种胎膜相继形成而作用尚未完善。胚胎对外界环境的变化很敏感，稍有不适，便影响一些弱胚的发育，甚至引起死亡。第二个高峰出现在孵化后期，鸡胚在孵化第 18 天以后，原因是此时胚胎从尿囊绒毛膜呼吸过渡到肺呼吸的时期，胚胎生理变化剧烈、需氧量大、自温剧增，对孵化环境要求高，若通风换气不良、散热不好将会进一步加大胚胎死亡。孵化期其他时间胚胎死亡，主要是受胚胎生活力的强弱影响。

2. 孵化各期胚胎死亡原因

（1）前期死亡。营养方面：主要是缺维生素 A、维生素 B_2、维生素 E、维生素 K 和生物素。疾病方面：感染鸡白痢，伤寒等疾病。孵化方面：种蛋贮存时间过长，保存温度过高或受冻；种蛋熏蒸消毒不当；孵化前期温度过高或过低；种蛋运输受到剧烈振动；种蛋受污染；孵化期间翻蛋不足等。

（2）中期死亡。营养方面：维生素 B_2 或硒缺乏症，缺维生素时多出现水肿现象。疾病方面：感染鸡白痢，伤寒，副伤寒，沙门氏菌、传染性支气管炎等疾病。孵化方面：受污染种蛋未消毒，孵化温度过高，孵化机内，通风不良。

（3）后期死亡。种鸡的营养水平差，如缺乏维生素 B_{12}、维生素 D_3、维生素 E、叶酸或泛酸、钙、磷、锰、锌或硒缺乏；种蛋贮放太久；细菌污染；小头朝上孵化；翻蛋次数不够；孵化温度、湿度不当；孵化机内通风不良。

（4）啄壳后死亡。若洞口多黏液，主要是孵化时高温高湿；出雏期通风不良；在胚胎利用蛋白时遇到高温，蛋白未吸收完，尿囊合拢不良，卵黄未进入腹腔；移盘时温度骤降；种鸡健康不良如感染鸡新城疫、传染性支气管炎、白痢、伤寒或副伤寒等；小头朝上孵化；头两周内未翻蛋；转蛋时将蛋碰裂；18～21 天孵化温度过高，湿度过低。

（5）已啄壳但雏鸡无力出壳。种蛋贮放太久；入孵时小头朝上；孵化器内温度太高或湿度太低或翻蛋次数不够；种鸡饲料中维生素或微量矿物质不足。

3. 孵化条件不当对孵化效果影响与分析

（1）温度偏低。孵化温度偏低，将延长种蛋的孵化时间，胚胎发育迟缓，气室偏小，胚胎死亡率相应增加，初生雏鸡质量下降。解剖死胚主要特征为全身贫血、胚膜和内壳膜粘连、尿囊充血、心脏肥大、卵黄呈绿色，残留胶状蛋白等，与一般条件下相比，温度偏低会较多或较明显地见到头部皮下和颈部肌肉水肿，在许多情况下，有类似血肿的明显出血，在切开皮肤时，可见皮下有黏液的聚集。雏鸡表现为：脐带愈合不好，体弱、站不稳，腹部膨大，在蛋壳中常见有残留未被利用的蛋白和胎粪。

在孵化的任何日龄，对胚蛋长久和强烈低温时，胚胎会进入特殊的假死状态，最终死亡。低温对胚胎发育的影响和胚龄、持续时间和温度降低的程度密切相关，胚龄越小影响越大，持续时间越长影响越大。

（2）温度偏高。在尿囊合拢之前的孵化温度偏高能促进胚胎的生长和发育，但在尿囊合拢之后的高温会抑制胚胎的生长和发育。当孵化温度超过42℃，胚胎在2~3小时死亡，如头两天孵化温度过高，在第5~6天出现粘壳胚蛋较多，畸形增多；在3~5天孵化温度过高，尿囊合拢提前；在长久的过热条件下，雏鸡啄壳和出壳提前开始，有时可提前到第18天，但出壳不整齐，出雏时间要拖长；若短期温度偏高，尿囊合拢提前，尿囊血液呈暗黑色，解剖19天的胚蛋可见皮肤、肝、脑和肾有点状出血，胚胎的错位增多，多为头弯在左翅下或两腿间。在孵化后期长时间温度偏高时，将使雏鸡收脐未完全已出壳，出雏较早但出雏持续时间延长，破壳后死亡多，解剖可见卵黄囊大而未被吸入腹腔，剩余尚未被利用的蛋白黏稠、色浅黄，头和足位置不正，皮肤、卵黄囊、心脏、肾脏和肠充血，肝多呈暗红色，充满血液。

温度偏高所孵出的雏鸡一般表现为：体形瘦小，许多雏鸡脐环扩大，卵黄囊收缩不完全（钉脐）的比例增大。

（3）湿度过高。湿度过高时，胚胎发育迟缓，胚蛋失重不足（1~18天正常失重率为10.3%~13.5%）常见现象有胚蛋气室小、尿囊合拢迟缓、雏鸡精神不振，腹部膨胀、绒毛较长、脐部愈合不良，很多雏鸡在出壳后一周之内陆续死亡。闷死在蛋壳里的雏鸡，黏液包裹着雏鸡的喙或从啄壳部位溢出，并迅速干涸，从而使胚胎窒息死亡，或喙和头部绒毛与蛋壳粘连，使雏鸡头部不能活动。啄壳时洞口黏液多、喙粘在壳上，解剖常见蛋中仍留有羊水、尿囊液和未被利用的蛋白，卵黄呈绿色，肠、胃充满黏性的液体。

（4）湿度偏低。湿度过低时，胚胎生长发育稍快，出壳时间提前，胚胎死亡率与相对湿度偏低的程度呈负相关，相对湿度越低，胚胎死亡率越高。蛋内水分蒸发过快，气室增大，啄壳部位往往在靠近种蛋的中央处（正常为1/3处），雏鸡表现为：体形瘦小，绒毛较短且干燥无光泽、发黄、有时粘壳，这些症状和过热的结果相似。解剖死胚可见羊水完全消失，绒毛干燥，卵黄黏滞。此外，由于缺少羊水的润滑作用，雏鸡难于围绕种蛋的纵轴翻转，难于破壳出来，在这样的情况下，雏鸡啄壳会导致尚未萎缩的尿囊血管机械性损伤而出血，常常见到蛋壳干燥，有出血的痕迹。

（5）通风不良。在孵化过程中，胚胎发育要不断进行气体交换，吸入氧气和排出二氧化碳气体。当孵化机内含氧量低于21%时，每低于1%的含氧量，孵化率将降低5%左右。若出现机内二氧化碳含量高于0.5%时（应保持在0.2%左右），将对孵化率产生影响；二氧化碳含量高于2%，孵化率急剧下降；二氧化碳含量超过5%时，孵化率为零。

（6）翻蛋不正常和翻蛋不够。翻蛋不正常和翻蛋不够的结果：蛋黄粘于壳膜上，合拢时尿囊不能包围蛋白，到后期影响蛋白的吸收。翻蛋不够多表现为：产生更多的缺陷鸡，如跛脚、蛋白吸收不良等，早期的死亡增多。

4. 种蛋质量影响分析

（1）胚胎营养不良。在胚胎发育中，由于种蛋维生素、矿物质和蛋白质等含量不足或过量，以致新陈代谢受破坏，导致一系列胚胎发育异常、胚胎营养不良，胚胎生长严重受阻，胚胎发育不均衡，腿短小，头膨大，肢骨弯曲，关节粗大而变形，皮肤严重水肿，羽毛发育不良，蛋白和卵黄不能被充分利用，通常表现为卵黄稠密，粘污、羊膜腔内含有黏性胶状液体。

（2）氨基酸过多症。过量的氨基酸，会使胚胎出现脑的各部分发育不均衡，喙发育异常，肢和脊椎弯曲，躯干缩短以及内脏器官外露等。

（3）维生素 A 缺乏。种鸡维生素 A 缺乏时，种蛋的受精率降低，胚胎死亡率和畸形率增加。维生素 A 的缺乏程度与胚胎死亡率呈正比例。维生素 A 如严重缺乏时，胚胎发育迟缓，在孵化后期死亡的胚胎中，可见皮肤或羽毛有色素沉着、失去光泽，眼肿胀，呼吸道、消化道上皮角质化，出壳延长，雏鸡中出现许多弱雏，常见有结膜炎、眼结膜粘连、鼻腔内充满黏液等症状。雏鸡在育雏的最初几天内，淘汰率增加，主要表现为对传染病敏感性提高以及对外界环境不良影响的抵抗力降低引起的。

（4）维生素 B_2 缺乏。维生素 B_2 缺乏时，种蛋表现为蛋白稀薄，蛋壳粗糙，最特殊的症状表现在第 10～13 天出现死亡高峰，活胚发育迟缓，第 13～21 天的死亡率很高。剖检死胚可见胚胎营养不良，躯体细小、关节明显变形，颈弯曲，绒毛萎缩、脑浮肿。雏鸡体质差，淘汰率明显剧增，主要表现为颈、脚麻痹，鹰爪趾、体质软弱等。

（5）维生素 D 缺乏症。当种鸡缺乏维生素 D 时表现为蛋壳薄而脆，蛋白稀薄，胚胎发育迟缓，死亡高峰出现在 10～16 胚龄，死胚主要表现为皮肤水肿、肾肥大。雏鸡出壳拖延，体质软弱。

（6）蛋白中毒。表现为种蛋蛋白稀、蛋黄流动，19 天死亡率增高，胚胎营养不良，发育迟缓，脚短而弯曲，腿关节变粗，鹦鹉喙，弱雏增多，颈脚麻痹。

（7）维生素 E 缺乏症。当种鸡缺少维生素 E 时，胚胎发育的最初几天起，生长缓慢。由于血液循环系统异常，致使孵化的第 7 天死亡率增加，卵黄囊内的中胚层扩大，从而出现淤血和急性出血，最终死亡，在孵化的后期也出现死亡率增高现象。常见眼的晶状体混浊，玻璃体出血，角膜产生斑点，从而导致出壳的雏鸡失明。此外，雏鸡呆滞，骨骼肌发育不良，胃肠道弛缓。

第三节　初生雏鸡的雌雄鉴别

一、外貌形状鉴别法

外形鉴别法主要是根据初生雏鸡的外貌形态特征以及触觉来区分雌雄。要求条件是：种蛋形态大小趋于一致，孵化条件正常，出雏时间较接近。

1. 根据外貌特征和触觉鉴别

公雏一般是头部大、颈长、个大（体躯粗壮），喙长而尖、略有勾状，眼大有神，脚干粗，叫声粗浑，活泼好动，握雏鸡手感有骨气（即：腹部柔软富有弹性，骨架硬，挣扎有力）。母雏一般头部小，颈短，体窄稍轻，喙短而圆、细小平直，眼稍椭圆形，脚干细，叫声尖脆，握雏鸡手感没有骨气（腹部较充实，弹性小，骨架较软，挣扎较无力，有软绵绵的感觉）。

2. 根据动作鉴别

公雏好动，行动快、敏捷，步大，走路一条线，跑时后躯左右摇摆，从高处往下行，张翅蹦跳，喂食时跑得快、抢槽，站着排粪。母雏则相反，温顺、懦弱，行动迟缓，步小，走路时两趾两条线，从高处往下行，连滚带爬，吃食抢不上槽，蹲着排粪。

3. 日龄稍长的雏鸡鉴别

15 日龄鉴别时要“四看”。看冠：公雏冠已长出，厚、大、色红，母雏冠稍起，薄、小、色黄。看翅膀和尾羽：母鸡有，公鸡无或很短。看骨骼：公鸡发育快，体长，身重，腿高、胫粗长，二、四趾长短不一；母鸡骨骼发育慢，体圆、身轻，腿矮，胫细短，二、四趾等长。看耻骨：公鸡窄，母鸡宽。

二、伴性遗传鉴别法

伴性遗传鉴别法是利用伴性遗传原理，培育自然雌雄品系，通过不同品系间杂交，根据初生雏鸡羽毛的颜色，羽毛生长速度准确地辨别雌雄。

1. 羽速鉴别法

鸡的羽毛生长速度的快慢，主要受性染色体上一对基因所控制，故为伴性遗传。用快羽公鸡（kk）配慢羽母鸡（K-），所生雏鸡慢羽是公雏（Kk），快羽是母雏（k-），根据羽速快慢就可鉴别公母，准确率99%左右，方法简单迅速。

鉴别时将按上述方式杂交产生的杂种雏鸡翅膀打开，观察主翼羽与覆主翼羽的相对长度：主翼羽长于覆主翼羽2毫米者为快羽，为母雏；其余情况为慢羽，为公雏。

2. 羽色和羽斑鉴别法

鸡的银白色绒羽为显性（S），金黄色绒羽为隐性（s），横斑羽为显性（B），非横斑羽为隐性（b），这些羽色和羽斑也是伴性遗传。用带金黄色基因的公鸡（ss）与带银白色基因的母鸡（S-）交配，所生雏鸡银白色绒羽的是公雏（Ss），金黄色绒羽的是母雏（s-）。同样用非横斑的公鸡（bb）配横斑的母鸡（B-），所生雏鸡横斑的是公雏（Bb），非横斑的是母雏（b-）。根据雏鸡羽毛颜色和羽斑鉴别公母，准确率更高。

三、翻肛雌雄鉴别法

鉴别应在雏鸡出壳后12小时内进行，因为雏鸡出壳超过24小时后，肛门周围的肌肉收缩较紧，翻肛困难，且生殖突起也会改变形状，甚至陷入泄殖腔深处，不易看到，因此鉴别时间最迟不超过24小时。鉴别在60瓦灯下进行，鉴别时以左手握雏鸡，雏鸡颈部挟于中指与无名指之间，雏鸡两脚挟于无名指与小指之间，用左手拇指与食指对向挤向腹部，将粪便排出，之后左手拇指放在左边的耻骨边，右手食指放在与右手拇指相对的右耻骨边，右手拇指放在泄殖腔下方与脐部的位置上，与左手拇指，右手食指摆成“品”字形，再用右手拇指向上推，以翻开泄殖腔。翻肛时左、右手的动作要协调；切勿将肛门完全翻张，影响鉴别。

鉴别时，首先要观察有无生殖突起，如无突起，则肯定是母雏。如果有突起就有两种可能，即公雏或母雏。此时，要根据生殖突起的组织形态来区别。公雏的生殖突起轮廓明显、充实、有光泽，富有弹性，压迫、伸展不易变形；血管发达，刺激时易充血，此外，公雏生殖突起前端是尖的；而母雏的生殖突起轮廓不明显，萎缩，周围组织衬托无力，有孤立感，表面柔软透明，弹性差，经压迫或伸展时易变形；血管不发达，刺激时不易充血，另外，母雏生殖突起前端是圆的。

第四节　雏鸡的装箱和发运

一、发运前的准备

初生雏鸡从出雏器内取出后，停放 4~5 小时。使出壳雏鸡恢复体力，然后进行性别鉴定和接种马立克氏病疫苗。待运的初生雏鸡需用专用的运雏箱装箱发运。运雏箱的规格根据容纳雏鸡数、外界温度和运送距离而定。一般多采用 100 只容量的运雏箱，其尺寸如下。

冬季运雏箱：56 厘米×46 厘米×15 厘米。

夏季运雏箱：61 厘米×46 厘米×15 厘米或 18 厘米。

加大运雏箱：61 厘米×51 厘米×15 厘米。

容纳 100 只雏鸡的运雏箱一般分隔成 4 个小室，每小室装 25 只，这样可避免在运输途中雏鸡相互挤压造成损失，只用一套运雏箱时可根据季节调整每个小室的装雏数。在箱的底部应铺上柔软而吸湿力强的垫料，以防雏鸡滑倒和减少潮湿。运输箱除侧壁设有通气孔外，箱底部四角应设有2~3厘米高的地脚，也可将隔板延深穿出箱底而构成地脚，这样当运雏箱重叠时，可留有空隙，以利空气的流通。运雏箱也可用瓦楞纤维板或塑料制成，塑料运雏箱用后经洗涤、熏蒸消毒，可重复使用。

二、运雏时应注意事项

雏鸡的运输也是一项重要的技术工作。为了保证雏鸡在运输途中的安全，运雏时应注意以下问题。

1. 选择好的运雏人员

运雏人员必须具备一定的专业知识和运雏经验，还要求有较强的责任心。

2. 运雏用具的准备

首先，应根据路途远近、天气情况、雏鸡数量、当地交通条件等确定交通工具，汽车、轮船、飞机均可采用，但不论是哪一种交通工具，运输途中力求做到稳而快，尽量避免剧烈震动、颠簸。装雏工具最好采用专用雏鸡箱，没有专用雏鸡箱时，也可用厚纸箱、竹筐或木箱代用，但也要留有一定数量的通气孔。无论哪种装雏工具，均必须既保温，又能通风，单位面积盛放雏鸡只数要适宜，而且箱底要平面柔软，箱高不会被压低，箱体不得变形，且易于清洗消毒。冬季和早春运雏，还要带上棉被、毛毯等防寒用品，夏季运雏要带遮阳、防雨用具。所有运雏用具在装雏前，均需严格消毒。

3. 运输时间要适宜

初生雏鸡在绒毛晾干并能站稳后即可起运，最好能在出壳后24~36小时内安全运到饲养地，以便按时饮水、开食。另外，还应根据季节确定启运时间。一般来说，冬季和早春运雏应选择中午前后气温相对较高的时间启运；夏季运雏则宜选择在日出前或日落后的早晚进行。

4. 解决好保温与通风的矛盾

这是运雏的关键，如果只重视保温，不注意通风，会使雏鸡受闷、缺氧，甚至导致窒息死亡；相反，只重视通风，忽视保温，会使雏鸡受凉感冒，并容易诱发雏鸡白痢等疾病，使成活率下降。因此，装车时，为了使雏鸡箱周围留有通风空隙，应将雏鸡箱错开排放，雏鸡箱的叠放层数也不宜过多。运雏时间尽可能缩短，运雏途中尽量避免长时间停车。冬季运雏时，应加盖棉被等保温用品，避免冷风吹进雏鸡箱。若用敞篷车运输，要搭设遮阳棚。运输途中，要勤观察雏鸡动态，一般每隔 0.5~1 小时观察一次。如见雏鸡张口抬头、绒毛潮湿，说明温度太高，要注意掀盖降温；如见雏鸡挤堆，并唧唧发出鸣叫，说明温度偏低，要加盖保温，并及时将雏鸡堆轻轻搂散。如果运输途中需要长时间停车，最好将雏鸡箱左右、上下进行调换，以防中心层雏鸡受闷而死。

三、备耗亡雏鸡

为了弥补运输途中雏鸡的死亡，一般孵化场家按订货数的1%~4%，通常是2%添加备耗亡雏鸡。

第五章　蛋鸡的饲养与管理

第一节　雏鸡的饲养管理

育雏是指雏鸡从出壳到施温这段时间（0～6 周龄）的饲养管理，需要人工供温 4～6 周。育雏期是养鸡成败的关键时期，雏鸡培育的好坏直接关系到鸡的生长发育、成活率和成年鸡的生产性能、利用价值，所以必须高度重视育雏工作，科学进行饲养管理，以获得理想的育雏效果。

一、雏鸡的生理特点

（一）体温调节机能较差

初生雏鸡大脑调节机能不健全，自身体温调节能力差，体温又比成年鸡低 1～3℃，7～10 日龄后才能接近成年鸡的正常值，又因其体小娇嫩、绒毛稀短，缺乏抗寒和保温能力，对温度变化比较敏感，难以适应外界温度的变化，因此，育雏期需人工供温来维持雏鸡的正常生命活动。

（二）代谢旺盛生长迅速

与哺乳动物相比，雏鸡代谢旺盛，心跳快，单位体重耗氧量和排出二氧化碳的量比家畜高 1 倍以上；雏鸡生长迅速，2 周龄时体重约为初生时的 2 倍，6 周龄时约为初生时的 10 倍，8 周龄时约为初生时的 15 倍。

（三）消化吸收机能较弱

雏鸡的消化器官不发达，雏鸡胃的容积小，进食量有限，肌胃研磨饲料的能力弱，消化道内又缺乏一些消化酶，其消化能力必然较差，因此，育雏期应提供粗纤维含量低、易消化、营养全面的饲料。

（四）免疫机能尚未健全

雏鸡免疫机能不健全，容易受到各种病原微生物的侵害而感染疾病，因此应搞好环境卫生和消毒工作，及时做好免疫接种工作，增强抗病能力，确保其健康生长。

（五）雏鸡喜群居、神经敏感

雏鸡喜群居，胆小怕受惊，各种惊吓和环境条件的突然改变，都会使其惊恐不安，因此应做好防鼠灭害工作，保持环境安静，避免各种应激因素对雏鸡的影响，确保其生长良好。

二、育雏前的准备工作

（一）雏鸡数量预定

雏鸡数量一定要按照雏鸡舍大小进行预定。比如，有些养殖场户的雏鸡舍与产蛋鸡舍不配套，雏鸡舍适合饲养2 000羽，而产蛋舍可养到3 000羽，为使产蛋舍占满笼位，就预定3 000羽雏鸡，结果由于育雏密度过大，导致鸡群发育整齐度差，产蛋期达不到应有的产蛋高峰。

（二）育雏舍打扫和维修

育雏舍要在进雏前半个月准备好，打扫干净，补好裂隙，堵死鼠洞，擦净门窗，墙壁用10%石灰乳刷白消毒，地面要平整，用热碱水或2%火碱水消毒。农户可用火炕育雏或铺设地热线育雏，有条件的购置红外线电热式育雏器或电热保温伞，如果育雏舍是新建的必须晾干使用，急需用时则应生火烘干。

（三）育雏用具的准备

食槽、水槽（饮水器）、扫除用具均要齐全，刷洗干净并晒干。接雏前挂好窗帘，铺上垫草，火炕（火炉）加温预热，育雏用具使用前用3%来苏儿或2%火碱水喷洒消毒。

（四）育雏舍的消毒

进雏鸡前，育雏舍要清洗消毒。可用2%火碱水或20%石灰乳喷洒，再用甲醛熏蒸。熏蒸方法：高锰酸钾7克、甲醛14毫升和水7毫升混合熏蒸，密闭条件下熏蒸12小时以上，打开门窗通风换气。育雏室门前要设石灰池或火碱水消毒池。

（五）育雏饲料和药品的准备

为提高雏鸡成活率，雏鸡饲料要求全价配合饲料，饲料质量要好，自配和购置均可。常用雏鸡饲料成分有玉米、豆饼、麸皮、鱼粉、骨粉、多种维生素、微量元素、食盐、蛋氨酸、赖氨酸等。要备好常用疫苗及药品，疫苗如马立克氏病疫苗、新城疫Ⅱ系疫苗、传染性支气管炎H120疫苗、传染性喉气管炎疫苗、传染性法氏囊疫苗等；消毒剂如火碱、甲醛、高锰酸钾等；抗菌药品如乳酶生、青链霉素、痢特灵、敌菌净等。

（六）预热育雏舍

进雏前1~3天（一般夏季1天，春季2天，冬季3天）鸡舍开始升温预热，使室内温度达到32℃左右。试温时，为避免污染已消毒的房屋及用具，要严格按照卫生防疫要求进行。

三、雏鸡的选择

1. 优质雏鸡应该具备的特性

（1）种鸡生产性能高。

（2）马立克氏病疫苗接种确实有效。

（3）对一些重要疫病，具有较高、较一致的母源抗体，这能避免育雏期感染疫病，也便于适时进行免疫。

（4）体重大小比较一致，最好是来自同一日龄的一个种鸡群，因而母源抗体比较整齐，也便于管理，一般体重应该在34克以上。

（5）体力充沛、活泼好动、反应敏捷、叫声响脆，抓在手中时挣扎蹬腿有力。

（6）绒毛整洁、有光泽，腹部大小适中，脐带愈合良好。

（7）脚趾圆润，无存放时间过长、干瘪脱水的迹象。

（8）一周之内因细菌感染等造成的死亡率在0.5%以下。

2. 应从种鸡场得到的信息和承诺

（1）了解出雏时间和存放环境。如出雏后存放时间过长、温度过低、通风不良，会严重影响雏鸡质量。

（2）雏鸡接种疫苗情况。

（3）这批种蛋的受精率、孵化率、健雏率，这些指标越高，雏鸡质量越好。

（4）种鸡的日龄、群体大小、种鸡的产蛋率，种鸡产蛋高峰期的后代体质好。

（5）种鸡的免疫程序，可推测雏鸡母源抗体水平。

（6）鸡场经常使用什么药品。

（7）有可能的话，再了解一下种鸡群曾发生过什么疾病。

四、育雏方式和供温方式

（一）育雏方式

1. 地面育雏

这种育雏方式一般限于条件差的、规模较小的饲养场户，简单易行，投资少，但需注意雏鸡的粪便要经常清除，否则会使雏鸡感染各种疾病，如鸡白痢、球虫和各种肠炎等。

2. 网上育雏

这种育雏方法较易管理、干净、卫生，可减少各种疾病的发生。

3. 雏鸡笼育雏

这种方式是目前比较好的育雏方式，不但便于管理，减少疾病发生，而且可增加育雏数量，提高育雏率。雏鸡笼由笼架、笼体、食槽、水槽和承粪板组成，包括一组电加热笼，一组保温笼和四组运动笼等 3 部分，目前常采用 4 层，属叠层笼养设备。在上下笼间有 10 厘米空间，可放入承粪板，承粪板可活动，每日或隔日进行定期调换清粪。

（二）供温方式

根据利用热源的不同，供温方式有火炕供温、烟道供温、红外线灯供温、保温育雏伞供温、热水管供温和热风供温等多种形式。

1. 火炕供温

比较简单易行，热源经济。火炕周围用木板、纸板等材料制成栏板，将雏鸡拦在炕上。炕面上铺有 2～3 厘米厚度的垫草。雏鸡利用炕面温度取暖。

2. 烟道供暖

在育雏舍里用砖或土坯垒成烟道，距离舍内墙壁 1 米远，距离地面 25 厘米高，长度根据育雏舍大小而定。几条烟道汇合通向集烟柜，然后由烟囱通向室外。为了节约燃料和保证育雏舍内温度均匀，可在烟道外加一个罩子。在烟道外距地面 5 厘米处悬挂温度表，地面上铺设垫草。

3. 红外线灯供温

即用红外线发出的热量来供温育雏。灯泡标准常为 250 瓦，使用时悬挂在距离地面 35～40 厘米的高处。灯温可随温度要求而升降，每盏灯的保温育雏数与室温有关（表 5-1），因此舍内应另有升温设备。

表 5-1　红外线灯（250 瓦）的育雏数

室温（℃）	30	24	18	12	6
雏鸡（只）	110	100	90	80	70

4. 电热伞供温

它是用金属等防热并耐受消毒药物的材料制成，靠伞内装有的电热丝供给热量，伞内还有乙醚膨胀饼和微波开关组成控温设备。使用时，按雏鸡不同周龄所需的温度调整旋钮操控温度。电热育雏伞的优点是卫生方便，不污染室内空气，可自由地选择适宜的温度区，育雏效果好。每个保温育雏伞可容纳的雏鸡数依其热源面积而定（表 5-2）。

表 5-2　电热保温育雏伞的育雏数

热源面积（厘米）	伞高（厘米）	2 周内育雏数（只）
100×100	55	300
130×130	60	400
150×150	70	500
180×180	80	600
240×240	100	1 000

5. 热水管供暖

利用锅炉借助热水管通往育雏舍，管的高度距地面为 36 厘米，并沿管道上部覆盖保温护板。用于大型育雏舍，每舍育雏数可达5 000～25 000只。

6. 热风供暖

多用于大规模的网上育雏和立体育雏，热风由电热丝加热器通过风机供给。

五、雏鸡对环境条件的要求

（一）温度

适当的温度是育雏成败的关键。雏鸡对温度的要求是：第1周33~35℃，第2周30~33℃，以后每周下降2℃左右，直到降低至18~20℃为止。温度正常时，雏鸡精神活泼，食欲良好，饮水适度，羽毛光滑整齐，睡眠安静，睡姿伸展舒适。温度高时，雏鸡远离热源，张口喘气，食欲不好，大量饮水。温度低时，雏鸡密集在一起或靠近热源。育雏温度的控制必须平稳，忌忽高忽低，温度变化幅度较大时，易使雏鸡感染疾病。雏鸡各周龄对温度的要求参考表5-3。

表5-3　雏鸡各周龄对温度的要求

周龄	0~1	1~2	2~3	3~4	4周以后
育雏器温度（℃）	35~32	32~29	29~27	27~24	21
室内温度（℃）	24	24~21	21~18	18~16	16

1. 掌握温度的原则

初期宜高，后期宜低；小群宜高，大群宜低；弱雏宜高，强雏宜低；雨天宜高，晴天宜低；夜间宜高，白天宜低。

2. 温度表悬挂的位置和刻度必须准确

温度表使用前必须核对准确，悬挂在雏鸡背部上方3~5厘米，过高或过低都不能准确反映舍内温度；温度表分布要均匀，不能只悬挂在取暖炉附近。

3. 看鸡施温

即通过观察雏鸡的表现，正确控制育雏温度。不同品种和批次的雏鸡，对温度的要求不一样，同一品种，体质差的要求温度偏高，所以要做到“看鸡施温”。具体方法如下。

（1）温度适宜。雏鸡活泼好动，食欲旺盛，饮水适量，粪便正常，睡觉分布均匀，身体舒展。

（2）温度过高。雏鸡远离热源，两翅张开，伸颈张开喘气，饮水频繁。

（3）温度过低。雏鸡相互拥挤、扎堆，多数靠近热源，无食欲、更无饮欲，经常发生尖叫声。

（二）湿度

一般情况下，鸡对相对湿度的要求不如温度那样严格。育雏舍适宜的相对湿度为：1~10 日龄为 60%~70%，10 日龄以后为 50%~60%。湿度过大，雏鸡易患痢疾病、球虫病和曲霉菌病；湿度过小，雏鸡易脱水，生长发育缓慢。育雏前期育雏舍温度高、环境相对干燥，应适当提高湿度，可适当洒水，用水盆供湿或炉子上放水盘蒸发水汽。育雏后期随着雏鸡长大，呼吸和排粪量相对增加，室内易潮湿，应注意通风换气，及时更换垫料。

（三）饲养密度

饲养密度直接影响雏鸡的生长发育和育雏设施的利用率。密度过大，鸡群拥挤，吃食不均，雏鸡生长缓慢，发育不整齐，易感染疾病和发生啄癖，增加雏鸡死亡；密度过小，房舍和设备不能充分利用，造成浪费。雏鸡的饲养密度可参考表 5-4。

表 5-4　雏鸡的饲养密度

周龄 饲养方式	1~2	3~4	5~6
平面饲养（只/平方米）	35~30	30~25	25~20
立体饲养（只/平方米）	60~50	50~40	40~30

（四）光照

光照对雏鸡的采食、饮水、运动、健康有重要的作用。为了确保雏鸡的生长发育和以后的生产性能，雏鸡培育应制定正常的光照程序。0~3 日龄内要昼夜补充光照，4~7 日龄光照时间为 19~20 小时，8~20 日龄光照时间为 15~19 小时，20 日龄后可不补充光照，每天光照时间应控制在 8~10 小时。光照强度以每 15 平方米离地面 1.5 米处安装一盏 40 瓦灯泡为宜。光照强度前期宜强，后期宜弱，前期光照强可促进雏鸡的采食、饮水、运动等。

（五）通风换气

鸡比其他家畜的体温高，呼吸快，代谢机能旺盛，单位体重排出的二氧化碳比大家畜高 2 倍以上。此外，由于育雏室温度高，粪便和垫料分解产生大量的氨和硫化氢有害气体，如不注意通风换气，将严重影响雏鸡的健康，以致造成死亡。因此，必须在保温的前提下，做好通风换气工作，及时排出室内污浊的气体，换进新鲜空气。室内空气的新鲜程度，以进入育雏室内不感到有闷气和刺鼻、眼的氨与硫化氢的气味为宜。一般育雏室应设专门换气孔或气窗，必要时敞开窗户交换新鲜空气，但注意勿使外来风直接吹到雏鸡，防止鸡群感冒。通风与保温是一对矛盾，尤其冬季育雏，有些养殖场户重保温轻通风，把鸡舍搞得密不透风。当育雏舍通风不良时，氨气浓度升高，使鸡的抵抗力减弱，常会诱发呼吸道疾病，降低饲料转化率，影响生长发育。第 1 周雏鸡排泄较少，以保温为主，适当打开天窗即可。第 2 周以后雏鸡呼吸量和排粪量逐渐增多，需适当加大通风量，通风应安排在中午温度高时进行，通风之前将室温提高 2~3℃。通风时注意不要形成“贼风”和“穿堂风”，以减少对雏鸡的刺激和危害。

（六）环境卫生

雏鸡躯体小，抗病力差，饲养密集，一旦感染疾病，易于传播，难以控制。因此，必须贯彻预防为主的方针，在育雏开始前，制定好严密的消毒制度，并认真贯彻执行。要使雏鸡健康成长，除了特定的预防外，搞好环境卫生是雏鸡保健的关键，室内环境要经常打扫，保持干燥，通风良好，及时清除粪便，更换垫草，减少噪声和惊吓，外人不得随意进入育雏室，不要喂变质发酵的酸败饲料，以减少肠胃疾病的发生。鸡舍出入口要设消毒池，以保证进出鸡舍严格消毒，预防鸡群疫病的发生。每天把育雏舍清扫干净，并带鸡喷雾消毒。用具要勤洗，并定期消毒。

六、雏鸡的饲养

（一）优质的饲料

由于雏鸡个体小，生理发育不完全，消化能力差，生长发育快，对饲料营养要求高，所以首先要求饲料必须新鲜、易消化、营养全面，其中，维生素、蛋白质和能量的含量要高于正常水平。饲料颗粒大小适中，粉料过细不利于雏鸡采食。根据饲养标准，考虑多种因素，育雏期的饲料配方可参考表5-5。

表5-5　0~6周龄雏鸡饲料配方

饲料种类	配方（%）			
	1	2	3	4
黄玉米	60	60	59	60
麸皮	7.7	5.8	10	8.7
豆饼	24	26	24.2	24
鱼粉	3	3	2	2
血粉	2	2	2	2
骨粉	2.2	1.2	2.2	2.2
贝壳粉	0.5	1.4	—	0.5
微量元素	0.2	0.2	0.2	0.2

（续表）

饲料种类	配方（%）			
	1	2	3	4
食盐	0.4	0.4	0.4	0.4
多维素	0.02	0.02	0.02	0.02
蛋氨酸	0.1	0.1	0.1	0.1
营养成分	1	2	3	4
代谢能（大卡/千克）	2 916	2 890	2 847	2 866
粗蛋白质（%）	20	19.4	18.9	18.8
钙（%）	1.1	1.1	0.92	1.07
有效磷（%）	0.55	0.47	0.50	0.52
赖氨酸（%）	1.0	0.98	1.0	0.94
蛋氨酸（%）	0.37	0.37	0.26	0.23
蛋氨酸+胱氨酸（%）	0.71	0.68	0.76	0.67
色氨酸（%）	0.25	0.25	0.26	0.26

（二）初饮

雏鸡第一次饮水为初饮。雏鸡进入鸡舍后，在开食前首先饮水，这是因为雏鸡刚出壳后，卵黄囊内的卵黄尚未被吸收完全，做好饮水工作，可有效促进卵黄内物质被吸收利用，更好地促进雏鸡生长发育。雏鸡运输过程中，会导致雏鸡部分水分流失，而及时补充饮水，对于雏鸡维持机体正常需要也非常重要。当雏鸡进入育雏舍内，一般舍内温度较高、空气较为干燥，加上雏鸡排泄会导致体内水分大量流失，因此非常有必要、有目的地补充水分，维持机体平衡，预防雏鸡脱水。

开饮初期可在水中加入适量的口服补液盐，保证每千克水中有3.5克氯化钠、2.5克碳酸钠、1.5克氯化钾、17.5克葡萄糖。此外，严格控制水温，最好用15~18℃凉开水。初饮时，至少要保证每100只鸡有1个2~3升的饮水器。饮水量要严格控制，一般为采食量的2倍。随着雏鸡日龄的增加，饮水量也会逐渐增加。如果期间饮水量突然发生变化，很可能是疾病发生的前兆。饮水增加、采食减少，可能是鸡球虫病、肾型传染性支气管炎、传染性法氏囊病、腹泻性疾病；也可能是由于盐分、温度过高引起，此时一定要严格排查病因，积极做好处理。

饮水量的简易计算方法如下。

春秋两季：给水量=投料量×2（即料水比为1∶2）

冬季：给水量=投料量×（1~2）[即料水比为1∶(1~2)]

夏季：给水量=投料量×（3~5）[即料水比为1∶(3~5)]

（三）开食

雏鸡首次吃料叫作开食，开食要在出壳后24~36小时进行，一般待雏鸡充分饮水后就可以开食了。若雏鸡的脱水问题没有解决，就不能开食，否则会加重脱水。为了让小鸡尽快学会吃食，最初3天可以把饲料撒在纸盘或深色的塑料布上，让雏鸡自由采食，以后要使用喂料器，要保证喂料器内不断料。开始每日喂5~6次，以后逐渐改为3~4次/日。雏鸡喂料应饲喂营养丰富的全价雏鸡料，注意补充维生素，一般用鱼肝油、纯酵母粉为好，既价格低，又补充营养，帮助消化。做到少喂勤添，防止饲料腐败变质，料盘、饲槽每天清洗并消毒一次。

饲料用量的简易计算方法如下。

10日龄以内的雏鸡：每只鸡的日用料量（克）=日龄数+2（克）

11~20日龄雏鸡：每只鸡的日用料量（克）=日龄数+1（克）

21~50日龄：每只鸡的日用料量（克）=日龄数（克）

51~150 日龄：每只鸡的日用料量（克）= 50+（日龄数-50）/2（克）

七、雏鸡的管理

（一）体重管理

育雏期各阶段鸡的体重和均匀度是衡量鸡群生长发育好坏的重要指标，应重点做好雏鸡体重测量工作。

体重管理目标：每周体重要达标，均匀度要达到 80%，变异系数在 0.8 以内。各育种公司都制定了自己商品鸡的标准体重，如果雏鸡在培育过程中，各周都能按标准体重增长，就可能获得较理想的生产成绩。

测重和记录体重增长情况和采食量的变化是饲养管理好坏及鸡群是否健康的一个反映，因此，每日必须记录采食量，每一二周必须抽测一次雏鸡的体重。一般在空腹时称重，可将鸡群围上 100~200 只或抽测鸡群的 3%~5%，逐只称重，这样可以随时掌握鸡群的情况。

体重称测后，如果出现发育迟缓、个体间差异较大等问题，应立即查找原因，制定管理对策使其恢复成正常鸡群。对不同体重的鸡群采用不同的饲喂计划，促进鸡群整体均匀发育。

雏鸡由于长途运输、环境控制不适宜、各种疫苗的免疫、断喙、营养水平不足等因素的干扰，一般在育雏初期较难达到标准体重。除了尽可能地减轻各种因素的干扰，减少雏鸡的应激外，必要时可提高雏鸡料的营养水平，而在雏鸡体重没达到标准之前，即使过了 6 周龄，也应使用营养水平较高的育雏鸡饲料。

（二）分群管理

雏鸡要按大小、强弱进行分群管理，以免采食不均和以强欺弱。如条件有限不能分群管理，也应把弱小雏挑出来单独饲养。

可将育雏分成若干小区，便于管理，随日龄增加群应划小些。根据雏鸡生长情况，从3日龄起开始挑选，强弱进行分群。如采用立体网上育雏，较弱小的雏鸡放在上层，强壮的雏鸡放在低层。分群工作要经常进行，最少1周1次，进行个别调整，提高整个鸡群的整体素质。

（三）断喙管理

断喙是防止雏鸡啄癖的有效措施之一。雏鸡生长到2周龄以后，因各种原因往往会引起啄癖的发生，即啄羽、啄趾、啄肛等，严重时每天都有伤亡，损失很大。雏鸡长到6～9日龄可进行第一次断喙。一般使用断喙器，断喙时左手抓住鸡腿，右手拇指放在鸡头顶上，食指放在咽下，稍使压力，使鸡缩舌，以免断喙时伤着舌头。幼雏用2.8毫米的孔径，在上喙离鼻孔2.2毫米处切断，应使下喙稍长于上喙，稍大的鸡可用直径为4.4毫米的孔。断喙时要求切刀加热至暗红色，为避免出血，断下之后应烧灼2秒左右。

断喙应注意事项：

（1）断喙的长短一定要准确，留短了影响雏鸡采食，造成终生残废；切少了又有可能再生长，需再次断喙。

（2）断喙对鸡是相当大的应激，在免疫或鸡群受其他应激等状况不佳时，不能进行断喙。

（3）断喙后料槽中应多添加饲料，以免雏鸡啄食到槽底，造成创口疼痛。为避免出血，可在每千克饲料中添加2毫克维生素K。

（4）注意观察鸡群，有烧灼不佳，创口出血的鸡应及时抓出重新烧灼止血，以避免因失血过多引起死亡。一旦在断喙时出现较强的应激反应，应投服电解多维，饮水3～5天，以缓解应激症状。

（四）全进全出制

从育雏开始到结束，始终在同一个鸡舍内饲养，同时进雏，同时出雏，即一个鸡舍都是同龄鸡。采取全进全出制有利于鸡的生长发育，卫生防疫，疾病的预防和控制。

（五）疫病防治

按免疫程序做好疫苗的接种工作，要给予药物性防治，2 周龄内饲料中可添加大蒜颗粒，饮水中添加抗生素或其他药物。有病早隔离、早治疗。育雏期做好隔离工作，封闭育雏，专人饲养，出入人员严格消毒，禁止参观，保持环境清洁并定期进行消毒。保持饲料和饮水卫生，定期带鸡消毒。做好鸡白痢、球虫病的防治工作，进雏后 3 天内用 0.5%土霉素或用 0.03%痢特灵拌料，连喂 3 天；25 日龄后用 0.03%痢特灵或 0.01%球必清拌料连喂 7 天防治鸡球虫病。

推荐免疫程序：1 日龄颈部皮下注射 1.5 倍量鸡马立克氏病疫苗，5 日龄鸡传染性法氏囊病疫苗滴鼻，7 日龄鸡新城疫—鸡传染性支气管炎二联苗滴鼻，鸡痘疫苗刺种，14 日龄鸡传染性法氏囊病疫苗饮水，20 日龄传染性鼻炎油乳剂菌苗注射，28 日龄鸡新城疫Ⅰ系疫苗 2 倍量注射。

（六）观察鸡群情况

观察鸡群是一项重要工作，通过观察鸡群，可随时改善鸡舍内不良因素，及早发现疾病，及时治疗。

1. 观察行为姿态

正常雏鸡反应活动敏捷，眼明有神，分布均匀。如扎堆式站立不卧，闭目无神，张口喘气，呼吸急促，饮水频繁，远离热源，说明温度过高；远离通风窗口，说明贼风冲击，头、尾和翅膀下垂，闭目缩颈，行走困难时则是病态表现。

2. 观察羽毛

正常羽毛舒展、光润、贴身。如羽毛生长不良，表明湿度过高；如全身羽毛蓬乱或肛门周围粘有黄绿色黏液时，多为发病象征。

3. 观察粪便

正常的粪便为青灰色、成形、表面一般覆盖少量的白色尿酸盐，患病时，粪便多为异样，如患有鸡出血性肠炎或球虫病时，排血便；患鸡传染性法氏囊病、传染性支气管炎或痛风病时，排出白色灰浆样稀粪；绿色稀便多见于鸡新城疫。

4. 观察呼吸

天气剧变，接种疫苗或氨气含量过高和灰尘大时，均易引起呼吸系统病，要勤观察呼吸频率和姿势是否改变，有无流鼻涕、咳嗽、眼睑肿胀和异样的呼吸音，如患鸡新城疫或传染性支气管炎或传染性喉气管炎，常发生呼噜声或喘鸣声，夜间听起来特别清晰。

5. 观察饲料用量

正常情况下，饲喂适量的饲料应当天吃完，发现鸡群采食量逐渐减少就是病态的前兆；当发现给料量一致的情况下，有部分料桶剩料过多时，就要注意附近鸡群是否有病鸡存在，并加以认真解决。

（七）育雏期的记录工作

每育一批雏鸡，应有必要的记录，诸如进雏日期、品种名称、进雏数量、温度变化、死亡淘汰数量及其原因、耗料量、投药与免疫日期、异常情况等。这种必要的日常记录工作，有利于分析问题和对育雏工作的检查，也便于总结经验与教训。

（八）育雏效果的检查

（1）育雏率的高低是蛋鸡生产中的重要指标。良好的鸡群应该有98%以上的育雏成活率，但它只表示了死淘率的高低，不能体现出培育的雏鸡质量如何。

（2）检查平均体重是否达到标准体重，能大致地反映鸡群的生长情况。良好的鸡群平均体重应基本上按标准体重增长，但平均体重接近标准的鸡群中也可能有部分鸡体重小，有部分鸡超标。

（3）检查鸡群的均匀度。每周定时在雏鸡空腹时称重，称重时随机地抓取鸡群的3%或5%，也可圈围100～200只雏鸡，逐只称重，然后计算鸡群的均匀度，计算方法是先算出鸡群的平均体重，再将平均体重分别乘0.9和1.1，得到两个数字，体重在这两个数字之间的鸡数占全部称重鸡数的比例就是这群鸡的均匀度。如果鸡群的均匀度达到75%以上，就可以认为这群鸡的体重是比较均匀的；如果不足70%，则说明有相当部分的鸡长得不好，鸡群的生长不符合要求。

八、育雏失败原因分析

1. 第一周死亡率高的可能原因

（1）细菌感染。大多是由种鸡垂直传染或种蛋保管过程及孵化过程中卫生管理上的失误引起的。为避免这种情况造成的较大损失，可在进雏后第一天至第五天投服土霉素，配合电解多维，饮水3～5天。

（2）环境因素。第一周的雏鸡对环境的适应能力较低，温度过低鸡群扎堆，部分雏鸡被挤压窒息死亡，某段时间在温度控制上的失误，雏鸡也会腹泻患病。

2. 体重落后于标准的原因

（1）现在的饲养管理手册制定的体重标准都比较高，育雏期间多次免疫，还要进行断喙，应激因素太多，所以难以完全按标准体重增长。

（2）体重落后于标准太多时应多方面追查原因，可能的影响因素如下。

①饲料营养水平太低。

②环境管理原因。育雏温度过高或过低都会影响采食量，活动正常的情况下，温度稍低些，雏鸡的食欲好，采食量大。舍温过低，采食量会下降，并能引发疾病。通风换气不良，舍内缺氧时，鸡群采食量下降，从而影响雏鸡增重。

③鸡群密度过大。鸡群内秩序混乱，生活不安定，情绪紧张，长期生活在应激状态下，影响生长速度。

④照明时间不足，雏鸡采食时间不足。

3. 雏鸡发育不整齐的原因

（1）饲养密度过大，生活环境恶化。

（2）饮食位置不足，群体内部竞争过于激烈，使部分鸡体质下降，增长落后于全群。

（3）感染了由种鸡带来的鸡白痢、支原体等疾病或在孵化过程被细菌污染的雏鸡，即使不发病，增重也会落后。

（4）饲养环境控制失误，如局部温度过低，部分雏鸡睡眠时受凉或通风换气不良等因素，产生严重应激，生长会落后于全群。

（5）断喙时部分雏鸡喙留得过短，严重影响采食导致增重受阻，所以断喙最好由技术熟练的工人操作。

（6）饲料中某种营养素缺乏或某种成分过多，造成营养不平衡，由于鸡个体间的承受能力不同，增长速度会产生差别。即使是营养很全面的饲料，如果不能使鸡群中的每个鸡都同时采食，那么先采食的鸡抢食大粒的玉米、豆粕等，后采食的鸡只能吃剩下的粉面状饲料，由于粉状部分能量含量低、矿物质含量高，营养很不平衡，严重影响增重，使体重小的鸡越来越落后。

（7）未能及时分群，如能及时挑出体重小、体质弱的鸡，放在竞争较小、更舒适的环境中培养，也能逐步赶上大群的体重。

第二节　育成鸡的饲养管理

雏鸡生长到5~6周后，将从育雏室转移到育成舍，直到饲养18~20周后转到蛋鸡舍进行饲养管理。育成鸡饲养管理的好坏，直接关系到能否培育成健康的、有高度生产能力的个体，对蛋鸡能否高产及生产效益也至关重要。

一、育成鸡的生理特点

雏鸡进入育成阶段开始性成熟，这个阶段的蛋鸡，全身羽毛已经丰满，消化机能已经健全，采食量大增，活泼好动，生长发育速度极快，骨骼、肌肉和器官的生长发育处于旺盛期。

育成阶段羽毛丰满，已经长出成羽，体温调节能力健全，对外界适应能力强。

育成鸡生长迅速，机体各系统的机能基本发育健全。消化能力增强，采食多，鸡体容易过肥；钙、磷的吸收能力不断提高，骨骼发育处于旺盛时期，此时肌肉生长最快。应适当降低饲粮的蛋白质水平，保持微量元素和维生素的供给，育成后期注意增加钙的补充。

小母鸡从第11周龄起，卵巢滤泡逐渐积累营养物质，滤泡渐渐增大；18周龄以后性器官发育更为迅速，由于12周龄以后鸡的性器官发育很快，对光照时间长短的反应非常敏感，应注意控制光照。

免疫器官逐渐完善，免疫应答能力增强。育成期内应尽可能做好各类免疫接种工作，防止育成鸡在产蛋期因抗体水平低或参差不齐而再次接种疫苗，发生应急而造成损失。

对外界的反应灵敏。对声、光、色彩或其他动物，不熟悉的饲养员进入鸡舍都能很快做出反应，甚至造成惊群。

二、育成鸡的质量要求

7~12 周龄是骨骼、肌肉、生殖系统、消化系统发育的关键时期，是决定蛋鸡是否高产的重要管理环节。

（一）肌肉和骨骼的发育规律

10 周龄左右骨骼的发育极为迅速。8 周龄达到成年鸡骨架的 75%，体重仅完成 36%；10 周龄达到成年骨架的 82%，而体重生长 48%；12 周龄达到成年鸡骨架的 95%。

（二）育成期工作目标

就是要培育出具备高产能力和有维持长久高产体力的青年母鸡群。为了达到这个目标，要求培育出的青年母鸡体重增长符合标准，具有强健的体质，能适时开产，并具备维持持续高产的体力。

1. 育成率高

0~20 周成活率在 90%以上，同时要求鸡群内体重差异小，因为鸡群发育整齐，其性成熟也会同期化，开产时间较一致，产蛋高峰升得快，维持时间长。

2. 体重达标

每个鸡种都有其标准体重，体重达标与否是衡量育成鸡生长发育的重要指标之一，符合体重标准，说明生长发育正常，将来产蛋性能好，饲料报酬高。

3. 骨骼发育良好

骨骼发育与将来母鸡的蛋重、蛋壳强度呈明显的正比关系。

4. 适时达性成熟

母鸡产第一枚蛋时，即表示其性成熟，不同鸡种有不同的标准开产日龄，性成熟的早晚还与环境、遗传有关。无论过早或过晚达性成熟，都不利于鸡群开产后保持持续长久的产蛋高峰。

三、育成鸡的选择

体重过大的鸡往往性机能较差，产蛋少，死亡率高。体重太轻的鸡，表明生长发育不健全，产蛋持续能力较差。因此，及时对育成鸡进行选择，可以提高蛋鸡利用率，降低不必要的饲料消耗，以保证进入产蛋阶段的鸡都是体格健壮、发育良好的后备蛋鸡。一般初选在 6~8 周龄，可结合转群进行。

（一）选择要求

育成鸡体重适中，羽毛紧凑，体质结实，采食力强，活泼好动。

（二）定期称重

每两周称重一次，在鸡群中随机抽 2%~5%或至少 100 只。称重时间应固定，并在喂料前空腹状态下进行，有条件的可逐只称重。根据均匀度将鸡群分为大、中、小三群，不符合标准要求的，适当减少或增加饲料喂量，每次增加或减少的饲料量以每只鸡每日 5 克为宜。

（三）骨骼发育检查

一般分别在 4 周、6 周、12 周用两脚规或游标卡尺测量胫骨长度，部位是从跗关节顶部到脚爪底部的垂直距离（图 5-1）。胫骨长度是后备母鸡骨骼发育的代表数据，测量后备母鸡胫骨长度能够知道母鸡骨骼发育，骨架发育直接影响到母鸡整个产蛋期生产性能。胫骨长度达标或者超过标准长度，母鸡将来生产性能会比较理想，反之生产性能会受到较大影响。中型蛋鸡建议胫长标准见表 5-6。

表 5-6　中型蛋鸡胫长标准

周龄	胫骨长度（毫米）	占成熟时的比例（%）
4	53	50
8	80	76
12	98	94
16	105	100

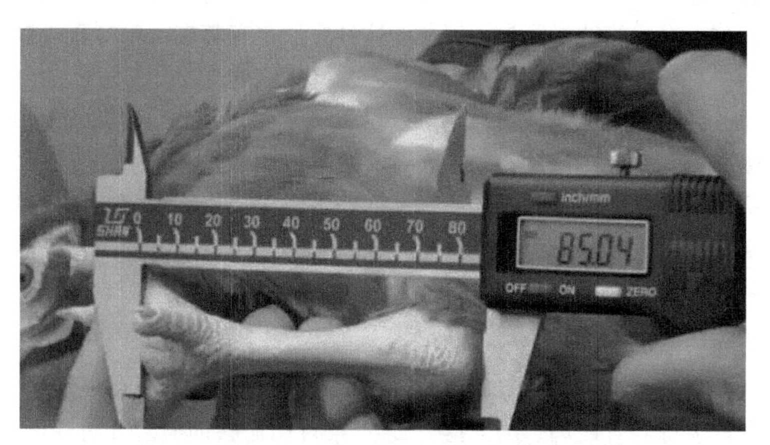

图 5-1　测量从跗关节顶部到脚爪底部的垂直距离

四、育成鸡饲养方式

育成鸡的饲养方式通常有 3 种：地面平养、网上平养及笼养等，不论哪种形式，饲养育成鸡的鸡舍，必须在进鸡以前严格执行卫生消毒制度，经清洗消毒后，至少要空舍 15 天以上，再转入育成鸡，目的是使鸡舍内有害微生物没有鸡群作为宿主，可以自然消亡。

（一）地面平养

育成鸡地面平养设备简单，可以减少投资。地面铺垫干净垫草，厚度为10厘米，可以用稻草、木屑或草炭。对垫草的使用有两种方法：一是定期更换新鲜垫料，每周一次。二是用厚垫草平养育成鸡，方法是不换垫草，每周添加两次新垫料，使垫草逐渐加厚，直至育成鸡转到成年鸡舍后一次清理育成鸡舍。这种方法的好处是节省劳力，管理方便，厚垫草下层的鸡粪可转化成B族维生素，能被鸡采食一部分。这种方法也有弊端，鸡群直接接触垫草和粪便，卫生条件不良，容易感染疾病。

在地面平养鸡舍内，也可以设置栖架，离地60厘米，用40厘米木条钉成，间距16厘米，以便育成鸡夜间在栖架上过夜，不直接接触地面。每天要清扫地面，清除鸡粪。饲料槽、饮水器要按网上平养育成鸡标准备足，在鸡舍内均匀放置，便于育成鸡采食、饮水。

（二）平网饲养

在育成鸡舍内，离地面80厘米左右架设钢板网或点焊丝网，在网上饲养育成鸡。网上摆设2~4条自动输料饲槽，可用链条、塞管或弹簧式机械供料。在鸡舍两侧设置浮球箱式自动供水槽，或设置普拉松吊钟式自动饮水器。网上养鸡能使鸡粪落到网下，鸡群不接触粪便，减少疾病感染和传播。网下粪便在育成鸡转群后集中清理。

网上饲养育成鸡要注意两点：一是饲养密度不能太大，每平方米面积养8~10只为宜。密度太大，影响采食和生长发育。二是饲槽和饮水设备必须充足，每只育成鸡要保证有5厘米的饲料槽位和2厘米的饮水位置。喂料时能保证鸡群同时进食、饮水。饲槽、水槽不足会造成鸡群抢食、抢水，育成鸡采食饮水不均，则发育也不均匀，会出现强者越强，弱者越弱，两极分化，影响将来产蛋。

（三）笼养

饲养育成鸡的较好方式是笼养，育成笼有全阶梯式、半阶梯式和叠层笼式。笼养育成鸡饲养密度大，鸡舍利用率高，一般每小笼装 12～20 只，每组育成笼可装 120～140 只，每只鸡约占笼内面积 280～320 平方厘米，平均每只鸡可占 3～5 厘米槽位，喂饲时可以同时采食、饮水也有充足的槽位。由于是全阶梯或半阶梯式鸡笼，则笼间通风良好，尽管如此也应加强通风，保持空气新鲜。笼养育成鸡的粪便可以直接落在粪沟里，育成鸡转群后可以集中清粪。

五、入育成舍前的准备

（一）环境消毒

对育成舍周围进行全面的除草、清扫和消毒，舍内用高压水枪冲洗，并用 10%～20%石灰溶液喷洒或浸泡地面，待晾干后，舍内地面用清水清洗干净，再晾干后待用。

（二）饮水用具消毒

平养育成舍，把饮水线中的水排干，青年鸡入舍前一周加入浓度 10%～20%的醋酸，在入室前排干并冲洗干净；笼养育成饮水器用消毒剂消毒，并清洗干净。

（三）育成舍消毒

平养育成舍地面用粗糠作垫草，垫 5 厘米左右，冬季略垫厚一些。检查每个饮水器乳头是否漏水，漏水必须立即修复；笼养育成舍把用具全部放入舍内，关闭门窗，每立方米用福尔马林 15～40 毫升和高锰酸钾 7.5～20 克熏蒸消毒 12 小时以上，然后再打开门窗通风放气。

六、育雏到育成的过渡

（一）脱温

育雏舍内由供暖变成不供暖叫脱温。降温要求缓慢，一般在4周龄后才可以脱温，但还要考虑室温，如果室温能达到18℃以上，就可以脱温。如达不到18℃或昼夜温差较大，可延长给温时间，可以采取白天脱温，夜时适当加温；晴天脱温，阴雨天适当加温，尽量减少温差和温度的波动，做到“看天加温”。

（二）换料

因鸡在不同阶段对蛋白质和能量的需求不同，需要不断更换饲料的种类，每次换料需要有个过渡阶段，即把两种饲料混合起来，在一定的时间内按一定的比例，逐渐增加新饲料量，减少原来饲料量，使鸡有一个适应过程。换料应注意如下事项。

1. 换料时间以体重为参考标准

在6周龄末随机称量鸡只体重，体重达标后则可更换饲料，如果体重不达标，可推迟换料时间，但不应晚于9周龄末。

2. 换料应至少有一周的过渡时间

第1~2天，2/3的本阶段饲料+1/3待更换饲料；第3~4天，1/2本阶段饲料+1/2待更换饲料；第5~7天，1/3本阶段饲料+2/3待更换饲料。

（三）转群

转群是鸡群饲养管理中的重要一环，转群过程及新的环境，特别是平养育雏鸡转到青年鸡笼内，鸡的活动、采食都受到了限制，生活环境发生了突然变化，这些对鸡群都将产生应激，如何将应激减少到最低程度，是饲养管理人员应注意的问题。

（1）转群前6小时应停料，进入育成舍前3天和后3天，在饮水中添加正常量1~2倍的维生素，并加饮电解质溶液，以减轻转群带来的应激反应。转群当天连续24小时光照，保证采食和饮水。

（2）将育成舍温度降低到待转入鸡舍温度，防止转群前后舍内温差过大导致的转群环境应激。

（3）转群时做好防疫工作，对转群使用的车辆、物品等彻底消毒一遍，防止人员、车辆、物品等传播疾病。

（4）转群时间夏季宜在天气凉爽的早晨进行，冬季在天气暖和时进行，避免在刮风、雨雪天气转群。

（5）规范抓鸡、拎鸡和装鸡动作，做到轻抓轻放，避免对鸡只造成伤害。

（6）转群后1周内，密切观察鸡群饮水和采食是否正常，以便及时采取措施。

（7）上笼2~3天后，不宜改变日粮，视鸡采食情况，再决定是否更换饲料，饲料要少给勤添。

（8）及时调整鸡群，将体重偏小和体况不好的鸡只挑选出来，单独饲养。

七、育成鸡的饲养

（一）营养需要

育成鸡代谢旺盛，生长发育迅速，性腺已开始活动，如果饲料中粗蛋白质水平过高，可加快蛋鸡的性腺生长，使蛋鸡性早熟，而蛋鸡的骨骼、肌肉系统还未充分发育，造成蛋鸡骨骼纤细，体形较小，开产日龄提前，蛋重偏小，产蛋量较低。较低的蛋白质水平虽使蛋鸡生长发育缓慢，但骨骼、体形和生殖器官可以得到充分发育，鸡群在将来产蛋期则能更好地表现出生产性能。育成鸡的营养需要可参考表5-7。

表 5-7　育成鸡的营养需要

营养成分	7~14 周龄	14 周龄以后
代谢能（大卡/千克）	2 850	2 800
粗蛋白质（%）	16	13
钙（%）	0.75	0.60
有效磷（%）	0.50	0.40
赖氨酸（%）	0.59	0.43
蛋氨酸（%）	0.26	0.20
蛋氨酸+胱氨酸（%）	0.49	0.39
色氨酸（%）	0.14	0.11

（二）限制饲喂（限饲）

限饲是人为控制鸡采食的方法。通过限饲可以控制鸡的生长，防止体重超标，抑制性成熟，培育出体质稍瘦而强健的青年母鸡，使小母鸡在比较合适的、比较一致的时间开产，产蛋高峰的持续期加长，同时可节约 10%~15%的饲料，从而获得更大的经济效益。近年来，限制饲养技术越来越广泛地应用于育成鸡，而且取得了明显的效果，并且限制的标准体重有向较低发展的趋势。鉴于育成鸡的营养需要和限制饲养的要求，育成鸡的日粮配合可参考表 5-8 的配方。

表 5-8　育成鸡饲料配方

饲料种类	7~14 周龄配方（%）		14 周龄以后（%）	
	1	2	1	2
黄玉米	62	60	58	57
麸皮	11	17	23	23
豆饼	16	17	15	10

（续表）

饲料种类	7~14 周龄配方（%）		14 周龄以后（%）	
	1	2	1	2
鱼粉	2	3	1	2
苜蓿粉	5	—	—	5
骨粉	2	2	2	2
贝壳粉	0.5	0.5	0.5	0.5
微量元素	0.1	0.2	0.2	0.2
食盐	0.3	0.3	0.3	0.3
多维素	0.02	0.02	0.02	0.02
蛋氨酸	0.1	0.04	—	—
营养成分	1	2	1	2
代谢能（大卡/千克）	2 797	2 806	2 806	2 706
粗蛋白质（%）	16	16.3	14.8	14.2
钙（%）	1.1	1.06	0.98	1.03
有效磷（%）	0.47	0.51	0.47	0.49
赖氨酸（%）	0.77	0.80	0.69	0.67
蛋氨酸（%）	0.32	0.28	0.21	0.21
蛋氨酸+胱氨酸（%）	0.60	0.53	0.45	0.45
色氨酸（%）	0.20	0.23	0.22	0.20

1. 限饲的方法

（1）限制进食量（量的限制）。量的限制可以采取多种方法，定量限饲、停喂结合，限制采食时间，一定时间停喂。

（2）限制日粮的营养水平（质的限制）。限制营养水平是降低日粮中粗蛋白质和代谢能的含量，同时也要降低蛋白质和能量的比例，而日粮中其他微量元素还必须保证，这样才不会影响骨骼、肌肉的发育。限质后一般 7~14 周龄鸡的日粮中粗蛋白质为15%，代谢能为1 149千焦/千克，15~20 周龄鸡的日粮中蛋白质为 12%，代谢能为1 286千焦/千克。

2. 限饲时注意事项

（1）限饲前，挑出病鸡和弱鸡，避免增加限饲时的死亡数。

（2）备有充足的水槽、食槽，撒料要均匀，使每只鸡都有一个槽位，使鸡吃料同步化。

（3）每 1~2 周（一般隔周称重一次），在固定的时间，随机抽出鸡群的 2%~5%进行空腹称重，若体重超过标准重的 1%，则在最近 3 周内总共减去 1%的饲料量；若体重低于标准重 1%则增料 1%。例如：育成鸡比标准体重低 100 克，则应在最近 3 周内总计增加 100 克的饲料量。

（4）如遇鸡群发病或处于应激状态，应停止限饲改为自由采食。

（5）限饲从 8~12 周龄开始，至 18 周转群上笼前结束。

（6）限饲过程中，饲料营养水平和喂料量应根据体重、发育情况进行调整。

（三）饮水

育成鸡要有足够的饮水空间，要根据鸡的体重、季节、采食量供水，还要根据环境温度的变化供应充足的饮水。育成鸡日饮水量见表 5-9。

表 5-9　育成鸡日饮水量

周龄	室温	
	32℃	21℃
7	14. 7	8. 6
8	15. 9	9. 2

（续表）

周龄	室温	
	32℃	21℃
9	17.6	10.2
10	18.6	10.7
11	19.6	11.4
12	20.6	11.9
13	21.8	12.5
14	22.5	13.1
15	23.5	13.6
16	24.5	14.2
17	25.3	14.7
18	26.2	15.2
19	27.0	15.7
20	27.8	16.1

（四）采食

育成期饲喂时，加料要均匀，每次喂完料后要匀料4~5次，保证每只鸡均匀采食。实行限饲要注意设置足够的料槽，严格执行限饲方案，按标准加料，饲喂次数宜少不宜多，以每日2次为宜，防止强鸡多吃，弱鸡少吃。

八、育成鸡的管理

（一）分群

育成鸡在生长发育过程中，往往会出现大小强弱不均现象。应及时调整分群。

（1）按10%的比例随机抽样测定鸡群的均匀度，并以品种标准体重为指标，将鸡分为超重、适宜、不足3群，淘汰病残鸡和过于消瘦的鸡。

(2）对低于标准且生长发育缓慢但仍为健康的鸡和体重小的鸡，采取刺激食欲和喂给蛋白水平较高的饲料的方法，使其达到最大营养素进食量，尽快赶上标准体重。

(3）对体重过大的鸡适当限饲，避免过肥。在整个育成期里，每两周进行一次称重，并根据测定的结果及时调整鸡群；否则在接近性成熟时，以免体重太低的鸡难以补救；超重较多的鸡，严格限饲，以免影响生殖系统的发育。

（二）及时调整鸡群

无论养鸡技术、管理水平多么高，鸡群中总会出现一些体弱鸡，如果不及时挑出，进行个别处理，势必影响鸡只生长以及生产性能的发挥，所以要加强管理。

(1）对鸡群进行个别调整，挑出体质较弱的鸡集中饲养，推迟换料时间，使其尽快达到标准体重。

(2）死亡、淘汰鸡时，应及时补充缺位，使每笼鸡数保持一致。

(3）对于断喙不整齐或漏断的鸡只，应及时修整补断。

（三）密度

饲养密度是决定鸡群整齐度的一个很重要的方面。饲养密度大则鸡群混乱，竞争激烈，鸡舍内空气污浊，环境恶化，特别是采食、饮水位置不足会使部分鸡体重下降，还会引起啄肛、啄羽。密度过小，造成饲养成本增加，因而必须保持适宜的饲养密度。各种饲养方式饲养育成鸡的密度，见表5-10。

表 5-10　育成鸡的饲养密度

周龄	地面平养（只/平方米）	网上平养（只/平方米）	立体笼养（只/平方米）
6～12	10～11	大于 14	24
13～20	6～8		14～16

（四）光照

1. 光照对育成鸡的影响

（1）光照时间长，鸡群采食量增加，身体发育快，体成熟快，能形成较好体质。

（2）光照管理是影响蛋鸡性成熟的主要途径，尤其在 10 日龄以后，光照对鸡性成熟的影响越来越明显。

（3）不合理的光照会影响鸡群性成熟和体成熟的同步性，如果光照逐渐延长，会引起蛋鸡性成熟提前到来，而体重并未达到开产时的标准，这样在尚未达到预产期就提前产蛋，蛋重轻，产小蛋，产蛋高峰期较短。

2. 能利用自然光照的开放鸡舍

（1）对于从 4 月至 8 月间引进的雏鸡，由于育成后期的日照时间是逐渐缩短的，可以直接利用自然光照，育成期不必再加人工光照。

（2）对于 9 月中旬至次年 3 月引进的雏鸡，由于育成后期光照时间逐渐延长，需要利用自然光照加人工光照的方法来防止其过早开产。具体方法有两种。

①光照时数保持稳定法。即查出该鸡群在 20 周龄时的自然日照时数，如是 14 小时，则从育雏开始就采用自然光照加人工补充光照的方法，一直保持每日光照 14 小时至 20 周龄，再按产蛋期的要求，逐渐延长光照时间。

②光照时间逐渐缩短法。先查出鸡群 20 周龄时的日照时数，

将此数再加上 4 小时，作为育雏开始时的光照时间。如 20 周龄时日照时数为 13. 5 小时，则加上 4 小时后为 17. 5 小时，在 4 周龄内保持这个光照时间不变，从 4 周龄开始每周减少 15 分钟的光照时间，到 20 周龄时的光照时间正好是日照时间，20 周龄后再按产蛋期的要求，逐渐增加光照时间。

3. 密闭式鸡舍

密闭鸡舍不透光，完全是利用人工光照来控制照明时间，光照的程序就比较简单。一般 1 周龄为 22～23 小时的光照，之后逐渐减少，至 6～8 周龄时降低到每天 10 小时左右，从 18 周龄开始再按产蛋期的要求增加光照时间。

4. 育成期的光照原则

光照时间维持恒定或逐渐减少，不能增加，光照时间最长不应超过 10 小时。

鸡群达到开产体重时，方可增加光照时间，不能过早增加光照；过早则极易导致产蛋率低、高峰期维持时间短、蛋重小；如罗曼褐壳蛋鸡只有体重达到 1 400克时，方可增加光照刺激鸡群开产。如果达到开产日龄而体重却不达标，也不能增加光照，而要等到体重达标时方可增加光照。

（五）通风

育成舍通风的主要目的是保持舍内空气新鲜，排除舍内过多的水分，并调整舍内温度，为鸡群创造一个良好的生活环境。育成鸡采食逐渐增加，呼吸和排粪相应增多，生长和发育逐步加快，鸡舍内空气很容易污浊，所以要求必须做好通风换气工作。育成前期可以通过打开窗户进行换气，育成后期则必须借助排风扇来完成。特别是夏天，一定要创造条件使鸡舍有对流风，即使在冬季也要适当进行换气，以保持舍内空气新鲜。通风换气好的鸡舍，人进入后感觉不闷气、不刺眼和不刺鼻。

（六）温度

育成期的蛋鸡对温度的变化有了很强适应能力，但应该避免急剧的温度变化，日温差的变化最好能控制在 5℃之内。适宜温度为 20~21℃。如果舍温在 10℃以下和 30℃以上，会对育成鸡的生长造成不良影响，应该采取适当的措施。

（七）湿度

育成鸡对环境湿度不太敏感，湿度在 40%~70%范围之内都能适应，但地面平养时应尽量保持地面干燥。育成鸡舍在温度不太低的情况下，应该加大通风换气量，尽可能地减少舍内的氨气含量和尘埃。

（八）添喂沙砾

在饲料中添喂沙砾，可提高胃肠的消化机能，加速饲料在肌胃中的通过速度，减少腐蚀，保护肌胃。从 7 周龄开始，每周 100 只鸡应给予不溶性沙砾 500 克，拌入饲料中任其自由采食。育成鸡沙砾喂量和沙砾大小的标准见表 5-11。

表 5-11　育成鸡添喂砂沙的标准（每 100 只鸡）

周龄	5~8	9~12	13~20
沙砾喂量（克/周）	454	9 00	1 100
沙砾大小（毫米）	1	3	3

（九）补充钙质

小母鸡在开产前 10 天开始沉积髓骨，它约占性成熟母鸡骨骼重的 12%，蛋壳形成时约有 25%的钙来自髓骨，其他 75%来自日粮。如钙不足时母鸡将利用骨骼中的钙，造成腿部瘫痪，所以应将育成鸡料的原含钙量由 1%提高到 2%~3%，其中至少应有 1/2 的钙以颗粒状石灰石或贝壳粉供给。

（十）抽测体重

为了掌握鸡群实际增重情况，正确评价鸡群的均匀度，并为限饲方案的制订提供依据，一般每隔 1 周称重一次，抽测体重的样鸡数应占全群鸡数的比例要达到足以代表全群鸡的平均体重。根据鸡群大小不同，抽测样鸡的比例为 1%～5%，但最少不能低于 50 只。按鸡群大小需抽测体重的样鸡数可参考表5-12。

表 5-12　按鸡群大小需抽测体重的样鸡数

鸡群大小（只）	抽测体重的样鸡数（只）
500 只以下	50
500～1 500	88
1 500～3 000	100
3 000～4 000	125
4 000～6 000	150
6 000～8 000	175
8 000～10 000	200

为了使抽出的鸡群具有代表性，平养鸡抽样时一般先把舍内的鸡徐徐驱赶，使舍内各区域鸡只及大小不同的鸡只均匀分布，然后在鸡舍的任一地方随机用铁丝网围出大约需要的鸡数，并剔除伤残鸡，剩余的鸡只逐个称重登记。笼养鸡抽样时，应从不同层次的鸡笼抽样、称重，每层笼取样数量应该相等。每次称测体重的时间应安排在相同时间，如在周末早晨空腹时测定，称完体重再喂料。

（十一）均匀度评价

鸡群均匀度是指鸡群内个体间体重的整齐程度。均匀度高，说明鸡群内的个体体重差别小，鸡群发育整齐。实际生产中，鸡群均匀度通常用平均体重上下10%范围内的个体占全群的百分数表示。例如，某鸡群10周龄标准体重为760克，超过或低于标准体重10%的范围是836～684克。在5 000只鸡中以5%抽样得到的250只鸡中，体重在836～684克范围内的有198只，占称重鸡数的百分比为：198/250＝79.2%。抽样结果表明，这群鸡均匀度为79.2%。对照鸡群均匀度评价标准，该鸡群的均匀度为良好。鸡群均匀度评价标准参考表5-13。

表5-13　鸡群均匀度评价标准

鸡群的均匀度（%）	评价等级
91以上	特
84～90	优
77～83	良
70～76	中
63～69	可
56～62	差
55以下	劣

（十二）搞好疾病防治

1. 加强环境卫生消毒

加强日常的卫生清扫和消毒，每周进行1次环境消毒，每2周进行1次带鸡消毒和饮水消毒。还要定期对用具以及设备进行消毒，在发病期间要增加消毒的次数。

2. 投喂预防药物

可在鸡的饲料和饮水中添加一些预防性的药物，以增强鸡体的抵抗力。

3. 搞好免疫接种

免疫接种主要是病毒性疫苗类型，接种方法要根据本地区鸡病的流行情况，来制定各鸡场的疫苗接种程序。疫苗的管理、使用方法应按说明书进行，否则，就达不到预期的免疫效果。接种时要注意减少免疫应激的发生，接种后要注意观察鸡群的情况。最好在免疫后进行抗体检测，以确保免疫效果。

4. 坚持日常管理和观察

发现病弱鸡要及时隔离，找出病因，及早确诊，决定是否进行全群治疗，尽量防止疾病在鸡群中蔓延，将损失降到最低。

第三节　产蛋鸡的饲养管理

产蛋期一般是指 21 周龄到 72 周龄这段时期，也就是从育成期结束后到母鸡产蛋，再降到 50%左右直至淘汰前的这段时间。这个时期是产生经济效益的关键时期。因此，必须抓好各环节的工作。

一、饲养方式、设备与密度

（一）饲养方式

蛋鸡的饲养方式分为平养和笼养两大类。平养分地面、网上和地网混合 3 种。地面平养即蛋鸡养在地面垫料上，网上即是离地面网上平养，蛋鸡养在离地面约 60 厘米的铅丝网或竹（木）板条上；地网混合方式是指舍内大约 1/3 面积为垫料地面，2/3 面积为离地铅网或板条，此种方式很少使用。笼养方式是指蛋鸡养在产蛋鸡笼中，国外绝大多数蛋鸡采用笼养，我国规模蛋鸡场及专业户也采用这种形式。

（二）饲养设备

表 5-14　不同饲养方式蛋鸡的饮水设备及产蛋箱需要量

项目	平养	笼养
产蛋箱（只/个）	5	—
饲槽长度（厘米/只）	8	8
吊式料筒（个/100 只）	4	—
水槽长度（厘米/只）	5	5
乳头饮水器（只/个）	—	4
吊塔式饮水器（只/个）	60	—

（三）饲养密度

饲养密度与饲养方式密切相关，不同的饲养方式有不同的饲养密度（表 5-15）。

表 5-15　商品产蛋鸡的饲养密度（只/平方米）

蛋鸡类型	全垫料地面	网上平养	笼养
轻型蛋鸡	6.2	11	26.3
中型蛋鸡	5.3	8.3	0.8

二、产蛋鸡的生理特点

1. 开产前生殖器官快速发育，开产后身体仍在发育

蛋鸡进入 14 周龄后卵巢和输卵管的体积、重量开始出现较快的增加，17 周龄后其增长速度更快，19 周龄时大部分鸡的生殖系统发育接近成熟。发育正常的母鸡 14 周龄时的卵巢重量约 4 克，18 周龄时达到 25 克以上，22 周龄能够达到 50 克以上。刚开产的母鸡虽然已经性成熟，开始产蛋，但机体尚未发育完

全，18 周龄体重仍在继续增长。

2. 体重快速增加

在 18~22 周龄期间，平均每只鸡体重增加 350 克左右，这一时期体重的增加对以后产蛋高峰持续期的维持是十分关键的，体重增加少会表现为产蛋高峰持续期短，高峰后死淘率上升。

3. 不同时期对营养物质的利用率不同

刚到性成熟时期，母鸡身体储存钙的能力明显增强。在 18~20 周龄期间，骨的重量增加 15~20 克，其中有 4~5 克为髓质钙。髓质钙是接近性成熟的母鸡所特有的，存在于长骨的骨腔内，在蛋壳形成的过程中，可将分解的钙离子释放到血液中用于形成蛋壳，白天在非蛋壳形成期采食饲料后又可以合成。髓质钙沉积不足，则在产蛋高峰期常诱发笼养蛋鸡疲劳综合征等问题。随着开产到产蛋高峰，鸡对营养物质的消化吸收能力增强，采食量持续增加。而到产蛋后期，其消化吸收能力减弱而脂肪沉积能力增强。开产初期产蛋率上升快，蛋重逐渐增加，这时如果采食量跟不上产蛋的营养需要，那么被迫动用育成期末体内储备的营养物质，结果体重增加缓慢，以致抵抗力降低，鸡群产蛋不稳定。

4. 产蛋鸡富有神经质，对于环境变化非常敏感

鸡产蛋期间，饲料配方的变化，饲喂设备的改换，环境温度、湿度、通风、光照、密度的改变，饲养人员和日常管理程序等的变换，鸡群发病、接种疫苗等应激因素，都会对产蛋产生不利影响。如在寒冷季节遇到寒流侵袭时，若鸡舍保温条件不好，出现产蛋率下降的现象，并将影响后期的产蛋成绩。

5. 产蛋规律

产蛋母鸡在第一个产蛋周期体重、蛋重和产蛋量均有一定规律性的变化。

三、转群

（一）转群周龄

蛋鸡一般在20周龄开产，在18周龄即要转群。过早的转群对蛋鸡的生长发育不利，且易出现提前开产的现象，使开产后的蛋重、高峰期的产蛋率受到影响；转群过晚会影响正常产蛋，不能按时达到应有的产蛋高峰。

（二）转群前的准备工作

（1）在转群前的3~5天将新鸡舍准备好，并消毒完毕。清洗和消毒的步骤：清除舍内粪便，打扫卫生，维修鸡舍和设备，鸡舍用高压水枪清洗，用40%甲醛溶液或50%来苏儿溶液消毒。

（2）从18周龄起，每周增加1小时光照能刺激母鸡及时开产，并有更好的产蛋性能。

（3）适时进行鸡新城疫苗的免疫，鸡痘疫苗的接种，必要时提前做好断喙或修喙工作。

（4）转群前1周在饲料中投喂驱虫药驱虫。转群前两天，饲料中补加维生素C（喂量100~150克/吨），以增强转群时的抗应激能力。

（5）冬季产蛋鸡入舍前2~3天，要提前给鸡舍升温，使其和原来鸡舍温度基本一致。

（三）转群的注意事项

1. 转群时间

冬季在暖和的中午进行，夏季在凉爽的早晨或晚上进行。

2. 严格挑选

淘汰有病的个体，对伤、残、弱的鸡只挑出单养，或加强护理，或淘汰掉，这种不合格的鸡将来转入产蛋鸡舍，也不会有好的产蛋性能，提前挑选鸡可为转群提供方便，节省时间。

3. 预防应激

转群前让鸡空腹，抓鸡动作要迅速，但不能粗暴，防止鸡翅和腿部受伤。若围栏卡住鸡的腿部和头部或其他部位，要轻轻取出，禁止硬拉或用脚踢开，尽量减少人为的残伤。

4. 转群后3~5天饲料中加适量的抗生素药物和适量的多种维生素，以增加鸡群的抗病能力

5. 转群后应尽快恢复喂料和饮水

日饲喂次数增加1~2次，不能缺水。为使鸡尽快适应新环境，应给以连续48小时的光照，2天后再恢复到正常的光照时间。

6. 要经常观察鸡群

特别是笼养鸡，防止卡脖吊死，跑出的鸡要及时抓回笼内。

四、产蛋期的阶段划分

（一）产蛋前期

产蛋前期是指开始产蛋到产蛋率达到80%这段时期，通常是从21周龄初到28周龄末。少数品种的鸡开产日龄及产蛋高峰都前移到19~23周龄。这个时期的特点是产蛋率增长很快，以每周20%~30%的幅度上升，鸡的体重和蛋重也都在增加，体重平均每周仍可增长30~40克，蛋重每周增加1.2克左右。

（二）产蛋高峰期

产蛋高峰期是鸡群的产蛋率上升到80%以上的时期，即进入了产蛋高峰期。80%产蛋率到最高峰值的过程中产蛋率仍然上升得很快，通常3~4周便可升到92%~95%。90%以上的产蛋率一般可以维持10~20周，然后缓慢下降。当产蛋率降到80%以下，产蛋高峰期便结束了。现代蛋用品种鸡高峰期通常可以维持6个月左右，72周时产蛋率仍保持在65%左右。

（三）产蛋后期

产蛋后期是从周平均产蛋率 80%以下至鸡群淘汰，称为产蛋后期，通常是指产蛋鸡 60～72 周龄的时期。产蛋后期周平均产蛋率下降幅度要比高峰期下降幅度大一些。

五、阶段饲养管理要点

（一）产蛋前期的管理

1. 生产环境

开产是小母鸡一生中的重大转折，是一个很大的应激。临产前 3～4 天内，小母鸡的采食量一般都下降 15%～20%，开产会造成母鸡心理上的很大应激。整个产蛋前期是小母鸡一生中机体负担最重的时期，在这段时期内，小母鸡的生殖系统迅速发育成熟，青春期的体重仍需不断增长，大致要增重 400～500 克。蛋重逐渐增大，产蛋率迅速上升，这些对小母鸡来讲，在生理上是一个大的应激。以上情况造成的心理上和生理上的巨大应激，消耗母鸡的大部分体力，使母鸡在适应环境和抵抗疾病方面的机能相对下降，所以必须尽可能地减少外界对鸡的干扰，减少各种应激，为鸡群提供良好的生活环境。

2. 营养需要

（1）青年鸡自身的体重、产蛋率和蛋重的增长趋势，使产蛋前期成了青年母鸡一生中机体负担最重的时期，这期间青年母鸡的采食量从 75 克逐渐增长到 120 克左右，由于种种原因，很可能造成营养的吸收不能满足机体的需要。为使小母鸡能顺利进入产蛋高峰期，并能维持较长久的高产，减少高峰期可能发生的营养上的负平衡对生产的影响，从 18 周龄开始应该给予高营养水平的产前料或直接使用高峰期饲料，让小母鸡在产前体内储备充足的营养，开产前，小母鸡即使体重略高于标准也是有益的，这对于高峰期在夏季的鸡群尤其重要。

(2) 小母鸡在18周龄左右，生殖系统迅速发育，在生殖激素的刺激下，骨腔中开始形成骨髓，骨髓约占性成熟小母鸡全部骨骼重量的72%，是一种供母鸡产蛋时调用的钙源。从18周龄开始，及时增加饲料中钙的含量，促进母鸡骨髓的形成，有利于母鸡顺利开产，避免在高峰期出现瘫鸡，减少笼养鸡疲劳症的发生。

(3) 对产蛋高峰期在夏季的鸡群，更应配制高能量、高蛋白水平的饲料，如有条件可在饲料中添加油脂，当气温高至35℃以上时，可添加2%的油脂；气温在30~35℃范围时，可添加1%的油脂。油脂含能量高，极易被鸡消化吸收，并可减少饲料中的粉尘，提高适口性，对于增强鸡的体质，提高产蛋率和蛋重有良好作用。

(4) 检查营养上是否满足鸡的需要，不能只看产蛋率情况。青春期的小母鸡，即使采食的营养不足，也会保持其旺盛的繁殖机能，完成其繁衍后代的任务。在这种情况下，小母鸡会消耗自身的营养来维持产蛋，所以蛋重会变得比较小。因此当营养不能满足需要时，首先表现在蛋重增长缓慢，产小蛋，接着表现在体重增长迟缓或停止增长，甚至体重下降；在体重停止增长或有所下降时，就没有体力来维持长久的高产，所以紧接着产蛋率就会停止上升或开始下降。产蛋率一旦下降，即使采取补救措施也难以恢复了。

(二) 产蛋高峰期的管理

本期管理的重点在于尽可能地让鸡维持较长的产蛋高峰。应注意以下事项。

(1) 长期的高产与蛋鸡的健康和体力充沛密不可分，所以在管理上必须以维护鸡群健壮的体质为中心。

(2) 注意在营养上满足鸡的需要，给予优质的蛋鸡高峰料。

根据季节变化和鸡群采食量、蛋重、体重以及产蛋率的变化，及时调整好饲料营养水平。

（3）正常的饲料可以提供日常的营养需要，但处于应激状态下的鸡群，对营养吸收的能力只有正常时的1/3，所以要维持和保证鸡群的高峰产蛋率，就需要定期提高鸡群的营养供应和维护生殖系统机能。

（三）产蛋后期的管理

1. 及时调整营养

产蛋后期由于产蛋性能逐渐下降，对蛋白质和能量的需求也随之发生变化，多余的能量和蛋白质有可能变成脂肪沉积于体内，导致鸡变肥。另外，鸡对钙的利用能力也逐渐降低。调整营养的方法如下。

（1）降低日粮中的能量和蛋白质水平。

（2）增加日粮中的钙含量，每只鸡每日摄取钙量提高到4.0~4.4克。

（3）限制饲料摄取总量。轻型蛋鸡产蛋后期一般不必限饲。中型蛋鸡为防止产蛋后期过肥，可进行限饲，但限饲的最大量为采食量6%~7%。

（4）产蛋后期的限饲要慎重进行。限饲要在充分了解鸡群状况的条件下进行，每4周抽测一次体重，称重结果与本品种的标准体重进行对比，体重超重了再进行限饲，直到体重达标。

2. 及时剔除弱鸡，寡产鸡

饲养蛋鸡的目的是得到鸡蛋，如果蛋鸡不再产蛋应及时剔除，以减少饲料浪费，降低饲料费用。同时部分寡产鸡是因病休产的，这些病鸡更应及时剔除，以防疾病扩散，一般每2~4周检查淘汰一次。从以下几个方面可挑出病弱、寡产鸡。

（1）看羽毛。产蛋鸡羽毛较陈旧，但不蓬乱，病弱鸡羽毛蓬乱，寡产鸡羽毛脱落，正在换羽或羽毛已提前换完。

（2）看冠、肉垂。产蛋鸡冠、肉垂大而红润，病弱鸡苍白或萎缩，寡产鸡已萎缩。

（3）看粪便。产蛋母鸡排粪多而松散，呈黑褐色，顶部有白色尿酸沉积或呈棕色（由盲肠排出），病鸡有下痢且颜色不正常，寡产鸡粪便较硬呈条状。

（4）看耻骨。产蛋母鸡耻骨间距（竖裆）在 3 指（35 毫米）以上，耻骨与龙骨间距（横裆）4 指（70 毫米）以上。

（5）看腹部。产蛋鸡腹部松软适宜，不过分膨大或缩小。有淋巴白血病、腹腔积水或卵黄性腹膜炎的病鸡，腹部膨大且腹内可能有坚硬的疙瘩，寡产鸡腹部狭窄收缩。

（6）看肛门。产蛋鸡肛门大而丰满，湿润，呈椭圆形。寡产鸡肛门小而皱缩，干燥，呈圆形。寡产鸡的体质、肤色、精神、采食、粪便、羽毛状况较差。

3. 减少破损，提高蛋的商品率

鸡蛋的破损给蛋鸡生产带来相当严重的损失，特别是产蛋后期更加严重。

（1）查清引起破损蛋的原因，掌握本场破损蛋的正常规律。发现蛋的破损率偏高时，要及时查出原因，以便尽快采取措施。

（2）保证饲料营养水平。

（3）加强防疫工作，预防疾病流行。对鸡群定期进行抗体水平监测，抗体效价低时应及时补种疫苗。尽量避免场外无关人员进入场区。

（4）及时检修鸡笼设备。鸡笼破损处及时修补，底网角度在安装时要认真按要求放置。

（5）及时收拣产出的蛋。每天拣蛋次数应不少于 2 次，拣出的蛋分类放置并及时送入蛋库。

（6）防止惊群。每日工作按程序进行，工作时要细心，尽量防止惊群引起的产软壳蛋、薄壳蛋现象。

六、产蛋期的饲养

1. 提高蛋白质水平

在产蛋率达到80%时，应喂给蛋白质含量为18%的日粮，以后产蛋率每提高10%，日粮中的蛋白质水平应相应提高1%左右，同时要注意日粮中的蛋白质数量与氨基酸平衡，要将棉粕、菜粕的用量分别控制在5%和3%以下。此外，当预计产蛋率上升时，要提前1周喂给含较高蛋白质的日粮，促使产蛋高峰迅速到来。当产蛋率开始下降时，使用的日粮蛋白质水平也要退后1周再降低，以使产蛋率下降的速度减缓，产蛋高峰期延长。

2. 控制能量浓度

能量浓度每增加或减少1%，蛋鸡对日粮的采食量相应减少或增加0.5%。所以，在日粮中能量高时蛋鸡就吃得少，造成蛋白质的不足，产蛋减少；若含能量低，虽吃得多，但易造成浪费。因此，日粮能量与蛋白质及采食量之间要科学平衡，当产蛋率达90%时，日粮代谢能应在11.34~11.55兆焦/千克，这样增加日粮蛋白质就能促进产蛋高峰的迅速到来。另外，对产蛋高峰处于夏季的鸡群，应通过提高日粮中能量物质的浓度来改善由于高温引起的采食量减少，目前较为理想的方法是用1%~2%的脂肪代替部分碳水化合物。

3. 补充钙、磷和维生素

在鸡群进入产蛋高峰期时，即产蛋率大于80%时，应及时用碳酸钙、贝壳粉、蛋壳粉、磷酸钙或其他钙源在每天的12：00—18：00单独补钙，使其比例达到3.5%~4.0%。在钙供给充足情况下，破蛋问题若仍十分严重，要考虑补充1~2倍的维生素D，解决钙的吸收问题，从而有效改善蛋壳质量。补磷要以保持饲料中1∶(5~6)的磷钙比例为前提，常用磷酸二氢钠、磷酸氢二钠等进行补充。维生素的补充一般是在日粮中添加0.01%的多种维生素和氯化胆碱、微量元素各0.1%。

4. 供给充足饮水

饮水对蛋鸡生产十分重要，缺水的后果往往比缺料更严重，饮水不足可使产蛋率下降2%。通常情况下，每只蛋鸡在春秋季、夏季和冬季的日需水量分别为200毫升、270~280毫升和100~110毫升，且产蛋率越高日需水量越大。所以，对进入产蛋高峰期的蛋鸡应根据不同季节适时调整供水量，并应在每天的6：00、12：00和18：00需水高峰期足量予以供给。同时，还要合理放置和及时维修饮水器具，以防止漏水或断水，有条件的养鸡场还应尽量将饮水的水温控制在15℃左右。

七、产蛋期的管理

（一）光照技术

1. 光照机理

光照时数和光照强度对蛋鸡的性成熟、排卵和产蛋等均有影响。其作用机理大致如下：一般认为鸡有两个光感受器，一个为视网膜感受器即眼睛，另一个位于下丘脑。光线的刺激经视神经叶的神经到达下丘脑；另外，光线也可以直接通过颅骨作用于松果体及下丘脑。下丘脑接受刺激后分泌促性腺素释放激素，这种激素通过垂体门脉系统到达垂体前叶，引起卵泡刺激素和排卵激素的分泌，促使卵泡的发育和排卵。发育的卵泡产生雌激素，促使母鸡输卵管发育和第二性征显现。

2. 光照原则

使母鸡适时开产，并达到高峰，充分发挥其产蛋潜力。在生产实践中，从20周龄开始，每周延长光照0.5~1小时，使产蛋期的光照时间逐渐增加至14~16小时，然后稳定在这一水平上，一直到产蛋结束。

3. 设施安装

在鸡舍内灯泡高度为2~2.4米，灯距3米，一般每0.37平方米面积上1瓦或1平方米面积上2.7瓦可提供10.76勒克斯的光照。安装灯罩可使光照强度增加25%。如果鸡舍内安装了两排以上的灯泡，则每排灯泡必须交叉排列，使地面处光线分布比较均匀，灯泡至鸡舍外缘的距离应为灯泡间距的一半，即1.5米。如为笼养，灯泡的分布应使灯光能照射到料槽，特别要注意下层笼的光照，因此灯泡一般设置在两列笼间的走道上。采用多层笼时，应保证底层笼光照强度。

养鸡生产中常用的电光源为白炽灯和荧光灯，荧光灯比白炽灯光效高，但价格贵。一般认为两种光源对产蛋性能的影响不大，现在生产中这两种光源都在使用。不要采用60瓦以上的灯泡，若使用功率较大的灯泡，光线分布不均，耗电量大。

4. 光照方案

实行人工控制光照或补充照明是现代养鸡生产中不可缺少的技术措施之一，必须高度重视和严格执行。应根据季节情况和鸡舍情况制订相应的生长期和产蛋期光照方案，而且育成期的光照方案在很大程度上决定产蛋期的光照方案。

（1）密闭鸡舍的鸡群完全用人工光照，光照强度和时间可以人为控制，因此可按规定的制度准确执行。雏鸡1周龄内每天光照23~24小时，2~20周龄每天保持8小时光照时间，20周龄为8小时光照，可每周延长1小时，2周后延长0.5小时至32周龄达16小时。如育成鸡养于密闭鸡舍，至产蛋时转到开放式鸡舍，若当时自然光照时间短于12小时，应立即给予12小时的光照；若当时自然光照时间长于12小时，以后每周增加0.5小时直到蛋鸡光照时间16小时。

（2）春夏季孵出的雏鸡（4—8月），生长后期处于日照渐短或较短时期，可完全利用自然光照，对开放式鸡舍饲养的鸡群利用此期间为好。春、夏雏生长后期处于自然光照较短期，当鸡群产下第一个蛋时进入产蛋期，可以逐周补加入工光照 0.5～1 小时，鸡群 30 周龄时光照应达蛋鸡规定时间。

（3）秋冬雏（9 月至翌年 3 月）生长阶段后期，处于日照渐长或较长时期，此期间育雏，如完全利用自然光照，通常会刺激母雏性器官加速发育使之早熟、早衰。为防止产生这种情况，多利用人工光照补充，具体办法有 3 种。

①用遮黑法限制光照时间。遮黑法就是对自然光加以控制，将鸡舍的门、窗等透光处安装上卷帘，使鸡舍完全遮黑形成暗室，每天定时将帘卷起或放下，这样就可以使自然光照控制在要求的范围内。光照时间完全同密闭鸡舍，只是不用人工光照而用自然光。

②光照时数保持恒定。将自然光照逐渐延长的时间，变为稳定的较长光照时间。从孵出之日算起，根据当地日出、日落时间，查出 20 周龄内最长一天的自然日照时数，此光照时数从雏鸡日龄开始一直保持到 20 周龄，之后每周增加 0.5～1 小时，达到产蛋期光照 16 小时为止。

③光照时间逐渐缩短。将雏鸡 20 周龄时较长的日照时间再补充人工光照使总的光照时间更长，再逐渐减少。从孵出之日算起，根据当地气象资料查出 20 周龄时的光照时数，每日再加 5 小时人工光照为其总光照时数（如自然光照为 15 小时，再加 5 小时共 20 小时光照时间）。从雏鸡第 4 日龄起以后每周减少 15 分钟，至 20 周龄正好减去 5 小时，为当时的自然光照 15 小时，21 周龄后每周增加 0.5 小时，达到产蛋期光照时数 16 小时为止。

5. 产蛋鸡光照应注意的问题

对产蛋鸡来说，5 勒克斯的光照强度就很充分了，但鸡舍内设备很多，降低了光照强度，尤其在笼养鸡舍内。因此，实用的光照水平是10勒克斯。尽管一个光照日长为11~12小时即可刺激产蛋，但光照必须达14小时方可得到最大产蛋量，大部分产蛋期光照方案要较此长1~2小时。在产蛋期内每日光照时数不可随意减少，在有窗鸡舍和开放式鸡舍这一点尤为重要，因为自然光照时数是在变化的。不论是自然光还是人工光照蛋鸡每日接受的总光照时数，必须同鸡产蛋期所在的一年中最长那天的日照时数相等。应在鸡群产下第一个蛋前后，由育成期光照方案改为产蛋期光照方案。但鸡群的开产年龄因温度、季节、光照方案和其他条件的不同而不同，一般在平均20周龄时改用蛋鸡光照方案。如自然光照时间不足可用人工补光，每个季节都可以定为4：00—20：00为其光照时间（西部地区应在时间上后推1~2小时），即每4：00开灯，日出后关灯，日落后再开灯至晚8：00时再关灯，要注意调整时钟，以适应日出、日落时间的变化，保证16小时的光照。完全采用人工光照的鸡群其光照时间也可以固定在4：00—20：00。

（二）环境控制

1. 温度

产蛋鸡的生产适宜温度范围是13~25℃，最佳温度范围是18~23℃。相对来讲，冷应激比热应激的影响小。在较高环境温度下，约在24℃以上，其蛋重就开始降低；27℃时产蛋数、蛋重降低，而且蛋壳厚度迅速降低，同时死亡率增加；温度达37.5℃时产蛋量急剧下降，温度在43℃以上，超过3小时母鸡就会死亡。当温度升高、蛋重下降的同时，采食量也会下降，温度在20~30℃时，每提高1℃，采食量下降1%~1.5%，温度在32~38℃，每提高1℃，采食量下降5%。相对来讲鸡比较耐寒，但在低温时采食量会增加，一般在5~10℃时采食量最高，在0℃以下时采食亦减少，体重减轻，产蛋下降。因此，在寒冷的冬季，当温度降到5℃以下时就要采取保暖措施，以减少冷应激，减少不必要的经济损失。

（1）降低热应激的措施。

①调整饲料成分。使代谢能保持在1 088~ 1 129千焦的水平，减少鸡采食量降低的影响。

②鸡舍建筑结构方面。密闭鸡舍在建筑方面对墙壁的隔热标准要求较高，可达到较好的隔热效果。还可以将外墙和屋顶涂成白色，或覆盖其他物质以达到反射热量和阻隔热量的目的。

③加强通风。可增加鸡舍内空气流量和流速，通过对流降温。

④蒸发降温。通过水蒸发来吸收热量，以达到降低空气温度的目的。可在屋顶安装喷水装置，使用深井水或自来水喷洒屋顶，这种方法可使舍内降温1~3℃；“湿帘-风机”降温系统可使外界的温度高、湿度低的空气通过“水帘”装置变为温度低、湿度高的空气，一般可使舍温降低3~5℃。可以通过低压或高压喷雾系统形成均匀分布的水蒸气，舍内喷雾比屋顶喷水节约用水，但必须有足够的水压；开放式鸡舍还可以在阳面悬挂湿布帘或湿麻袋。

⑤充足的饮水。不可断水，保证每只鸡都可以饮到清凉的饮水。还可以在饮水中添加多种维生素及氯化钠、氯化钾及抗应激、抗菌类药物等来增强鸡体的抗应激能力。

⑥其他措施。减少单位面积的存栏数；喂料尽可能避开气温高的时段；及时清粪；

（2）减少冷应激影响的方法。

①加强饲养管理。在保证鸡群采食到全价饲料的基础上，提高日粮代谢能的水平。早上开灯后，要尽快喂鸡，晚上关灯前要把鸡喂饱，以缩短鸡群在夜中空腹的时间。

②在入冬以前修整鸡舍，在保证适当通风的情况下封好门窗，以增加鸡舍的保暖性能，防止冷风直吹鸡体。

③在条件允许的情况下，可以采用地下烟道或地面烟道取暖。

④减少鸡体热量的散发。勤换垫料，尤其是饮水器周围的垫料。防止鸡伏于潮湿垫料上；检查饮水系统，防止漏水打湿鸡体。

2. 湿度

产蛋鸡环境的适宜湿度是60%~65%，但在40%~70%的范围，只要温度不偏高或偏低对鸡只无大影响。高温时，鸡主要通过蒸发散热，如果湿度较大，会阻碍蒸发散热，造成热应激。低温高湿环境，鸡散失热量较多，采食量大饲料消耗增加，严寒时会降低生产性能。在饲养管理过程中，尽量减少用水，及时清除粪便，勤换干燥垫料，保持舍内通风良好等，都可以降低舍内的湿度。

3. 通风换气

通风换气可以补充氧气，排出水分和有害气体，保持鸡舍内空气新鲜和适宜的温度，它与舍内的温、湿度密切相关。炎热季节加强通风换气，而寒冷季节为了舍内空气新鲜要保持一定的换气量。鸡舍中对鸡只影响较大的有害气体是下列几种。

（1）二氧化碳。主要是鸡群呼吸时产生的，一般要求鸡舍中的含量不超过0.2%，超过5%时鸡就会中毒。

（2）氨气。主要是粪便、地面垫草被厌气性细菌分解而产生的。氨气易吸附在含水的表面及鸡的口、鼻、眼等黏膜、结膜上，直接侵害鸡只。一般要求含量不能超过0.02%。

（3）硫化氢。是由含硫的有机物分解而来的。一般要求舍内含量不能超过1×10^{-6}，超标时会引起急性肺炎和肺水肿及组织缺氧。

（4）微生物尘埃。舍内的各种微生物吸附在尘埃和水滴上，被鸡吸入呼吸道会诱发和传播各种疾病。

（三）日常管理

1. 观察鸡群

注意观察鸡群的精神状态和粪便情况，尤其是清晨开灯后，若发现病鸡及时隔离并报告管理人员，观察鸡群的采食和饮水情况，还要注意有无挂头、歪脖、扎翅，有无啄肛、啄蛋或同笼互啄的鸡，有无跑出笼外的鸡；检查舍内设施及运转情况，及早发现问题，及时解决。

2. 减少应激

任何环境条件的突然变化，都能引起鸡群的惊恐而发生应激反应。突出的表现是食欲不振、产蛋量下降、产软蛋、精神紧张，甚至乱撞引起内脏出血而死亡。因此，应认真制订和严格执行科学的鸡舍管理程序，鸡舍固定饲养人员，每天的工作程序不要轻易改动，动作要稳，声音要轻，尽量减少进出鸡舍的次数，保持鸡舍环境安静。

3. 合理饲喂及充足的饮水

无论采用何种方法供料，必须按《蛋鸡饲养手册》的采食标准，过高过低都会产生不良影响，一旦建立，不宜轻易变动。喂料过程中要注意匀料，防止鸡采食不匀。要保证不间断供给清洁的饮水，炎热夏季要注意供给清洁的凉水。

4. 保持环境卫生

室内外定时清扫，保持清洁卫生。定期对舍内用具进行清洗、消毒。

5. 适时收蛋

蛋鸡的产蛋高峰一般在日出后的3~4小时，下午产蛋量占全天的20%~30%。因此，上午一般安排拣蛋2~3次，下午一般1~2次。拣蛋时动作要轻，减少破损率。

6. 做好生产记录

生产记录能够反映鸡群的实际生产动态和日常活动的各种情

况，通过它可以及时了解生产，总结经验，指导生产，它也是考核经营管理效果的重要根据，所以每天都要对死亡数、产蛋量、耗料、舍温、防疫情况等进行记录。

7. 及时淘汰低、停产鸡

产蛋鸡与停产鸡、高产鸡与低产鸡在外貌及生理特征上有一定区别，及时对低产鸡进行淘汰，可以节省饲料，降低成本和提高笼位利用率，可以根据外貌和生理特征进行选择。

八、不同季节饲养管理要点

不同季节里环境因素有很大的差别，为了减轻环境变化的不良影响，饲养管理方面要采取相应的措施。

（一）气候温和季节的饲养管理要点

1. 春天气候逐渐变暖，日照时间逐渐变长，是鸡只产蛋回升的时期，再饲养管理上应重点抓好以下几个方面

（1）根据产蛋率变化的情况，及时调节日粮的营养水平，使之适合产蛋变化时鸡只的营养需要。

（2）初春气温变化比较大，常常会出现刮大风，倒春寒的现象，此时要注意防止舍温发生剧烈变化和舍内气流速度过急引起的冷应激。

（3）在初春时对场内外进行一次大扫除，并进行一次彻底的环境消毒工作，灭除越冬残存下来的蚊蝇；清除舍周围、场内杂草污物，搞好环境卫生和春季防疫工作。

2. 秋季日照逐渐变短，天气逐渐凉爽，在饲养管理方面应做好以下几个方面

（1）产蛋后期的鸡开始换羽，此时应对鸡群进行一次选择。一般换羽和停产早的鸡多为低产鸡和病鸡，尽早予以淘汰。这样可以保持较好的产蛋率和节约饲料，降低成本。

（2）晚秋季节早晚温差大，要注意在保持舍内空气卫生的

前提下，适当降低通风换气量，避免冷空气侵袭鸡群而诱发呼吸道疾病。同时还要着手越冬的准备工作。

（3）入冬前还要进行一次环境卫生大扫除和大消毒，环境卫生，消灭蚊、蝇等有害昆虫，并清除掉它们越冬的栖息场所，搞好秋季的防疫工作。

（二）炎热季节饲养管理要点

炎热季节是蛋鸡饲养难度最大的时期。饲养管理工作的核心是防暑降温，促进采食。

产蛋鸡适宜的环境温度的上限为28℃，当环境温度超过28℃时，鸡单靠物理调节热平衡的方式已不能维持其热平衡了。当气温达到32℃时鸡群就会表现出强烈的热应激反应：张嘴喘息，大量饮水，采食量显著下降，甚至停食。产蛋率会大幅度下降，小蛋、轻蛋、破蛋显著增加。长时间持久的热应激还会造成鸡只的死亡，所以必须做好防暑降温工作。

（1）用白色涂料将屋顶、外墙四周刷成白色，反射一部分阳光，减少热量的吸收。利用好遮阳的树木、攀缘植物，搭架遮阳凉棚。在每天最炎热的12：00—15：00向屋顶、外墙及附近地面喷洒凉水，吸收一部分热量。

（2）加强舍内通风，提高舍内风速，使含内平均气流速度达到1米/秒以上，加速舍内热量的排出。

（3）有条件的应安装湿帘通风装置。湿帘通风比一般风机通风效果好，可降低舍温3~5℃。

（4）按每千克饲料添加200毫克维生素C，也可在日粮中添加0.3%~0.1%的碳酸氢钠，或是0.1%氯化钾，或0.05%的阿司匹林等，可以减轻热应激的影响。

（5）当因热应激采食量严重受影响，能量摄入不足时，可以在日粮中添加3%~5%的油脂，保持必要的能量摄入；适当提高饲料中蛋白质水平，特别是蛋氨酸和赖氨酸水平，对夏季提高产蛋率有良好的作用。

（三）寒冷季节饲养管理要点

鸡适宜温度的下限为 13℃，当舍温低于此温度时，鸡就需要采取增加产热量的化学调节方法来维持热平衡，所以尽可能维持舍温不低于 13℃，冬季重点要放在保证通风的前提下做好防寒保温工作。

第四节　蛋种鸡产蛋期的饲养管理

一、饲养方式

常用的方式有平养和笼养两种。

平养分为地面平养和网上平养。近几年来蛋用型种鸡地面平养的方式很少应用，多采用网上平养。

（一）网上平养

1. 鸡群的公母比例

正常的性比例是保证种蛋受精率的关键。轻型鸡公母比例为 1∶(12~15)，中型鸡公母比例为 1∶10。同时还必须注意公鸡的质量，这不仅包括公鸡精液的质量，也包括公鸡体格的健壮，有腿病的公鸡一定不能做种用，坚持定期测定公鸡精液品质，根据鸡群的变化和生理状态，合理调整鸡群的性比例。

2. 产蛋箱的配置

按母鸡数量计算，一般每 4 只母鸡配置 1 个产蛋箱。产蛋箱可选用木板、铁板或塑料等原料制成，还可以根据实际情况设置单层或多层的。产蛋箱在鸡群开产前 1~2 周安置好并打开挡板，使鸡群有一个熟悉的过程，必要时可在箱内放置假蛋或其他鸡群的经过消毒的鸡蛋，以引诱小母鸡进入箱内。产蛋箱应放在光线较暗的地方。要勤捡蛋，特别是要及时清除破蛋，一定不能用破蛋直接喂鸡，以免造成啄蛋癖。

（二）笼养

一般为阶梯式多层笼养。有两层、三层或四层，种鸡多采用两层笼养，方便人工输精的操作。每笼容纳3或4只母鸡，公鸡与母鸡分开饲养，采用人工输精的方式，这种饲养方式的优点是易管理和有利疾病控制，单位面积饲养只数多，有足够的采食和饮水位置，便于观察鸡群，鸡的伤残率低，受精率高，饲养的公鸡数量少，故多采用此方式。

二、种鸡的检疫净化

作为种鸡，疾病的净化和检疫工作很重要，尤其是一些垂直传染的疾病（鸡白痢、白血病、支原体等），种鸡一生中最少要进行2~3次鸡白痢的检疫和2次白血病的检疫。鸡白痢的第一次检疫可以在育成期，大约16周，第二次在留种蛋前进行，如果有条件的在上笼后的两周内再进行一次。

白血病的第一次检疫在上笼前进行，第二次在留种前进行。

鸡白痢的检测方法是血清凝集法，具体做法是在一块玻璃上滴一滴鸡白痢抗原，从鸡翅膀的血管中采血并将血涂抹在抗原上，使抗原与血充分混合，2分钟后判定结果，若出现有蓝色颗粒则判为阳性，否则为阴性。

白血病的检测方法有琼扩法和依来萨等法。

种蛋必须来自检疫为阴性的种鸡群，受污染的种鸡场应结合孵化、育雏、育成的隔离、消毒、检疫制度，逐步消灭经蛋传播的疾病，种鸡要逐只检疫，淘汰阳性鸡，以最大限度地减少种鸡群中的带菌带毒鸡。

三、适宜的上笼时间和合格的上笼体重要求

育成鸡一般在18周左右上笼，也有提早到16或17周的，最晚不要超过20周。转群时要对鸡群进行挑选，按照体重要求把鸡群分开，以便上笼后的日常管理。

四、种鸡的挑选及上笼

种鸡在上笼时，要经过挑选，特别是公鸡，按照不同品系的要求进行选择。转群和选择应结合进行，转群是选优去劣的好机会。在转群时要测定体重，检查是否符合该品种标准，必须根据体重情况来调节日粮的营养水平和饲喂量，并结合体重淘汰发育不良的、有疾病的、跛腿的残鸡，若鸡数过多，应淘汰体重过大或过小的，使鸡群的体重较为一致。

鸡群如果在育成期是限制饲喂的，在转群前2~3天应改为自由采食，同时在饲料中加多种维生素，以防转群的应激。为避免惊群，转群前可将育成舍的光照强度降低。笼养的育成鸡因骨质脆弱，要抓双腿，不要抓翅膀以防骨折。

进鸡前的准备工作要提前做好，保证正常运转，准备好充足的饲料，使育成鸡转入蛋鸡舍内，尽快吃到饲料。

五、产蛋前期的饲养管理

产蛋前期是从上笼后到全群严蛋率达50%左右的这段时间。要取得较高的产蛋率，开产前这一段时间的管理是非常重要的。开产前后母鸡自身的生理变化极大，包括性成熟和体成熟的变化，体重继续增加，产蛋前期体重增加400~500克，骨骼增重15~20克。大约从16周开始，小母鸡逐渐性成熟，钙的贮备也增加，此时成熟的卵子不断地释放出雌激素，在雄激素和雌激素的协同作用下，诱发了髓骨在骨腔中形成。小母鸡在开产前10

天开始沉积髓骨，它约占性成熟小母鸡全部骨骼重的 12%。蛋壳形成时约有 25%的钙来自髓骨，其他 75%来自日粮。如果钙缺乏时，母鸡将利用骨骼中的钙，易造成腿瘫，所以育成后期和产蛋前期的饲料中钙的含量应适当增加或另外加喂贝壳粒。这阶段鸡处于对新环境适应的过程中，产蛋率上升较快，生长速度也快，所以必须采取有效措施，管理好鸡群，确保产蛋高峰的准时到来并且维持持久的高峰期。

（1）及时更换饲料，在产蛋率达到 5%时，将产蛋前料换为产蛋期料。

（2）光照时间和强度应逐渐增加，褐壳蛋鸡的光照强度可达 20 勒克斯，白壳蛋鸡光照强度可达 10~15 勒克斯。

（3）及时称量蛋重和体重，以指导生产。

六、产蛋期的日粮饲喂标准

产蛋期一般分为 3 个阶段：第一阶段是从上笼到 5%开产；第二阶段是产蛋 5%到 50 周左右或到产蛋高峰过后产蛋下降到 70%；第三阶段为 50 周龄至淘汰。产蛋期一般每天喂料 2~3 次，自由采食，上笼后到产蛋率达 5%给产蛋前期料，此时鸡群还没有完全开产，所以口粮中蛋白的含量较低；5%到 50 周给产蛋高峰期料，这时的鸡群处在产蛋旺盛时期，需要的蛋白和能量及其他营养物质都相对增加，必须保证足够的采食量；50 周以后给产蛋后期料，这一阶段鸡体对营养物质的需要相对较低，即使给以高蛋白的饲料，产蛋量也不会有很大的上升，所以从经济的角度考虑，喂产蛋后期料比较好。

（1）喂料时料槽中的饲料应分布均匀，料槽要经常清扫，特别是夏天，料槽中的湿料和脏料必须清理干净。饲料不要加得太满，不应超过料槽的 1/3，以免被鸡啄撒而造成浪费。

（2）饮水必须是清洁新鲜的，饮水器或水槽必须每天进行清洗，乳头式饮水器要定期逐个检查，如果育成期是水槽，上笼后使用乳头饮水器则要注意教会鸡群使用乳头饮水。

七、产蛋期的环境控制

环境包括内环境和外环境。为产蛋鸡提供最适宜的产蛋环境，首先要有一个良好的鸡舍内环境，它包括温度、湿度、通风、光照等。

（一）温湿度和通风的控制

适宜的温度是鸡群发挥生产水平的前提，鸡舍必须使产蛋鸡免受日常气温变化的影响，因为温度偏离最适温度时，产蛋将会受到影响，产蛋期的最佳温度为13～23℃，最佳的湿度为60%～65%，通风使鸡舍的空气良好。春季和秋季舍内的温度和通风比较容易控制，主要的问题是夏季和冬季。

1. 夏季

夏季日照强，气温高，昼夜温差小，蚊蝇多，所以容易造成产蛋鸡群产蛋率低，死亡率高。鸡的自身体温较高（41～42℃），又没有汗腺，对高温的适应力差，高温条件下，鸡群自身作出的生理反应对缓解高温的不良影响作用有限，因此要在夏季使母鸡多产蛋，减少死亡率，必须通过调节温湿度和通风的方法来实现。

利用送风的办法降低鸡的体感温度是很有效的方法。在夜间和早晨减小风速，使鸡群逐渐适应高温，白天风速为2～2.5米/秒，夜间约1米/秒。如果是纵向通风，还要注意鸡舍两侧窗户打开的大小，远离风机一端的窗户开大一些，离风机较近的窗户开小一些，防止通风的短路，同时要保证进气口的畅通。

在增加通风量的同时，加大舍内的湿度。可以用喷水或消毒的装置将水调节成雾状喷洒在高出鸡体30厘米处，使舍内空气湿度增大，水蒸气吸收空气和鸡体的热量，使鸡感到凉爽，雾滴越细，在空气中飘浮的时间越长，效果越好，可使温度降低2～4℃。如果舍内的温度达到33℃以上且感到闷热，这时不要喷洒太多的水，否则会造成高温、高湿的环境。

2. 冬季

冬季气温低，冷空气和寒流频繁袭击，风力大，日照短。因此防寒、保温和保证光照是维持母鸡高产的关键。

对密闭鸡舍防寒保温要适当减少通风量，靠鸡的自温难以维持适当的温度时，可用暖气、火炉等热源供暖。适当增加鸡的密度。防止贼风侵袭，将门窗的缝隙和墙洞用纸或胶条封好，贼风对鸡群的影响很大，特别是对羽毛残缺、皮肤裸露的老鸡，最容易患病。对开放式鸡舍靠北边的窗户要关闭，简易鸡舍的北墙要挂草帘。南边的门窗，除白天定时定量打开通风换气、排污以外，一般也要关闭。

在加强保温的同时，还要注意通风。开放鸡舍通过打开门窗来实现换气，根据舍内温度开关风机，有条件的可将风机设计成定时开关。冬天通风的关键是设计好进出风的方向，如果鸡舍的屋顶高，可以吊顶棚，这样既保暖又利于控制风向。不能为了保暖而不进行通风换气，这样会使舍内有害气体的浓度增加，鸡易患呼吸道疾病。

（二）光照控制

在产蛋鸡的环境因素中，光照时间的长短对产蛋的影响十分明显。因此光照管理已成为产蛋鸡饲养管理上的重要措施。鸡的眼睛通过对光照时间的长短或强弱的感受后，经神经传导而刺激脑下垂体，从而使卵泡产生性激素，促进排卵和产蛋。没有足够的光照刺激，鸡的产蛋遗传潜力不可能充分发挥。以前农村中养的鸡冬天不产蛋，或产蛋很少，除了天冷以外，主要是冬天昼短夜长，只有到春天日照逐渐延长后，才是鸡产蛋的旺季，因而冬天应给鸡补足光照。

开放式鸡舍的光照管理 20 周龄进入蛋鸡含时，要将光照长度增加，在光的刺激下，鸡群会陆续开产，并上升到高峰。每周增加 0.5 小时直到 16 小时为止，稳定保持到产蛋期结束。

密闭鸡舍的光照管理根据不同品系鸡群的不同要求，光照制度应有所不同。白壳蛋鸡从 20 周开始，每周增加 1 小时，直至 13 小时，以后每周增加 0.5 小时直至 16 小时，到 60 周龄时可将光照增加到 16.5 小时直至淘汰，光照强度以 10~15 勒克斯（或 3 瓦）为好，灯距 3~3.5 米，灯高 2 米，25 瓦或 40 瓦灯泡 1 个。褐壳蛋鸡从 20 周开始，光照时间为 12~13 小时，以后每两周增加 1 小时直至 16.5 小时，60 周龄时可增加到 17 小时，光照强度为 20~30 勒克斯（或 5 瓦）。粉壳蛋鸡介于两者之间。光照制度制定的原则是必须根据鸡群的体重和实际情况而定。

八、产蛋期的日常管理

日常管理是认真负责地执行各项生产措施并及时发现和解决生产问题，以保证蛋鸡高产和稳产。

（一）观察鸡群

产蛋期每天必须认真观察鸡群。观察鸡群的目的是了解鸡群的健康和采食情况，挑出病、死、弱和停产的鸡。早晨进鸡舍第一件事就是观察鸡群，要认真仔细地观察，因为通过鸡群的表现往往能正确推测鸡群的健康情况，发现问题要及时报告并给予妥善解决。

1. 病鸡的特征

精神萎靡，冠色苍白或呈黑紫色，羽毛松乱，没有食欲，粪便颜色和形状异常。

2. 不产蛋鸡的特征

冠小或萎缩而苍白，眼圈和喙的基部呈黄色，肛门干燥，耻骨间距小。及时发现和淘汰这些鸡，可以提高全年的产蛋量和饲料利用率。

（二）收集种蛋

要想发挥种蛋的最佳孵化潜力，生产高质量的雏鸡，需要对种蛋进行多次而有效的收集，以减少对种蛋的污染和损害。

种鸡笼养具有空间利用率高、降低种蛋的带菌率和种蛋受污染的程度的优点。种鸡上午产蛋集中，下午较少，可以上午捡蛋3次，下午1次，晚上关灯之前再1次。在收集时，种蛋要区分开来，合格种蛋分在一起，有污染的在一起，软蛋、畸形蛋、双黄蛋在一起。污染的种蛋在进行处理后，单独孵化，以免造成合格种蛋的污染。

在平养种鸡时，要训练种鸡使用产蛋箱，减少直接在地面上下蛋。在收集种蛋时，先收集地面的种蛋，用固定的单独的蛋盘收集，不要和合格种蛋混放。

（三）工作程序

要认真按照一日工作程序去做，使鸡群适应一定的规律，有利于鸡群生产性能的发挥。认真做好生产记录，包括产蛋量、死淘鸡数、饲料消耗量、蛋重和体重。管理人员要经常检查鸡群的实际记录，并与该品种鸡的性能标准相比较，发现问题，及时解决。

（四）维修工作

在冬天或夏天到来之前，要认真检修门窗和风机，准备好保温和降暑所用的工具设备。

（五）四季管理工作

春季温度逐渐升高，日照时间逐渐变长，各种病原菌容易繁殖，所以必须进行彻底的清扫和消毒，并加强各种疾病效价的监测工作。自然光照的鸡群，春季正是产蛋旺季，要注意日粮的营养，增加捡蛋的次数，确保种蛋的质量。

夏季温度高，主要的任务是做好防暑降温，减少鸡舍辐射热和反射热，及时清粪，降低饲养密度。同时根据鸡的采食量调整饲料的浓度，保证鸡群的正常产蛋。每次喂料量要少，喂料次数增加，防止有过多的饲料剩在料槽中。供给清凉的饮水，水槽必须保持干净，最好每天进行清洗消毒。

秋季昼夜温差大，日照短，自然光照的鸡群需要补充光照，鸡群开始换羽，产蛋率低，应该及时淘汰换羽和停产的鸡。同时做好入冬前的准备工作。

冬季温度低，舍内外的温差大，开放式鸡舍要将靠北边的窗户封住，窗外最好要挂草帘。密闭式鸡舍在保证舍内空气质量的前提下，尽量减少通风。

（六）实际工作中的经验

（1）在每次上料后的10分钟内，不要进入鸡舍，让鸡群安静吃料。

（2）上笼后及早调群，一周后调好的鸡不要再轻易调换，若必须调换，则最好与其附近笼内的鸡调换，否则会造成争斗或啄肛现象的发生。

（3）产蛋率上升到5%～10%时，可以添加贝壳粉，在饲料中添加或直接喂给都可以，每周喂一次，让鸡自由采食，防止在产蛋高峰时，体内钙的需要量增加而造成的蛋壳质量的下降。

（4）用清水刷洗水槽后，再用消毒药液擦一遍，特别是在夏季利于鸡群的健康。

（七）常见问题的解决

1. 如何节约饲料开支

在养鸡业中，饲料费用占70%，减少饲料的浪费是降低养鸡成本的主要措施之一。

（1）选择料蛋比低的鸡种。蛋鸡品种很多，生产性能各具特点。白来航鸡的体形小，采食量少，产蛋率较高，是较理想的蛋鸡品种；褐壳蛋鸡的体形较大，采食量比白来航鸡大 1%～2%，饲养密度小，产蛋率与白来航鸡差不多；粉壳蛋鸡介于两者之间，从总的经济效益来看，白来航鸡占有优势：当然也与不同地区的不同消费习惯和消费价格有关。

（2）改进食槽和饲喂方法，防止饲料的浪费。将食槽设计为向内卷进的形式，可以防止饲料的刨撒。少喂勤添，使食槽中的饲料高度不超过食槽的 1/3，适当限制喂料量，以每天食槽中不剩料为准。定时喂料，以保证鸡群均匀采食。

（3）改进管理措施，保持鸡舍适宜的温度。温度低，采食量大，一部分能量用于维持体温，产蛋率也不高。

2. 有些鸡群没有产蛋高峰或产蛋高峰上不去的原因

在实际生产中，饲养者都希望鸡群的产蛋率高而且能维持较长的时间，但实际中往往不尽如人意。分析其原因大致为：

（1）鸡种问题。所购买的鸡的生产性能本身就不高，或是没有按照正规的配套方式制种，或所购的鸡比较杂，或是降代次使用的鸡。

（2）育成鸡的质量差。育成鸡的体重和均匀度没有达到本品种的标准，尤其是均匀度低于 80%，或是体重过大、过小。

（3）光照问题。光照长度不够，或光照制度不合理，或是开关灯的时间不固定，无规律。

（4）饲料问题。饲料营养低，特别是蛋白质、能量和氨基酸不足；或是自己配制的饲料，原料比较单一；或是饲喂量不足。

（5）疫病的影响。鸡白痢、白血病和产蛋下降综合征等，都会使鸡群的产蛋率停滞不前或下降。

（6）应激的影响。饲料的调换，噪声使鸡群受到惊吓，或遇到雷电和放炮等。

3. 降低蛋破损率的措施

（1）选择蛋壳质量好的品系，蛋壳质量是遗传的性状，不同的品系有一定的差异。

（2）饲料是决定蛋壳质量的主要因素，饲料中的钙和磷的含量，特别是维生素 D_3 的不足，是鸡群产薄壳蛋、造成蛋破损的重要原因。根据实际情况，合理地调节饲料中钙和磷的比例。

（3）光照时间过长，母鸡活动频繁，会影响蛋壳的钙化过程，造成蛋破损。必须遵守合理的光照时间，防止惊群，增加集蛋的次数。

（4）蛋网的坡度不要超过 8°，否则蛋滚动的速度大，达到边缘时产生撞击而导致破损，要选择合理的笼具。

九、产蛋期的疾病控制要点

（一）疾病监测

产蛋期的疾病控制和监测，特别是鸡新城疫和减蛋综合征。种鸡还必须要进行留种前的疫病净化，主要是鸡白痢和淋巴白血病的净化。鸡群上笼后，所有的免疫基本完成，但最好每隔一个月或半个月进行一次鸡新城疫和减蛋综合征效价的测定，发现问题及时解决。

（二）其他

注意加强通风，供给充足的饮水，及时隔离病鸡。对病死鸡要进行剖检，并做详细的记录，对鸡群的投药也要有记录，包括投药量的记录。

第五节　人工强制换羽

人工强制换羽是蛋鸡养殖生产中常用的技术手段，尤其是在蛋鸡行情好的时候，可以最大限度地利用开产蛋鸡产出更多的鸡蛋，获得最大经济效益。

一、强制换羽的目的

换羽是蛋鸡一种自然的生理现象，指蛋鸡经过一个产蛋年（一般68~72周）后，就会更换一次羽毛，这期间会因卵巢机能减退，引起雌性激素分泌减少而造成休产。自然条件下，换羽很不整齐，从开始换羽到新羽长齐一般4个月，且其后的产蛋有先有后，蛋壳质量也不一致，给养殖场户造成很大的经济损失。生产中为缩短换羽时间、提高经济效益，常给蛋鸡采取人工强制换羽。所谓强制换羽是指人为地给蛋鸡施加一些应激因素，造成强烈应激，引起蛋鸡的器官和系统发生特有的形态和机能的变化，使鸡群在短期内停止产蛋，羽毛脱落及更新，停止应激后蛋鸡恢复体质和产蛋，整个过程一般为8~10周。通过强制换羽，提高蛋的质量，达到延长鸡的经济利用期。

二、强制换羽的原理

通过对蛋鸡采取停水停料或饲喂高锌日粮等人工控制措施，使蛋鸡产生强烈的应激反应，强烈的应激刺激会造成鸡体细胞钙的缺乏，而钙是维持神经分泌的主要物质，钙缺乏会影响下丘脑的调节功能。一方面使下丘脑TRH（促甲状腺激素释放激素）释放量增加，TRH通过一系列途径促使垂体释放TSH（促甲状腺激素），TSH进一步通过血液作用于甲状腺，导致甲状腺激素分泌增加。而增多的甲状腺激素则会强化机体的物质和能量代谢活动，促进体内储存营养物质的分解，首先是脂肪的分解，以维持生命活动的营养需要。另一方面，钙的缺乏会抑制垂体LH（促黄体生成素）的分泌，使血浆中LH减少，从而导致雌激素分泌量减少甚至停止。二者共同作用的结果是：蛋鸡体重不断减轻，卵泡萎缩，进而引发休产、换羽。

当停止应激后，蛋鸡从饲料中获得了钙和其他营养物质，满足了其机体细胞的生理需要，神经和内分泌调节机能也逐渐恢复到产蛋期的状态，各种激素分泌趋于平衡，生殖系统及其功能逐渐恢复正常，产蛋机能也会恢复，从而进入一个新的产蛋周期。

三、强制换羽的优点

与自然换羽相比，强制换羽除了能缩短换羽时间，使蛋鸡尽快进入下一个产蛋周期外，还具有以下几个优点。

能对部分已发病鸡群的产蛋恢复起到很好的作用，进而挽回一定的经济损失。近几年来，由于鸡新城疫、禽流感等疾病多发，造成很多蛋鸡产蛋期产蛋率不高，部分处于高峰期的患病鸡产蛋率甚至急剧下降，从而使养殖场户的经济利益受到损失。如果直接淘汰的话，损失会更大。强制换羽技术能使患病蛋鸡进入一个新的产蛋周期，从而减少养殖场户的损失。

能延长产蛋鸡的利用年限，减少培育育成鸡的费用。与产蛋一年直接淘汰相比，强制换羽延长了产蛋鸡的利用年限，进而减少了培育育成鸡的费用。实践表明，使一只蛋鸡经强制换羽到再次开始产蛋时所耗的成本要远小于培养一只后备新母鸡的成本。

改善蛋的品质。随着饲养期的延长，鸡体内沉积的脂肪随之增加，分泌蛋壳的子宫腺周围的脂肪沉着也增加，进而影响了蛋壳的形成，降低了蛋壳质量。强制换羽使鸡的体重下降，将沉积在子宫腺中的脂肪耗尽，使分泌蛋壳的功能得以恢复，从而改善了蛋壳质量。且强制换羽后，因鸡只体重增长，蛋重增大。

可根据市场需要，控制休产期和产蛋期，以获得最佳的经济效益。为降低饲养成本，增加收益，可根据市场对蛋的需求，用强制换羽的方法来调节蛋鸡的休产期和产蛋期，以延长蛋鸡的有效利用时间，获得最佳的经济效益。

强制换羽也有不足之处：一是换羽过程死亡率较高，一般为3%~5%；二是换羽后由于鸡只体重增大，耗料增多，且与第一个产蛋周期相比，产蛋率降低，从而导致整体料蛋比较高；三是换羽蛋鸡产蛋6~7个月后，产蛋率下降较快。

四、强制换羽的方法

强制换羽的方法有生物学法（激素法）、化学法、畜牧学法（饥饿法）和综合法（畜牧学法和化学法相结合）等。

1. 药物法

在饲料中添加氧化锌或硫酸锌，使锌的用量为饲料的2%~2.5%。连续供鸡自由采食7天，第8天开始喂正常产蛋鸡饲料，第10天即能全部停产，3周以后即开始重新产蛋。

2. 饥饿法

它是传统的强制换羽方法，停料时间以鸡体重下降30%左右为宜。一般经过9~13天。头2周光照缩短到2小时，只供饮水，以后每天增加1小时，供鸡吃料和饮水，直至光照14小时。饲粮中蛋白质为16%、钙1.1%，待产蛋开始回升后，再将钙增至3.6%。母鸡6~8天内停产，第10天开始脱羽，15天~20天脱羽最多，35~45天结束换羽过程。30~35天恢复产蛋，65~70天达到50%以上的产蛋率，80~85天进入产蛋高峰。

3. 药物-饥饿法

首先对母鸡停水断料2天半，并且停止光照。然后恢复给水，同时在配合饲料中加入2.5%硫酸锌或2%氧化锌，让鸡自由采食，连续喂6天半左右。第10天起恢复正常喂料和光照，3~5天后便开始脱毛换羽，一般在13~14天后便可完全停产，19~20天后开始重新产蛋，再过6周达到产蛋高峰，产蛋率可达70%~75%以上。

五、强制换羽的过程

通常正常环境下，鸡群自然换羽持续时间 3~4 个月，且换羽后产蛋恢复缓慢，采用人工强制换羽技术，这个过程一般不超过 1 个月。强制换羽可分为准备期、实施期、恢复期和第二个产蛋期 4 个阶段。

1. 准备期

（1）调整鸡群。它是影响换羽后产蛋率高低的关键，也是降低换羽过程中鸡只死亡率的重要措施，以保证达到理想的换羽效果。首先选择的应是已产蛋 9~11 个月的健康鸡群；其次要淘汰病、弱、残次、过肥、过瘦和产蛋率低的鸡只，同时也要把已经自然换过羽的鸡和精神不振的鸡只去除，以使鸡群整体精神状态良好。对于发病鸡群，应先予治疗，待鸡群状况稳定后再开始换羽，否则易造成死淘率增加，从而进一步增加养殖场户的损失。

（2）加强免疫。在强制换羽期间鸡的抵抗力很弱，一旦被细菌或病毒感染会出现大批死亡，造成惨重的经济损失。因此在强制换羽前 15 天要进行多种疫苗的免疫，如鸡的新城疫疫苗、禽流感疫苗等，在换羽前 10 天喂维生素、抗菌药一个疗程，配合进行一次驱虫，以强化机体的免疫力。

（3）控制环境。鸡舍温度要保持稳定，一般控制在 15~25℃。夏季要注意通风换气，舍内或舍外喷洒凉水，并适当减少饲养密度；冬季要注意防寒保暖，避免环境温度太低，鸡体重下降太快，进而影响第二个产蛋周期的产蛋性能。一般相对湿度控制在 50%~65%，避免出现高温高湿的现象，这样会使鸡的体热散发受阻，造成鸡只的死亡，且易引发疾病。光照与鸡的卵巢的生理功能关系密切，在强制换羽开始时，开放式鸡舍采用自然光照，若是密闭式鸡舍光照时间应调整为 8 小时以下，这样可以促使卵巢退化。此外，及时清理鸡舍粪便，以控制空气中的氨气含量，并对鸡舍和周围环境进行定期消毒。

(4) 鸡只称重。强制换羽前 1 天，在早上喂料之前，抽取全群鸡只的 10%测量鸡只体重（被测个体配戴脚号作为固定样本），以其平均体重为标准。

2. 实施期

确定强制换羽的时间后，清除料槽中饲料开始停水停料，一般停水 3 天（夏季 2 天），停料 8~15 天。冬季气温低，体重下降快，停料 8~10 天，其他季节 10~15 天。具体的停料时间应根据当时的气候，鸡只的健康状态以及鸡只的死亡率和体重下降程度来灵活掌握。

强制换羽初期，鸡只不会立即停产，往往有软壳蛋或破壳蛋，此时可以在食槽中按每只鸡 20 克的量添加贝壳粉，以改善蛋壳质量，一般 5~7 天后产蛋即完全停止。

通常把鸡只的死亡率控制在 3%~5%，断水时，如果鸡的死亡率超过 5%，说明鸡体状态不正常，应立即饮水。在断料期间，如果鸡的死亡率超过 5%，也应立即给料。

在断料后 5~7 天对固定样本的鸡只进行称重，做好记录，以确定下次的称重时间。当有 85%的鸡只（以固定样本为依据）体重下降为 25%~35%时，即开始恢复喂料。

3. 恢复期

恢复喂料的第 1 天，喂青年鸡料 20 克/只，第 2 天 40 克/只；第 3 天 60 克/只。第 4 天开始换产蛋鸡料，饲喂 80 克/只，第 5 天 100 克/只，第 6 天后自由采食。同时要尽量均匀增加料位，以保证所有的鸡只能同时吃到饲料。

恢复供料同时，每天逐步增加光照的时间，直到每天光照 15 小时左右为止。光照要遵循先快后慢的原则逐步增加，以充分发挥刺激卵巢重新发育的功能。

4. 第2个产蛋期

一般开始喂料5~8天后见第一枚蛋，产蛋率至5%时进入一个新的产蛋周期，按产蛋期的要求进行饲养管理。

六、强制换羽应注意的问题

1. 停水

因停水对鸡是最剧烈的应激，会引起蛋壳质量急剧下降，所以停水天数，应根据季节和鸡群体质灵活掌握，一般采用停水1~3天。

2. 补钙

为了预防低血钙症以及提高“实施期”蛋壳的质量，可在强制换羽前7天，每只每天喂给15克石灰石不溶性沙砾，每天分3次喂给。

3. 停饲

停饲时间的长短，应根据鸡群情况及季节不同而异。主要应以鸡群的失重率达25%~30%，死亡率在3%以内为标准。鸡群死亡率大致是：第1周1%；第1~10天1.5%；1~5周2.5%；1~8周3%。

4. 控制光照

一般是在停水、停饲第1天起，将原来16小时的光照减少至8小时，否则达不到预期效果。

5. 第2产蛋期

产蛋高峰为第一产蛋期产蛋高峰的90%左右，如达不到可能是换羽不完全，也可能是饲养问题。

6. 主翼羽脱换

当恢复产蛋的产蛋率达到50%时，主翼羽已有半数以上脱换过，说明强制换羽是成功的。若少于5根，则表明换羽不完全。

7. 强制换羽的成败还取决于原鸡群的质量

一般第一产蛋高峰率达 85%～90%的鸡群可取得理想效果。第一产蛋高峰率 80%左右，平均产蛋率 55%以上也可获得较好效果。

8. 做好记录

及时做好各阶段的各项记录，以便总结核算。

第六章　鸡粪处理与综合利用

20 世纪 60 年代末以来，在欧洲、北美的一些国家和日本的养鸡企业逐渐配备鸡粪处理设施，兴办鸡粪加工厂，在 20 世纪 70 年代相继投入使用，直至 80 年代末，化学生物发酵处理鸡粪等技术也得到较广泛应用。我国自 20 世纪 80 年代开始，一些大中城市的养鸡企业已着手配备鸡粪处理设施，商品化鸡粪肥料和再生饲料已小批投入市场，这标志着我国对鸡粪资源再利用技术的研究开发已进入起步阶段。我国是世界养鸡大国，鸡粪资源十分丰富。鸡粪的有效开发与利用，不仅可缓解饲粮的紧张状况，降低养殖成本，提高经济效益，而且可解决长期以来鸡粪对环境的污染、对人畜健康的威胁等问题，使之变废为宝。

第一节　鸡粪及利用价值

一、鸡粪特点

鸡粪是由饲料中未被消化吸收的部分、体内代谢产物、消化道黏膜脱落物和内分泌、肠道微生物及其分解产物等共同组成。在实际生产中收集到的鸡粪，包括喂料及采食时撒落的饲料、脱落的羽毛、破蛋等；在采用地面垫料平养时，收集到的则是鸡粪与垫料的混合物。鸡粪是鸡场的主要废弃物和最大污染源，也是鸡场内产生臭气和蚊蝇滋生等问题的直接根源。任何一个鸡场都要面对如何正确处理鸡粪的问题，因此，首先应当了解鸡粪的主要特点。

1. 鸡粪产量大

鸡的相对采食量高，消化力较差，粪便产量高，加上集约化程度高，饲养密度大，因而产量极大。蛋鸡的鸡粪产量见表6-1。

表6-1 蛋鸡的鸡粪产量 ［克/（日·只）］

鸡种	采食量	鸡粪干物质	鲜鸡粪产量
轻型蛋鸡	110	35	125
中型蛋鸡	120	38	135
后备鸡（0~140日龄）	55	20	72

可以看出，一个10万只的蛋鸡场，仅成年鸡每日就要产生鸡粪近1.2吨，其中含干物质约0.3吨，如果加上相应的后备鸡，则全场鸡粪日产量可近达1.7吨。

2. 水分含量高

由于鸡独特的排泄器官构造，其排泄物实际上是粪和尿的混合物，因而其水分含量相当高，可以达到70%~75%。鸡粪的实际含水率会随着室温、季节、饮水方式、鸡龄的变化而变化，也受饲养管理因素的强烈影响。如果鸡的饮水装置出现漏水或使用水冲刮粪时，鸡粪的含水率会大幅度提高。由此形成的稀粪不但体积增大、运输困难，还会给鸡粪的加工处理带来困难，而且也促进鸡粪的厌氧发酵，散发出大量臭气。所以，在鸡场管理中，注意避免饮水器（槽）漏水，加强用水管理，出现的问题要及时维修处理；使用刮粪机的鸡舍，尽量改变用水冲刮粪的工艺；在气温较高时，要限制鸡过量饮水，因鸡体内无汗腺，不会像其他动物那样，饮水后出汗，消耗体内热量。

3. 鸡粪利用价值高

鸡粪含有较高的可利用营养物质，这是由于鸡的生理特性决定的，鸡的消化道较短，对饲料的利用率低，一般消化利用率约为30%，未完全消化的食物随粪便排出体外。对于笼养蛋鸡粪来说，粗蛋白质含量为28%，粗脂肪为2%，粗纤维为12.7%，粗灰分为28%，无氮浸出物为29.3%，对鸡粪进行适当的加工后，便可成为较好的饲料资源。同时鸡粪含有作物生长需要的氮、磷、钾等多种营养元素，是用作农业的好肥料。所以综合利用鸡粪，使鸡粪变废为宝，产生较好的社会效益、生态效益和经济效益，对促进种植业增产增收和生态循环农业发展有十分重要的意义。

二、鸡粪的用途

1. 用作肥料

鸡粪是非常适合用于植物生产的优质有机肥，早在养鸡生产的初期，农民就认识到了鸡粪作为优质肥料的利用价值，常把未经处理的鲜鸡粪直接使用到土地中，作为果树、花木和粮食作物的底肥，使鸡粪成为农场生态循环体系的一个部分。养鸡生产进入大规模、集约化生产阶段以后，鸡粪的产量大幅度增加，单纯依靠鸡场周围的土地来消纳鲜鸡粪是远远不够的。因此，养鸡生产者应当更加重视鸡粪的综合处理和利用，提高鸡粪作为肥料的利用价值。

（1）鸡粪中主要植物养分的含量。鸡粪富含氮、磷、钾等主要植物养分见表6-2，鸡粪中其他一些重要微量元素的含量亦很丰富。据测定，1吨鸡粪垫料混合物大约相当于160千克硫酸铵，150千克过磷酸钙和50千克硫酸钾。在土壤中施用鸡粪加工成的有机肥后，可以促进土壤微生物的活动，改善土壤结构，减少水土流失。因此，鸡粪肥料广受欢迎，作肥料也是鸡粪始终的主要用途。

表 6-2 鸡粪中主要植物养分含量

含水率（%）	氮（%）	磷（P_2O_5,%）	钾（K_2O,%）
75	1.3	1.1	0.6
50	2.0	2.3	1.2
15	3.5	3.5	2.3
0	4.0	4.5	2.8

(2) 鸡粪肥料的使用。鸡粪作为肥料使用时，必须考虑两个方面的因素：一是鸡粪中主要营养元素的含量及利用率；二是拟施肥土壤的养分需求。在施肥前应当对土壤进行化学分析，在植物营养学家的指导下确定合理的养分需要量，并在此基础上计算出鸡粪使用量。鸡粪在使用时加入过磷酸盐化肥，可帮助稳定粪肥中的氮素，减少氮素进入空气造成的损失，同时也可增加粪肥中的磷酸含量，提高鸡粪的肥效。除了在大田生产中作用以外，鸡粪经干燥或有氧发酵后还可用于园艺生产中，成为一种新兴的优质肥料和土壤调节剂：鸡粪经发酵后制成的专用肥料，不但松软、易拌，而且无臭味，不带任何病原体，所以特别适于盆栽花卉和无土栽培。

2. 用作能源

在发展中国家，尤其是在农村，能源不足是制约生产发展和生活水平提高的主要因素之一。利用鸡粪创造新能源，是解决某些地区能源供求矛盾的一条新途径。

(1) 生产沼气。沼气是在厌氧环境中，有机物质在特殊的微生物作用下生成的混合气体，其主要成分是甲烷，占 60%～70%。沼气是可燃性气体，其热值较高，约 2.4 千焦/立方米，可用于鸡舍采暖和农户照明、做饭及供暖等，是一种优质生物能源。

据估测，一只产蛋鸡每日所产鸡粪经过适当的发酵过程，可产生 6.48~12.96 升沼气。因此，鸡粪是生产沼气的良好原料。沼气生成速度与沼气池内的温度及酸碱度、密闭性等条件有关。所以，在设计沼气池容积时，必须考虑鸡粪的每日产生量和沼气生成速度。一般将沼气池的容积定为贮存 10~30 天鸡粪产量的容积。

沼气发酵后剩下的鸡粪残渣称为沼气肥。研究表明，沼气肥是矿质化和腐殖质化进行得比较充分的优质肥料。与一般有机肥相比，沼气肥中养分的吸收利用率要高得多。经测定，以鸡粪为原料的沼气肥含氮 2.5%，磷 4%，氧化钾 1%。沼气肥具有迟速型养分兼备、腐殖质含量高等优点，因此既可作农作物的底肥，也可用来发苗、浸种，并可防止植物的土传病害。此外，沼气残渣还可作为饲料，用来养鱼或喂猪。

鸡粪经沼气发酵处理后，不但能提供能源，还可生产出优质肥料或饲料，因此，这是一项保持农业生态平衡的重要措施。

（2）直接燃烧。在采用垫草平养、高床笼养等饲养方式时，由于清粪间隔较长，只要舍内通风良好、饮水器不漏水，那么收集到的鸡粪都比较干燥。如果鸡粪含水率在 30%以下，可以直接用作燃料来供热，每千克鸡粪发热量约为 12.5 千焦。如在日本，有人用鸡粪作燃料代替重油，取得了令人满意的效果，而且还制造出了专门燃烧鸡粪的装置。据估算，一个包括育雏鸡、育成鸡和产蛋鸡在内的鸡场，利用本场生产的鸡粪作燃料，基本上就能满足本场的热能需要。

当然，利用鸡粪作燃料时必须要考虑到对空气所产生的污染问题。

第二节　鸡粪的处理和利用

为了减少鸡粪造成的环境污染、充分利用鸡粪中丰富的营养和能量资源，必须通过适当的方法对鸡粪进行处理。在鸡粪处理过程中，首先要彻底杀灭病原体，并减少有害气体的产生；其次，大规模养鸡生产中产生的大量鸡粪不可能在鸡场周围被全部利用，鸡粪的异地利用是不可避免的，因此必须减少鸡粪的体积，最好加工成固态产品，并密封包装，以便减少运输费用、避免在运输过程中造成环境污染；最后，在加工处理过程中，必须尽量减少鸡粪中营养成分的损耗，并提高营养物质的消化利用率；第四，处理工艺应当高效节能，尽可能降低处理成本，使鸡粪处理能产生一定经济效益。

鸡粪处理的方法很多，各有特点，且多数均有成功应用的经验。以下介绍几种常用方法。

一、脱水干燥处理

新鲜鸡粪的主要成分是水。通过脱水干燥处理，使鸡粪的含水量降到15%以下。这样，一方面减少了鸡粪的体积和重量，便于包装运输；另一方面，可以有效地抑制鸡粪中微生物的活动，减少营养成分（特别是蛋白质）的损失。脱水干燥处理的主要方法有高温快速干燥、太阳能自然干燥以及鸡舍内干燥等。

（一）高温快速干燥

采用以回转圆筒烘干炉为代表的高温快速干燥设备，可在短时间（10分钟左右）将含水率达70%的湿鸡粪迅速干燥至含水仅10%~15%的鸡粪加工品。采用的粪便烘干温度根据机器类型不同有所区别，主要在300~900℃。在加热干燥过程中，还可做到彻底杀灭病原体，消除臭味，鸡粪营养损失量小于6%。

这种设备一般以煤或废油作为燃料，通过高效燃烧炉产生洁净的高温烟道气，以此作为烘干介质。用传送装置或铲式装载机将湿鸡粪送入进料口，鸡粪被回转滚筒上的抄板抄起至一定高度后落下。在下落过程中，鸡粪受到处于粪干机中心的破碎装置的打击，分离破碎，同时在高温气流的作用下迅速脱水干燥。由于破碎装置和回转滚筒的综合作用，显著提高了烘干机的热效率，加快了鸡粪干燥的速度。鸡粪移动到粪干机末端时，已成为含水率很低、呈均匀细颗粒状的成品，通过出料口排出，进入成品库，装袋密封后，等待出场。

烘干设备的附属设备有除尘器，有的还有除臭设备。热空气从烘干炉中出来后，经密闭管道进入除尘器，清除空气中夹杂的粉尘。然后，气体被送至二次燃烧炉，在500~550℃高温下作除臭处理，最后才能把符合环保要求的气体排入大气中。

在对鸡粪作高温快速干燥处理时，成套设备应当是全密封连续作业，做到生产车间内基本无臭气泄漏，以改善工作环境条件。

另外，在鸡粪中含有较多杂质（羽毛、死鸡等）时，最好先作预处理，除去杂质，以保证处理过程的正常进行，并提高加工产品的质量。

实践证明，高温快速干燥处理工艺是一种具有实用价值的笼养鸡粪加工处理方法。这种方法的加工速度快，营养成分损失少，可以有效地杀菌除臭，而且加工过程不受自然气候的影响，可实现工厂化连续生产。生产出的干鸡粪具有较高的商品价值，可用作优质饲料成分，也可作为优质肥料使用。但由于鲜鸡粪直接干燥时没有经过发酵过程，干鸡粪作为肥料施用到土壤后可能会出现一个“二次发酵”过程，迅速分解出大量的游离氮，有可能因局部营养浓度过高而伤害植物的根部。因此，在用快速干燥鸡粪作肥料时，应通过合理控制施肥量、与其他肥料搭配使用以及一些田间管理措施来防止问题发生。

（二）太阳能自然干燥处理

这种处理方法采用塑料大棚中形成的“温室效应”，充分利用太阳能来对鸡粪作干燥处理，专用的塑料大棚长度可达60~90

米，内有混凝土槽，两侧为导轨，在导轨上装有搅拌装置。湿鸡粪装入混凝土槽，搅拌装置沿着导轨在大棚内反复行走，并通过搅拌板的正反向转动来捣碎、翻动和推送鸡粪。利用大棚内积蓄的太阳能使鸡粪中的水分蒸发出来，并通过强制通风排出大棚内的湿气，从而达到干燥鸡粪的目的。在夏季，只需要约 1 周的时间即可把鸡粪的含水量降到 10%左右。

在利用太阳能作自然干燥时，有的采用一次干燥的工艺，也有的采用发酵处理后再干燥的工艺。在后一种工艺中，发酵和干燥分别在两个大槽中进行。鸡粪从鸡舍铲出后，直接送到发酵槽中。发酵槽上装有搅拌机，定期来回搅拌，每次能把鸡粪向前推进 2 米。经过 20 天左右，将发酵的鸡粪向前推送到腐熟槽内，在槽内静置 10 天，使鸡粪的含水率降为 30%～40%。然后，把发酵鸡粪转到干燥槽中，通过频繁的搅拌和粉碎，将鸡粪干燥，最终可获得经过发酵处理的干鸡粪产品。这种产品用作肥料时，肥效比未经发酵的干燥鸡粪要好，使用时也不易发生问题。

这种处理方法可以充分利用自然能源，设备投资较少，运行成本也低，因此加工处理费用低廉。但是，本方法受自然气候的影响较大，在低温、高湿的季节或地区，生产效率较低；而且处理周期过长，鸡粪中营养成分损失较多，处理设施占地面积较大。

（三）鸡舍内干燥处理

在国外推出的新型笼养设备中，都配置了笼内鸡粪干燥装置，适用于多层重叠式笼具。在这种饲养方式中，每层笼下面均有一条传送带承接鸡粪，并通过定时开动传送带来刮取收集鸡粪。这种鸡粪干燥处理方法的核心就是直接将气流引向传送带上的鸡粪，使鸡粪在产出后得以迅速干燥。为了实现这一目标，有几种不同的处理工艺。

最常见的一种工艺是在每列笼子的侧后方装上一排小风管，

风管上有许多小孔，可将空气直接吹到传送带上的鸡粪，起到自然干燥的作用。各层的小风管汇集于一条主风管，与两个内机相连。通常是夏季向鸡舍内送风，冬季则由舍内向外排风。一般间隔 7 天刮取一次传送带上的鸡粪。收集到的鸡粪含水率可降至 35%~40%。

第二种工艺是用将各层的传送带都升到一个水平面上，进入一个强制通风巷道，风机连续工作，对传送带上鸡粪进行自然干燥。传送带每小时向前移动两次，需 36~40 小时完成整个干燥过程。这种方法也可把鸡粪的含水率降至 35%~40%。

第三种工艺是在传送带上方装上许多塑料板，通过这些板的运动形成局部气流，以干燥鸡粪。但这种方法的干燥效率比前两种方法要差一些，处理后鸡粪含水率仍有 45%左右。

在鸡舍内对鸡粪作干燥处理有不少优点。首先是操作很简便，基本可做到自动化，而且成本很低；其次，由于鸡粪在产出后立即得到干燥，可以最大限度地减少氨逸失量，改善鸡舍内外的空气环境。实验数据表明，在夏季无干燥设备的鸡舍中氨气含量为 2.8 毫克/千克，有鸡粪干燥设备的鸡舍中氨气含量仅有 0.55~1.3 毫克/千克，而在冬季相应的数值分别为 11.0 毫克/千克和 1.6~2.1 毫克/千克。由此可见，鸡舍内对鸡粪的及时干燥处理在改善舍内空气环境方面效果极佳。

当然，这种干燥处理的程度还有限，鸡粪含水率还比较高，必须同其他干燥方法结合起来，才能生产出能长期保存的优质干燥鸡粪。

二、发酵处理

鸡粪的发酵处理是利用各种微生物的活动来分解鸡粪中的有机成分，可以有效地提高这些有机物质的利用率。在发酵过程中形成的特殊理化环境也可基本杀灭鸡粪中的病原体。根据发酵过程中依靠的主要微生物种类不同，可分为有氧发酵和厌氧发酵两类处理。

（一）充氧动态发酵

在适宜的温度、湿度以及供氧充足的条件下，好氧菌迅速繁殖，将鸡粪中的有机物质大量分解成易被消化吸收的形式，同时释放出硫化氢、氨等气体。在45~45℃下处理12小时左右，可获得除臭、灭菌虫的优质有机肥料和再生饲料。

我国已开发出“充氧动态发酵机”，该机采用“横卧式搅拌釜结构。在处理前，要使鸡粪的含水率降至45%左右，如用鸡粪生产饲料，可在鸡粪中加入少量副料（粮食），以及发酵菌。这些配料搅拌混合后投入发酵机，由搅拌器翻动，隔层水套中的热水和暖气机散发的热气使鸡粪混合物直接加温，使发酵机内温度始终在45~55℃。同时向机内充入大量空气，供给好氧菌活动的需要，并使发酵产出的氨、硫化氢等废气和水分随气流排出。

充氧动态发酵的优点是发酵效率高、速度快，可以比较彻底杀灭鸡粪中的有害病原体。由于处理时间短，鸡粪中营养成分损失少，而且利用率提高。但此法也有些不足之处。首先，这一处理工艺对鸡粪含水率有一定限制，鸡粪需经过预处理脱水后才能发酵处理。其次，在发酵过程中的脱水作用小，发酵产品含水率高，不能长期贮存。最后，目前设备费用和处理成本尚较高，限制了其推广利用。

（二）堆肥处理

堆肥是一种比较传统的简便方法。其工艺过程经过不断改进之后，近年来在美国得到大力推广，成为美国目前最流行的一种鸡粪和死鸡处理方法。

堆肥是指富含氮有机物（如鸡粪、死鸡）与富含碳有机物（秸秆等）在好氧、嗜热性微生物的作用下转化为腐殖质、微生物及有机残渣的过程。在堆肥发酵过程中，大量无机氮被转化为有机氮的形式固定下来，形成了比较稳定、一致且基本无臭味的产物，即以腐殖质为主的堆肥。在发酵过程中，粗蛋白质也大量被分解。据估测，粗蛋白质的含量在堆肥处理后要下降40%，因此堆肥不适宜于作饲料，而被用作一种肥效持久、能改善土壤结构，维持地力的优质有机肥。

堆肥发酵需要的主要条件有：

1. 氧气

为保证好氧微生物的活动，需要提供足够的氧气，一般要求在堆肥混合物中有25%~30%的自由空间。为此，要求用膨松的秸秆材料与鸡粪混合，并在发酵过程中经常翻动发酵物。

2. 适当的碳氮比

一般要求该比例为30：1，可通过加入秸秆量来调节。

3. 湿度控制在40%~50%为宜

4. 温度保持在60~70℃为宜

这是监测堆肥发酵过程正常进行的重要指标。在其他条件均适合的情况下，好氧微生物迅速增殖活动，代谢过程产生的热量使发酵物内部温度上升。在此温度条件下，可以基本杀灭有害病原体。为了测定发酵物内部的温度，在美国已研制出一种长茎温度计，其茎长达1米，可插入发酵物深部，并通过茎头上的传感器将温度测定后显示到另一端的圆盘表上。如温度过低，表明微生物活动不够，需彻底翻动发酵物，检查其他条件是否适当，以保证发酵过程顺利进行。

堆肥处理方法简单，无须专用设备，因而处理费用低廉，生产出的有机腐殖质肥料利用价值很高。加上可以与死鸡的处理结合起来，因此具有很大的推广价值。

（三）沼气处理

沼气处理是厌氧发酵过程，目前有不少鸡场因清粪工艺的限制，采用水冲清粪，这样得到的鸡粪含水率极高。沼气法可直接对这种水粪进行处理，这是它最显著的优点，产出的沼气是一种高热值可燃气体，可为生产、生活提供能源。

但是，沼气处理形成的沼液如果处理不当，容易造成二次污染问题。目前，在对水冲鸡粪作沼气处理时比较好的工艺路线是：

（1）首先对水冲鸡粪作固液分离，对固体部分作干燥处理，制成肥料或饲料。

（2）液体部分进入增温调节池，然后进入高效厌氧池中生产沼气。

（3）生产沼气后形成的上清液排放到水生生物塘中，最后进入鱼塘，使上清液中的营养成分被水生生物和鱼类利用，同时也基本解决了二次污染问题。

沼气处理的投资很大，产出较低，所以如果没有环保部门的支持，鸡场是很难负担的。

三、其他处理方法

（一）微波处理

微波指的是波长比较短的无线电波，它的波长是 1 毫米至 1 米。微波具有非热效应和热效应。它的非热效应是指在微波作用过程中可使蛋白质发生变性，因而可达到杀菌灭虫的效果。其热效应是因为物料中极性分子在超高频外电场的作用下产生运动而形成的，因而受作用的物料内外同时产热，不需要加热过程，因此整个加热过程比常规加热方法要快大约 10 倍甚至数百倍。由于微波具有上述特点，可以用来对鸡粪进行加工处理。因为鸡粪处理量大，所以必须采用大功率加热器。有实验报告指出，采用波段为 915 兆赫、功率为 30 千瓦的波源效果较好，不仅可以获得良好的加热效果，而且有利于消灭病原体。

实验证明，经过微波处理的鸡粪不仅灭菌效果好，而且制品均匀。但由于微波加热器的脱水功率不太高，因此要求在作微波处理前将鸡粪作摊晒，将含水量降至35%左右，故使微波处理方法的应用受到一定限制，并且一次性投入较高。

（二）热喷处理

热喷处理是将预干至含水25%~40%的鸡粪装压力容器（特制）中，密封后由锅炉向压力容器内送高压水蒸气，在120~140℃下保持压力10分钟左右，然后突然将容器内压力减至常压喷放，即得热喷鸡粪饲料。这种方法的特点是，加工后的鸡粪杀虫、灭菌、除臭的效果较好，而且鸡粪有机物的消化率可提高13.4%~20.9%。但是这一方法要求先将鲜鸡粪作预干燥，而且在热喷处理过程中因水蒸气的作用，使鸡粪含水量不但没有降反而有所增加，未能解决鸡粪干燥的问题，从而使其应用带有一定局限性。

第七章　蛋鸡常见病的防治

第一节　疾病的预防和免疫

一、鸡传染病流行的基本条件

传染性疾病的发生与传播一般从传染源、经传播途径引起易感鸡发病，也是传染病发生发展必需具备的 3 个基本要素。如果在三者之中打断任何一个环节，则能有效地防止传染病的发生和传播。因此，疫病防治的一般措施都围绕这 3 个环节展开。

（一）传染源

传染源是病原微生物的来源，包括症状明显的患病鸡和无明显症状的带菌（病毒）鸡。病鸡是重要传染源，可以从分泌物、排泄物中排出大量病原微生物。在症状逐渐消退，疾病转归康复的过程中，病鸡仍然携带或排泄病原体，对易感鸡威胁严重。所以，一旦发病，最好能将病鸡隔离，以减少其他易感鸡接触病原的机会。有些鸡虽然不表现出临床症状，但持续排出大量病原体，是鸡场的潜在危险。具体有如下方面。

1. 患病鸡和病死鸡尸体

病鸡和病死鸡是重要的传染源。在疾病前驱期和症状明显期的病鸡因能排出病原体且具有症状，特别是在急性过程或者病程加重阶段，鸡可从粪便或其他分泌物中排出大量致病力强大的病原体，传染源的作用最大。当有传染来源时，应该马上隔离消毒或淘汰病鸡，对病死鸡尸体进行无害化处理。

2. 带菌（毒）鸡

无症状的隐性感染带菌（毒）鸡因缺乏症状不易被发现，但也排出病原体，可成为十分重要的传染源，如果随鸡的运输散播到其他地区，可造成鸡病暴发或流行，应根据它们的带菌性质，采取限制活动、隔离消毒和检疫淘汰等处理措施。尤其是对外表健康，但携带沙门菌、支原体等病原体的种鸡，可经种蛋进行垂直传播，对商品鸡的危害作用大。种鸡场应按规定对鸡群进行检疫、免疫，及时淘汰带菌（毒）鸡。

（二）传播途径

传播途径是病原体从患鸡到易感鸡所经过的途径。通常包括垂直传播、水平传播。垂直传播是经蛋传播给下一代鸡的过程，水平传播是多数传染病传播方式，同群之间主要通过接触、饮水、饲料、空气中的飞沫和灰尘，远距离传播媒介主要有运输工具、饲料包装袋、饲养人员及兽医人员等。主要有下列途径。

1. 鸡蛋传播

有的传染病病原体存在于种鸡的卵巢或输卵管内，在鸡蛋的形成过程中进入鸡蛋内，鸡蛋经泄殖腔排出时，病原体附着在蛋壳上。还有一些鸡蛋通过被病原体污染的各种用具（产蛋箱、孵化器等）和工作人员的手而带菌带毒。现已知可通过蛋传播的鸡病有：鸡白痢、伤寒、大肠杆菌病、霉形体病、禽脑脊髓炎、禽白血病、病毒性肝炎、包涵体肝炎、减蛋综合征等。

2. 孵化室传播

主要发生在雏鸡开始啄壳至出壳期间。这时的雏鸡开始呼吸，接触周围环境，就会加速附着在蛋壳碎屑和绒毛中的病原体的传播。通过本途径传播的鸡病有鸡曲霉菌病、肝炎、沙门氏菌病等。

3. 空气传播

有些病原体存在于鸡的呼吸道中，通过喷嚏或咳嗽排放到空气里，被健康鸡吸入而发生感染。有些病原体随分泌物、排泄物排出，干燥后可形成微小粒子或附着在尘埃上，经空气传播到较远的地方。经这种方式传播的疾病主要有鸡败血霉形体病、传染性支气管炎、传染性喉气管炎、新城疫、禽流感、禽霍乱、传染性鼻炎、鸡痘、马立克氏病、大肠杆菌病、曲霉菌病等。

4. 饲料和饮水传播

鸡的大多数传染病，是由被病原体污染的饲料和饮水，经健康鸡摄入体内而感染的。病鸡的分泌物、排泄物及尸体可直接进入饲料和饮水中，也可以通过被污染的加工、贮存和运输工具、设备、场所及工作人员而间接进入饲料和饮水中。饲料中有些有害物质，如黄曲霉素、劣质的鱼粉、添加的食盐及药物是否超量、饲料存放不当、时间过长等因素，则是鸡曲霉菌病及中毒病的最常见的原因。

5. 粪便传播

病鸡的粪便中含有大量的病原体，含有各种各样病原体的粪便、分泌物和排泄物，容易对鸡舍形成污染。如鸡马立克氏病病毒、传染性法氏囊病病毒、沙门氏杆菌、大肠杆菌和多种寄生虫卵等。如果不及时清除粪便，不但本群鸡的健康难以保证，而且还会殃及相邻的鸡群。

6. 羽毛传播

鸡马立克氏病的病毒存在于病鸡的羽毛中，加工厂如果对这种羽毛处理不当，则可以成为该病传播的重要因素。

7. 设备用具传播

养鸡场的一些设备和用具，尤其是多个鸡群混用、场内场外共用的设备和用具（饲料箱、蛋箱、装禽箱、运输车等），常成为疾病传播的媒介。特别是工作繁忙时，往往放松了清洁消毒工作，容易造成疾病传播。经设备和用具传播的疾病主要有鸡霉形体病、新城疫、禽霍乱、传染性喉气管炎等。

8. 混群传播

成年鸡中，有的经过自然感染或人工接种而对某些传染病获得了一定免疫力，不表现明显症状，但它们仍然是带菌、带病毒或带虫者，具有很强的传染性。假如把后备鸡群或新购入的鸡群与成年鸡群混合饲养，往往会造成许多传染病的混感及暴发流行。由健康带菌、带病毒或带虫的鸡传播的疾病主要有鸡白痢、沙门氏菌病、霉形体病、禽霍乱、传染性鼻炎、禽结核、传染性支气管炎、传染性喉气管炎、马立克氏病、淋巴性白血病、球虫病、组织滴虫病等。

9. 其他动物和人传播

自然界中的一些动物和昆虫，都是鸡传染病活的媒介物和中间宿主，它们既可以起到机械的传播作用，又可以让一些病原体在自身体内寄生繁殖而发挥其传染源的作用。人常常在疾病传播中起着十分重要的作用，经常接触鸡群的人所穿衣服、鞋袜以及体表和手如被病原体污染，就会把病菌（毒）带进健康鸡舍，引起疾病暴发。

10. 交配传播

鸡的某些疾病（如鸡白痢、禽霍乱等）可通过其自然交配，或人工授精而由公鸡传染给健康的母鸡，最后引起大批发病。

（三）鸡的易感性

鸡的易感性是指接触病原体后是否发病的敏感程度。其敏感性高低与鸡的品种、年龄、体内特异抗体以及鸡的体质有关。

1. 鸡群的免疫水平

许多鸡的传染病可用接种疫苗来进行预防，预防免疫效果的好坏与疫苗的种类、质量有关，也与免疫接种技术、免疫程序的合理程度等诸多因素有关。

2. 鸡群的饲养管理水平

如环境不良、空气质量不好、鸡群拥挤密度大，饲料营养水平达不到要求，都会对鸡体的抵抗力造成影响，使鸡只对疫病的易感性增高。

3. 鸡群的抵抗力

不同日龄、不同品种的鸡对疫病的抵抗力也不同，成年鸡一般较雏鸡抵抗力强。

4. 鸡体的某些防御器官受损

如法氏囊病对鸡只早期的免疫机制有重要作用，如患过传染性法氏囊炎的鸡只，可能造成免疫功能下降或消失。

二、蛋鸡场卫生防疫

鸡场的卫生防疫工作，除了对鸡群实行科学管理，以满足营养需要，增强鸡体抵抗力，减少鸡群发病率、死亡率，提高产蛋率之外，还应建立健全各项制度。

1. 卫生制度

卫生制度是环境卫生控制的理论指导和行为规范，通过良好的制度约束和卫生控制能解决环境污染的根本问题，并能从防疫的意义上解决环境的净化问题。

（1）保持生活区、生产区的环境卫生，清除一切杂草、树叶、羽毛、粪便、污染的垫料、包装物、生活垃圾等，定点设立垃圾桶并及时清理。生活区和生产区彻底分开，达到现代养殖的相关卫生标准和要求。

（2）保持饲养人员个人卫生，每个饲养员至少有三身可供换洗的工作服，坚持每1~2天洗一次澡，保持工作服整洁。

（3）保持餐厅、厕所卫生，定期冲刷、擦洗，做好无油污、无烟渍、无异味。养殖期间杜绝食用外来禽类产品（禽肉、禽蛋），养殖过程中禁止食用本场的病死家禽。

（4）保持道路卫生，不定期清扫，定期消毒。有条件的养殖场可以将净道和污道水泥硬化，便于交通运输、便于内部人员日常操作、便于冲刷消毒。

（5）保持宿舍，被褥的整洁卫生，每个人至少有两套床上用品（床单、被套、枕巾），做到每批鸡出栏以后彻底换洗，必要时熏蒸消毒后在阳光下暴晒。

（6）加强消毒池的管理，保持进入生活区、生产区大门的消毒池内干净，池内无漂浮污物、死亡的小动物和生活垃圾，定期（5~7 天）更换消毒液一次，特殊情况可以随时更换，最常见的消毒液是 3%~5%的氢氧化钠水溶液。

（7）要求鸡场配备兽医室、剖检室、焚尸炉，能对病死的鸡剖检、鸡病的诊断和病鸡、病料的无害化处理提供条件和方便。

（8）养殖用水最好是自来水或深井水，定期检测饮水的卫生标准，确保卫生无污物，大肠杆菌污染指数符合国家规定的饮用水的卫生指标。

（9）在场区配备粪便生物发酵处理池，确保鸡场产生的鸡粪和垫料对社会对其他养殖没有危害性。

（10）养殖所用饲料要保持新鲜和干净，饲料场、散装料罐、养殖场、散装料仓，都要避免人为的接触和污染。在鸡群发病时期特别要注意剩料的处理。

（11）保持鸡舍内卫生，舍内空气质量新鲜、氧气充足、有害气体不超标。每批鸡出栏以后，对鸡舍内的所有设施设备、控制仪表等都要仔细除尘、擦洗，避免留有卫生死角。

2. 隔离制度

隔离制度是维护养殖环境安全和约束外来疫病入侵的有效保障。在养殖过程中，有很多因素和可能性会由于隔离不力而让外来的疫病侵害和感染到鸡群。

(1) 在思想上一定要有养殖“全程独立”的概念，隔离从开始到结束，来不得半点马虎。

(2) 加强对外来人员和动物的隔离，在养殖场周围除了必要的净道和污道的门口之外，要有能够阻挡人员和野生动物出入的围栏等作为防护屏障。

(3) 减少养殖过程中的一切对外交往，每一次外出购物、残鸡处理、拉鸡粪、垫辅料等都是有风险的。

(4) 必要的散装料车进入鸡场要经过严格的冲刷消毒，尤其是轮胎和底盘的消毒。

(5) 在养殖区内定期灭鼠、灭蝇，在鸡舍通风窗上安装防止野鸟进入的铁丝网。

(7) 饲养人员不能相互串舍，鸡舍门口必设消毒盆以供进入鸡舍的必要消毒之用。

(8) 各鸡舍内日常所用的工具和用具要严格管理、配套使用，不能相互转借。

3. 消毒制度

(1) 育雏前应喷雾消毒和熏蒸消毒。

(2) 饲养过程中的带鸡消毒。

(3) 生活区的一次消毒，生产区的二次消毒，进入鸡舍的三次消毒。

(4) 个人卫生和宿舍卫生，每批进雏前对所有服装、被褥等进行一次彻底消毒

4. 免疫接种制度

根据本地区鸡病发生和流行的特点，制订合理的免疫程序，有计划地进行免疫接种。

5. 疫情报告制度

(1) 按照动物防疫法的相关规定，对发生在养殖场内的经过确诊或存在可疑的急性、重大疫情要及时上报当地畜牧行政主

管部门。

（2）疫情上报后，本着对行业负责的态度积极与相关部门进行协调和沟通，制订合理的控制和扑灭方案，尽量杜绝和减轻疫情的蔓延。

三、鸡病的药物防治

在蛋鸡养殖过程中，鸡场可能发生的疾病有许多种，其中一些疾病可以通过药物进行防治，防治疾病的常用药物主要有两大类：一类是治疗剂，常用于消除鸡体内的病原微生物和其他寄生虫的药物；另一类是消毒剂，它对于微生物和动物机体组织细胞具有同样的损害作用，一般只做外用。

（一）鸡病治疗剂

用药预防和治疗疾病是确保养鸡业健康发展的重要措施之一。鸡病治疗剂对鸡有调节代谢，促进生长，改善消化吸收，提高饲料利用率等作用，成为科学养鸡，提高生产效率的重要手段。但使用药物不当，就会产生超过机体耐受能力的严重损害作用，甚至造成死亡。因此，应用药物治疗鸡病时要认识药物的特性、准确掌握其剂量、疗程，尽量避免或减少毒性反应。

1. 鸡用药应注意的问题

（1）鸡对磺胺类药物的平均吸收率较其他动物高，当药量偏大或用药时间过长，对鸡特别是外来纯种鸡或雏鸡会产生很强的毒性反应，表现为雏鸡脾脏肿大、出血、梗死，成鸡食欲下降、产蛋下降、蛋壳变薄、蛋破损率和软蛋率增加。故磺胺类药物一般不宜作添加剂长期添加，在治疗鸡的肠炎、球虫病、禽霍乱、传染性鼻炎等疾病时应选择乙酰化率低、与蛋白结合程度低、乙酰化物溶解度高而容易排泄的磺胺类药物，并同时使用小苏打以碱化尿液促进乙酰化物排出。使用磺胺类药物复方制剂可减少药量，降低毒性反应。由于硫可以加重磺胺类药物对血液的毒性，引发硫络血红蛋白血症，因而在使用磺胺类药物时应少喂或不喂含硫的饲料添加剂，如人工盐、硫酸镁、硫酸钠、石膏等。

（2）鸡具有丰富的气囊，气雾给药可获得较好疗效。

（3）鸡的味蕾极不发达，缺乏味觉；同时，嗅觉功能差。如人的味蕾有9 000个，而鸡的味蕾只有29个，因而鸡常会无鉴别地挑食饲料中的食盐颗粒而引起中毒。所以，在饲料中添加食盐时，一定要注意其粒度大小，且要注意混合均匀并严格控制添加剂量。由于不能刺激味觉感受器，达不到反射性健胃作用，鸡消化不良时不宜使用苦味健胃药，而应选用芳香性健胃药，如大蒜和助消化药。

（4）鸡无汗腺，热应激时，呼吸频率已经很高，企图用解热镇痛药来解救热应激效果不理想。所以应加强物理降温措施，也可在日粮或饮水中添加小苏打、氯化钾、维生素C、杆菌肽锌等药物。

（5）鸡不会咳嗽，故慢性呼吸道病使用强力镇咳药如可待因没有意义，此时可选用祛痰药如氯化铵可缓解气管黏膜炎症反应。鸡不会呕吐，鸡内服药物或其他毒物产生中毒时，不能使用催吐药如硫酸铜、去水吗啡等排出毒物，而应采用嗉囊切开术，及时除去未被吸收的毒物。

（6）鸡的肾小球结构较哺乳动物简单，有效滤过面积小，故对肌内注射后经肾排泄的链霉素非常敏感，肌内注射链霉素易造成鸡休克，甚至死亡，可以选用小剂量的庆大霉素。

（7）鸡体表羽毛密集，不便使用膏剂、糊剂药物，杀灭体外寄生虫应利用鸡的清洁习性在细砂中掺入适当浓度的杀虫粉。如杀灭虱时，用0.05%蝇毒磷混入砂土中进行沙浴杀虫。

（8）鸡缺乏充分的胆碱酯酶贮备，对抗胆碱酯酶药如有机磷酸酯类都非常敏感，故鸡驱线虫时应慎用敌百虫，禁用敌敌畏，最好选用左旋咪唑、阿苯达唑等。在用敌百虫驱虫时，应忌喂含有小苏打的饲料添加剂，因为在碱性环境中敌百虫可生成毒性较强的敌敌畏而引起严重的中毒。

（9）鸡不耐乳糖，产蛋鸡对乳糖尤为敏感，饲料中含乳糖15%时，产蛋会被明显抑制。超过20%时则生长停滞，同时发生严重腹泻。

（10）由于鸡的大肠吸收维生素K的能力较弱或是为了控制球虫病，长期服用磺胺类药物的缘故，鸡很容易发生维生素K缺乏症，故在饲料中应根据实际情况添加维生素K。同时，治疗球虫病添加维生素K有利于控制血痢。

（11）鸡对锰元素的需要量较高，相对来说是哺乳动物的100倍，而小肠对锰的吸收率却很低而影响生产，因此在饲料中应足量添加，同时要注意饲料中钙磷水平过高对吸收锰元素的不利影响。

（12）鸡长期大剂量使用四环素可以引起肝的损伤，甚至引起肝脏急性中毒而造成鸡死亡；四环素还可以引起肾小管的损伤、尿酸盐沉积造成肾功能不全代谢障碍。长期口服四环素和金霉素可刺激胃肠道蠕动增强，影响营养物质吸收，造成呕吐、流涎、腹泻等症状。此外，四环素、金霉素能与血钙结合形成难溶性的钙盐排出体外，阻碍蛋壳的形成，使蛋鸡的产蛋量和蛋的品质下降。

（13）产蛋鸡应禁用降低血钙水平、影响产蛋的药物，如磺胺类药物、链霉素、四氯化碳等；也不能使用影响子宫机能的药物，如新斯的明、氨甲酰胆碱、肾上腺素和巴比妥类药物等，同时也不能使用抑制下丘脑分泌促性腺激素的药物，如丙酸睾丸酮、己烯雌酚等。产蛋鸡不能使用莫能菌素，因为本品容易在蛋中残留，而且剂量过大会大大降低其产蛋率。

2. 常见给药方法

不同的给药途径能影响药物的吸收速度，因而也影响药物作用的快慢。个别药物也因给药途径不同，甚至影响药物作用的大小。鸡由于个体小，大部分集约化饲养，其给药方法不同于其他动物，因此，要根据病情，选择适当的给药途径。

(1) 拌料给药。在现代集约化养鸡业中，拌料给药是常用的一种给药途径。即将药物均匀地拌入料中，让鸡只采食时，同时吃进药物。该法简便易行，节省人力，减少应激，效果可靠，主要适用于预防性用药，尤其适应于几天、几周甚至几个月的长期性投药。一般的抗球虫药及抗组织滴虫药，只有在一定时间内连续使用才有效，因此多采用拌料给药。抗生素用于促进生长及控制某些传染病时，也可混于饲料中给药。呋喃唑酮（痢特灵）及酚噻嗪（驱虫药）难溶于水，必须混于饲料中给予。混于饲料中的药物浓度以百万分比（毫克/千克）表示，例如百万分之125（125 毫克/千克），等于每吨饲料加入 125 克药物，或每千克饲料加入药物 125 毫克。

在应用混料给药时，应注意以下几个问题。

准确掌握混料浓度。进行混料给药时应按照拌料给药浓度，准确、认真计算所用药物的剂量。若按鸡只体重给药，应严格按照鸡群每只体重，计算总体重，再按照要求把药物拌进饲料内。药物的用量要准确称量，切不可大概估计，以免造成药量过小起不到作用，或过大引起中毒等不良反应。

确保用药混合均匀。先把药物和少量饲料混匀，然后将它加入大批饲料中，继续混合均匀。加入饲料中的药量越小，越是要注意先用少量饲料混匀。直接将药加入大批饲料中是很难混匀的。对于容易引起药物中毒或副作用大的药物，如磺胺类、呋喃类药物尤其要混合均匀。

用药后密切注意有无不良反应。有些药物混入饲料后，可与饲料中的某些成分发生拮抗反应，这时应密切注意不良作用。如饲料中长期混合磺胺类药物，就易引起 B 族维生素和维生素 K 的缺乏，这时应适当补充这些维生素，还要注意中毒等反应。

（2）饮水给药。对于不进行饲料加工的养鸡场，把药物溶于饮水给予，可能更为方便。此法适用于短期投药和紧急治疗投药。假如病鸡不再吃食，但可以饮水时，通过饮水投药更有效。

饮水投药可以将药物溶于少量饮水中，让鸡短时间内饮完，也可以把药物稀释到一定浓度，让鸡全天自由饮用。饮水中的药物浓度通常也以百分比表示，但所用药必须是水溶性的。饮水给药除注意拌料给药的一些事项外，还应注意以下两点。

药前停水，保证药效。为保证鸡只饮入适量的药物，多在用药前，让整个鸡群停止饮水一段时间，一般寒冷季节停水 4～5 小时，气温较高季节停水 2～3 小时，然后换上加有药物的饮水，让鸡只在一定时间内充分喝到药水。

准确计算，按量供药。为保证全群鸡的绝大部分鸡只在一定时间内喝到一定量的药物水，不至于剩水过多，造成吸入鸡体内的药物剂量不够，或加水不够，饮水不足，药量不均，要认真计算不同日龄及鸡群大小的供水量。

（3）气雾给药。气雾给药是指应用气雾发生器将药物分散成微粒，让鸡通过呼吸道吸入或作用于皮肤黏膜的一种给药方法。由于鸡的气囊，肺泡面积大，有丰富的毛细血管，所以此种给药方法，药物吸收好、作用快，不仅能呈现局部作用，而且也能呈现吸收作用。

应用气雾给药时，应注意以下几个问题。

使用的药物应对鸡呼吸道无刺激，而且又能溶解于其分泌物中，否则不能吸收或造成呼吸道炎症及损害。

气雾的微粒大小将影响药物的作用，微粒越小吸收愈快，愈易发生作用，但保留愈少，由呼吸道排出愈多，故作用时间愈短。反之，吸收少、作用慢、作用差。一般微粒大小要求以0.5~5.0微米为适宜。

应选择吸湿性差的药物。因为吸湿性高的药物，在通过湿度很高的呼吸道时，药物微粒膨大，造成不能进入肺脏深部与气囊，而影响药物作用。

同一种药物，其气雾剂的剂量与其他剂型的剂量未必相同，不能随意套用。要确定气雾剂在防治鸡病中的有效剂量，应测定气雾剂吸收进入后的血药浓度，以此为根据选择合适的浓度加以应用。

(4) 外用给药。此法多用于鸡的体表，以杀灭体外寄生虫或作为体表、鸡舍、用具和环境消毒等应用。外用给药常以喷雾、药浴、喷洒、熏蒸等方式。外用给药应注意以下几个问题。

根据应用目的选择不同方法。如驱除体表寄生虫、可采用喷雾、药浴、沙浴等方法，而杀灭体表微生物则往往以气雾、喷洒的方法。

体表驱虫药或消毒药，往往对鸡机体都有一定毒害作用，应用浓度不当，即可引起对鸡机体的损伤，因此，对毒性大或副作用多的药物，必须注意应用药物的浓度。

采用熏蒸法时，必须注意熏蒸时间和温度、湿度，只有时间、温度、湿度适宜才能充分发挥药效和避免对鸡的影响。

(5) 个体给药法。分直接口服法、肌内注射法、皮下注射法、静脉注射法等。

口服法是将药物经口腔投服的方法。常有以下几种口服法。

用左手食指伸入鸡的舌基部，将舌尽力拉出，并用拇指配合固定在下颚上，右手即将药物投入。此法适于成年鸡口服丸剂、片剂、粉剂等。

用左手拇指和食指抓住冠或头部皮肤，向后倒卧，当喙张开时用右手将药物滴入让其咽下，反复进行，直到服完。此法适于少量液体药物的口服。

用小动物导尿管，连上注射器，将鸡喙拨开后，把注射器中的药液送入食道。

应用口服给药时，应将鸡保定好才能投药，灌服液体不宜过多，插管不宜过深，以防引起鸡窒息等危害。

静脉注射法是将药物直接注入静脉血管中的给药方法，发挥作用快，适于急性严重病例。静脉注射的方法是将鸡只仰卧，拉开一翅膀，在翅膀内侧中部羽毛较少的凹陷外（称为肱窝）的肱静脉注射。注射时先局部消毒，再用左手压住静脉根部，使血管充盈变粗后，将吸入药液的注射器上的针头刺入静脉内，回抽针管，见有血液回流时，左手放开，将药液缓缓注入即可。

肌内注射法为鸡给药主要途径之一，其部位是翼根内侧肌肉、胸部肌肉及腿部外侧肌肉。以胸部肌内注射为最多，下面仅介绍胸部注射。

胸部肌内注射是注射于鸡龙骨两侧的三角形肌肉内，注射时应将药液注射在该中部或稍前肌肉较厚的部位，进针应斜刺并不宜过深，进入肌肉即可，以免损伤内脏器官，而引起鸡死亡。

3. 鸡病常用药物

（1）青霉素G。

用途：为窄谱抗生素，适用于鸡的链球菌病、葡萄球菌病、坏死性肠炎、禽霍乱、螺旋体病、丹毒病、李氏杆菌病，也常用于病毒及球虫病所引起的并发、继发感染。

使用方法：肌内注射时，成年鸡每只每次1万~2万国际单位，每天2~3次。拌料或饮水时，雏鸡每只每天2 000~3 000国际单位，1~2小时内用完，连用2~3天。作为饲料添加剂，每吨饲料添加100~200克。

注意事项：不宜与四环素、氯霉素、红霉素、泰乐菌素、磺胺类等药物联合使用；青霉素类注射剂遇高锰酸钾、碘酒、高浓度甘油及酒精、重金属盐失效。

（2）氨苄青霉素。

用途：广谱抗生素，常与庆大霉素、卡那霉素、链霉素等联合使用，对大肠杆菌病、腹膜炎、输卵管炎、气囊炎、眼结膜炎等有效，对鸡白痢有一定疗效，对沙门氏杆菌有高度抗菌作用。

使用方法：内服，每千克体重用5~20毫克，每日2~4次，连服2~3日。

注意事项：与青霉素G相同。

（3）红霉素。

用途：主要用于治疗耐青霉素G的金黄色葡萄球菌病，还用于鸡慢性呼吸道病、传染性鼻炎、溃疡性肠炎、坏死性肠炎、传染性滑膜炎、链球菌病、丹毒病及呼吸道炎症等。

使用方法：饲料中每吨料加100~200克，连用5~8日。饮水中每千克水加0.07~0.14克，连用5~8日。投服时每日每千克体重15毫克，分2次投服。注射时育成鸡每千克体重10~40毫克，每日2次。

（4）高力米先。

使用方法：水溶性粉剂，1千克饮水中加2.2~2.5克，连饮3~5天。预混剂，1千克饲料中混入0.9~1.8克，连用3~5天，注射剂，育成鸡每只每次1毫升，初出壳雏鸡每只每次0.1毫升，每日2次。

注意事项：遇酸性物质以及硫酸链霉素、盐酸四环素、硫酸丁胺卡那霉素、氯霉素琥珀酸钠、复合维生素B、维生素C等会失效。

（5）泰乐菌素。

用途：对支原体等引起的慢性呼吸道特别有效，还用于治疗鸡溃疡性肠炎、坏死性肠炎，并能缓解应激反应。使用方法：每吨饲料加入200~500克，连用5日。每千克饮水中加0.12~0.3

克，连用5日。缓解应激反应和促进生长，每吨饲料加入5~10克。防治支原体病，8周龄以上的鸡肌内或皮下注射，每千克体重20毫克，每日1次。

（6）支原净。

用途：对支原体和厌氧菌作用较强，对螺旋体、球虫也有较强的抑制作用。用于防治鸡慢性呼吸道病、传染性滑膜炎、传染性鼻窦炎、葡萄球菌、链球菌感染。

使用方法：雏鸡1~3日龄，1千克饮水中加本品纯药粉0.125克，或1千克饲料中加入纯药粉0.2克，到3周龄时，再在1千克饮水中加入0.25克纯药粉或1千克饲料中加入0.4克纯药粉，用药1天，治疗量加倍。病重鸡也可按每千克体重10毫升皮下注射，并在饮水或饲料中添加治疗量的支原净，连用3~5天。

注意事项：不能与莫能菌素、拉沙霉素、盐霉素等多醚类抗生素混合应用。

（7）北里霉素。

用途：广谱抗生素，常用于预防和治疗慢性呼吸道病。

使用方法：预防量每千克饲料加入本品0.11~0.33克，治疗量每千克体重每只每日口服25~50毫克，或每千克饲料加入纯品0.33~0.5克，连用5~7天，或每千克饮水中加入纯品0.2克，连用3~5天。

（8）链霉素。

用途：常用于防治禽霍乱、鸡沙门氏杆菌病、大肠杆菌病、传染性鼻炎、弧菌性肝炎、溃疡性肠炎及支原体引起的关节炎和慢性呼吸道病。

使用方法：皮下或肌内注射时每只0.5万~1万国际单位，每日2次。口腔投服时，每千克体重1万~2万国际单位，每日2次。每千克饮水0.2~0.3克，连用3~5天。喷雾时每立方米空间用 20 万~30 万国际单位，让鸡吸入 30~40 分钟。

注意事项：本品遇酸、碱或氧化剂、还原剂易被破坏而失效，与两性霉素、红霉素、新生霉素钠、磺胺嘧啶钠在水中产生混浊沉淀。

(9) 庆大霉素。

用途：广谱抗生素，用于治疗敏感菌所引起的消化道、呼吸道感染和败血症，对鸡大肠杆菌病、沙门氏杆菌病、葡萄球菌病、慢性呼吸道病有较好疗效。

使用方法：预防时，肌内注射每千克体重 5 000~ 10 000 国际单位；或每升饮水中加 2 万~4 万国际单位，连饮 3 天。500~1 000毫克/千克（即 1 升水中加 0.5~1 克）庆大霉素溶液浸泡种蛋，可预防雏鸡白痢和大肠杆菌病。

(10) 卡那霉素。

用途：广谱抗生素，主要对沙门氏杆菌、大肠杆菌、巴氏杆菌有效，对金黄色葡萄球菌、链球菌、真菌和支原体也有作用。

使用方法：肌内注射，每千克体重用 10~30 毫克，每日 2 次。每千克饲料加入 150~450 毫克，每升水加入 90~260 毫克。

(11) 氯霉素。

用途：用于治疗鸡伤寒、副伤寒、白痢、大肠杆菌病、传染性鼻炎、葡萄球菌病、禽霍乱、坏死性肠炎和慢性呼吸道病等。

使用方法：肌内注射，每千克体重 20 毫克，每日 2 次，1 千克饲料加入 0.5~1 克，1 升饮水中加入 1~2 克，连用 3~5 天。

注意事项：该药品不能与青霉素、头孢菌素及红霉素同时使用，与硝基呋喃类药品合用时毒性会增强，遇强酸性、强碱性溶液易破坏失效。

(12) 土霉素。

用途：广谱抗生素，用于防治鸡白痢、鸡伤寒、禽霍乱、传染性鼻炎、慢性呼吸道病、葡萄球菌病、螺旋体病、球虫病等，还具有减轻应激反应、增加产蛋率、提高孵化率的作用。

使用方法：逐只投服，每千克体重 50~100 毫克，每日 1 次，连用 3~5 天。每千克饲料加入 0.2~0.8 克。每升饮水加入 0.15~0.46 克。肌内或皮下注射，每千克体重 25 毫克。

注意事项：长期使用本品后可引起继发感染，也会造成肝脏损伤而发生脂肪变性。

（13）金霉素。

用途：广谱抗生素，用于防治鸡慢性呼吸道病、传染性鼻炎、滑膜炎、大肠杆菌病、副伤寒、坏疽性皮炎等。

使用方法：防治慢性呼吸道病，每千克饲料加入 0.5~0.6 克；治疗鸡霍乱，每千克饲料加入 0.7~0.8 克；防治鸡白痢、鸡副伤寒、传染性滑膜炎，每千克饲料加入 0.05~0.1 克。

注意事项：与土霉素相同。

（14）四环素。

用途和使用均与土霉素相似。

（15）强力霉素。

用途：与土霉素相似，但抗菌作用比土霉素强 2~10 倍，在体内作用的时间较长。常用于治疗鸡霍乱、慢性呼吸道病、大肠杆菌病及沙门氏杆菌病。

使用方法：每千克饲料加入 0.08~0.15 克，连用 3~5 天。每千克饮水加 0.05~0.1 克，连用 3~5 天。逐只投服，成年鸡每次 10~15 毫克，每日 1~2 次。

（16）磺胺类药物。

用途：包括磺胺嘧啶、磺胺喹噁啉、磺胺异噁唑、磺胺甲基异噁唑、磺胺 5 甲氧嘧啶、磺胺 6 甲氧嘧啶等。可治疗鸡白痢、伤寒、禽霍乱、传染性鼻炎等，对各种球虫病也有较好效果。

注意事项：如果长期使用或使用的剂量过大，会产生严重不良反应，甚至引起死亡。液体剂型的磺胺药不能与酸性药物、碳酸氢钠、维生素 B_1 合用，固体剂型的磺胺药不能与普鲁卡因合用，不能与铁盐、重金属盐类配伍使用。

（17）抗菌增效剂。

用途：包括三甲氧苄氨嘧啶和二甲氧苄氨嘧啶，是较新的广谱合成抗微生物药，与磺胺药并用后，能显著增强磺胺药的疗效，扩大抗菌范围，延缓细菌产生耐药性，使抑菌作用转化为杀菌作用，与抗生素合用后，也能增强抗菌效果。

（18）呋喃唑酮（痢特灵）。

用途：抗菌谱很广，用于治疗鸡白痢、伤寒、球虫病，及由大肠杆菌性败血症及支原体病所致的继发性细菌感染。

使用方法：预防量为 1 千克饲料添加 0.1~0.2 克，治疗量为预防量的 2 倍，一般疗程不得超过 7 天。

注意事项：鸡对呋喃类药物的敏感性较高，使用时必须严格掌握剂量和用药时间。

（19）吡哌酸。

用途：用于防治鸡白痢、伤寒、大肠杆菌病及绿脓杆菌病等。

使用方法：1 千克饲料添加 0.5~1 克。逐只投服，每千克体重 50~100 毫克，每日分 2~3 次投服。

注意事项：与喹乙酸、呋喃唑酮有拮抗作用，不宜配合使用。

（20）氟哌酸。

用途：用于防治鸡大肠杆菌病、沙门氏杆菌病、绿脓杆菌病、葡萄球菌病及链球菌病。

使用方法：1 千克饲料加 0.2~0.5 克，1 升饮水加 0.1~0.2 克。

注意事项：与吡哌酸相同。

（21）喹乙醇。

用途：主要用于防治禽霍乱。

使用方法：预防量为每千克饲料加 0.05～0.06 克；治疗量为每千克饲料加 0.1～0.2 克，逐只投服，每千克体重 5 毫克，每日 2 次。

（22）制霉菌素。

用途：用于治疗雏鸡的曲霉菌病、白色念珠菌病及鸡冠癣，也可用于因长期使用广谱抗生素所引起的真菌性二重感染。

使用方法：治疗雏鸡曲霉菌病，每只每次口服5 000国际单位，每天 2～4 次，连用 2～3 天。治疗鸡念珠菌病，每千克饲料加 50万～100 万国际单位，连用 1～3 周。

（23）盐霉素。

用途：防治鸡球虫病药效较高，并有提高饲料报酬和促进雏鸡生长发育的功效。

使用方法：1 吨饲料加优素精（含盐霉素 10%）600～700 克。

注意事项：不要与支原净合用。拌料浓度每吨饲料不要超过 90 克纯品，否则会出现中毒现象。不能与羟硝苯砷酸的复方制剂混饲，否则抑制增重。

（24）莫能霉素。

用途：对多种球虫有抑制作用，球虫对本药很难产生耐药性。

使用方法：拌料时，1 吨饲料添加 80～125 克。

注意事项：浓度达到每吨饲料 150～200 克时，鸡会出现厌食、麻痹等中毒症状。雏鸡每千克体重投服 150～200 毫克时，可造成大批死亡。与二甲硝咪唑合用会有中毒现象，与磺胺喹噁啉、磺胺二甲氧嘧啶或红霉素合用，会出现不利的相互拮抗作用。

（25）球安。

用途：对鸡的多种球虫有抑制作用。

使用方法：拌料，每吨饲料添加 37.5~70 克。

注意事项：在饲料中的浓度超过每吨 75 克时，会抑制鸡的免疫力。雏鸡口服每千克体重 52 毫克或每吨饲料中超过 150 克时，会出现中毒现象。

（26）氨丙啉。

用途：本品是种鸡和蛋鸡的主要抗球虫药。

使用方法：预防量为每吨饲料加入 65~125 克，每吨饮水加入 40~60 克，连用 2~4 周；治疗量为每吨饲料加入 250~500 克，每吨饮水加 125~200 克，连用 1~2 周，然后减半，连用 2~4 周。

注意事项：氨丙啉为硫胺素（维生素 B_1）的拮抗剂，使用本品期间，维生素 B_1 的含量每千克不宜超过 10 毫克，以免降低药物疗效。

（27）氯苯胍。

用途：对鸡的各种球虫均有明显药效。

使用方法：预防量为每吨饲料加入 30~33 克，连用数日。治疗量加倍，连用 3~7 日后改预防量再投数日。

注意事项：本品以治疗用量长期服用后可使鸡蛋带有异味，蛋鸡产蛋期不宜使用本药。

（28）常山酮。

用途：用于防治鸡的各种球虫感染。

使用方法：预防量为每吨饲料加 3 克，蛋鸡可从 1 日龄喂至上笼前。治疗量为每吨饲料 5~6 克，连用 1 周后改预防量。

注意事项：当饲料中的浓度超过每吨 9 克时会抑制鸡只增重。

（29）尼卡巴嗪。

用途：对鸡的多种球虫病都有预防作用。本品使用后不影响鸡对球虫产生免疫力，可用于蛋鸡和种鸡。

使用方法：预防量为 1 吨饲料加 125 克，育雏期可连续用药。

注意事项：当饲料中本品的浓度达到 1 吨饲料含 800 克时，鸡只会出现贫血等症状，产蛋鸡产蛋率会降低。

4. 使用药物注意事项

（1）给药途径。不同的药物，选择不同的投药方法，要严格按照药品说明书的要求投药。饮水给药要考虑药物的溶解度、稳定性及对水质是否有要求。拌料投药采取逐级稀释法，保证药物和饲料充分混合。一般可以饮水给药的药物都可用拌料的方法投药。此外，在选择给药途径时还要考虑病情的轻重，如严重感染时多采用注射给药，一般感染或消化道感染为主时采用内服给药；对严重消化道感染引起的败血症或菌血症，则应选择注射法与内服并用。

（2）用药疗程。药物疗程可视病情而定，一般需要连续或间歇性用药一段时间，然后根据治疗效果再确定后续的药物选择，调整治疗方案。临床上一般小疗程 3 天，大疗程 5～7 天。抗生素的疗程一般 2～3 天，磺胺类药物疗程 3～5 天。细菌性疾病一般疗程 3 天；球虫病、慢性呼吸道疾病、病毒病的疗程 5～7 天。

（3）药物剂量。根据具体的病情，综合考虑确定用药剂量。首次用药一般加量，以后用维持量。对急性传染性疾病和严重感染的疾病，剂量也可以稍大些，而对肝、肾功能衰退的病鸡，在用药时尽量选用对肝、肾损伤小的药物。慎用毒性较大的药，如磺胺类药物、喹乙醇、马杜拉霉素等。使用时要注意药物的用量和疗程，切记在拌料投药时一定要充分混合后再投喂。如发现有中毒现象，应立即停药，并采取相应的解救措施。对于给药的次数，应根据药物的半衰期和最低有效浓度，同时综合病情严重程度，确定投药次数。

(4) 药物配伍禁忌。在同时使用多种药物综合治疗时，一定要严格按照药物的配伍禁忌来联合用药。药物配伍禁忌可参考表 7-1。

表 7-1 药物配伍禁忌

类别	药物	配伍药物	结果
青霉素类	阿莫西林、氨苄西林、青霉素	链霉素、阿米卡星、新霉素、多黏菌素、喹诺酮类	疗效增强
		替米考星、罗红霉素、阿奇霉素、盐酸多西环素、氟苯尼考	疗效降低
		维生素 C-多聚硫酸酯、罗红霉素	沉淀、分解失效
		氨茶碱、磺胺药	沉淀、分解失效
头孢菌素类	头孢拉啶、头孢氨苄	新霉素、庆大霉素、链霉素、阿米卡星、喹诺酮类、硫酸黏杆菌素	疗效增强
		氨茶碱、维生素 C、磺胺药、罗红霉素、盐酸多西环素、氟苯尼考	沉淀、分解失效、疗效降低
	先锋霉素 2 号	强效利尿药	肾毒性增强
氨基糖苷类	硫酸新霉素、庆大霉素、卡那霉素、链霉素	氨苄西林钠、头孢拉啶、头孢氨苄、盐酸多西环素、TMP、阿莫西林	疗效增强
		维生素 C	抗菌减弱
		同类药物	毒性增强
大环内酯类	阿奇霉素、罗红霉素、替米考星	庆大霉素、新霉素、链霉素、阿米卡星、氟苯尼考	疗效增强
		盐酸林可霉素	疗效降低
		磺胺药、氨茶碱	毒性增强
		氯化钠、氯化钙	沉淀、析出离子

（续表）

类别	药物	配伍药物	结果
多黏菌素类	硫酸黏杆菌素	盐酸多西环素、土霉素、氟苯尼考、头孢氨苄、罗红霉素、阿奇霉素、替米考星、喹诺酮类	疗效增强
		硫酸阿托品、先锋霉素1号、新霉素、庆大霉素	毒性增强
四环素类	盐酸多西环素、金霉素、土霉素	同类药物及泰乐菌素、泰妙菌素、TMP	疗效增强（减小使用量）
		氨茶碱	分解失效
		金属阳离子	形成难溶性难吸收的络合物
氯霉素类	氟苯尼考	新霉素、链霉素、庆大霉素、阿米卡星、盐酸多西环素、硫酸黏杆菌素	疗效增强
		氨苄西林钠、头孢拉啶、头孢氨苄	疗效降低
		喹诺酮类、磺胺类、呋喃类	毒性增强
		叶酸、维生素B_{12}	抑制红细胞生成
喹诺酮类	诺氟沙星、环丙沙星、恩诺沙星	头孢氨苄、头孢拉啶、氨苄拉啶、氨苄西林、链霉素、新霉素、庆大霉素、阿米卡星、磺胺类	疗效增强
		西环素、盐酸多西环素、氟苯尼考、呋喃类	疗效降低
		氨茶碱	析出沉淀
		金属阳离子（Ca^{2+}、Mg^{2+}、Al^{3+}）	形成不溶性络合物
磺胺类	磺胺喹噁林钠、SMZ、磺胺氯吡嗪钠	TMP、新霉素、链霉素、庆大霉素、卡那霉素	疗效增强
		头孢拉啶、头孢氨苄、氨苄西林	疗效降低
		氟苯尼考、罗红霉素、阿奇霉素	毒性增强

（续表）

类别	药物	配伍药物	结果
茶碱类	氨茶碱	维生素C、盐酸多西环素、盐酸肾上腺素、四环素类、盐酸盐等酸性药	分解失效
洁霉素类	盐酸林可霉素	喹诺酮类	疗效降低
		甲硝唑	疗效增强
		罗红霉素、替米考星	疗效降低
		磺胺类、氨茶碱	浑浊、失效

（二）鸡场常用消毒剂

1. 选购和使用消毒剂的原则

目前，市场上的消毒剂很多，商品名称各异，理想的消毒剂应该是：

（1）在使用条件下高效、低毒、无腐蚀性，无特殊的气味和颜色，不对设备、物料、产品产生污染。

（2）在有效抗菌浓度时，易溶或混溶于水，与其他消毒剂无配伍禁忌。

（3）对大幅度温度变化显示长效稳定性，贮存过程中稳定。

（4）价格便宜，容易买到。

目前的消毒剂很难完全具备以上条件，因此鸡场在购买和使用消毒剂前，应进行筛选试验。好的消毒剂如果配制和使用不合理也会影响消毒效果。

2. 正确选择消毒剂

（1）饮水用消毒剂的选择。饮水质量的好坏，可直接或间接影响鸡群的生产性能，甚至诱发疾病。饮水消毒所用消毒药物要求对鸡只的肠道无腐蚀和刺激性，一般常选用的药物为卤素类，常用的有次氯酸钠、漂白粉、二氯异氰尿酸钠、二氧化氯等，定期在鸡饮水中添加消毒剂，有效地减少了疾病造成的损失。

（2）喷雾用消毒剂的选择。喷雾消毒分两种情况，一种是对空置的鸡舍和鸡舍内的设备进行消毒，一般选择氢氧化钠、甲酚皂、过氧乙酸等。另一种是带鸡喷雾消毒，主要应用卤素类和刺激性较小的氧化剂类消毒剂，如双季铵盐-碘消毒液、聚维酮碘、过氧乙酸、二氧化氯等。

（3）熏蒸用消毒剂的选择。一般选择高锰酸钾和甲醛，也可用环氧乙烷和聚甲醛，可根据情况进行选择。

（4）浸泡用消毒剂的选择。一般选用对用具腐蚀性小的消毒药物，卤素类是其首选，也可用酚类进行消毒。浸泡消毒的对象是饲槽、饮水器、蛋盘、粪板等，需要在新配制的消毒液中浸泡数小时，不得少于 30 分钟。对于门前消毒池，建议用 3%~5%的烧碱溶液。

3. 鸡舍消毒规程

（1）卫生清洗。彻底打扫鸡舍，清除鸡粪、羽毛、垫料、屋顶蜘蛛网及墙壁、地面、物品上的尘土，以消除传染源。各栋鸡舍生产工具、器具只能固定在本鸡舍使用，定点存放不能外借。如确需在舍间使用，须经消毒后方可入舍。

（2）带鸡消毒。消毒时应朝鸡舍上方进行喷洒，切忌直对鸡头喷雾，喷雾距离鸡体 50 厘米左右为宜，每立方米空间用 15~20 毫升消毒液，选择 80~120 微米的雾粒最为适宜，雾粒过大易造成喷雾不均匀和鸡舍太潮湿，雾粒太小极易对鸡造成呼吸道刺激。带鸡消毒会降低鸡舍温度，因此冬季应先适当提高舍温 3~4℃后再喷药消毒，喷雾时应关闭门窗，消毒后应加强通风换气，便于鸡体表及鸡舍干燥。消毒时间最好固定，且应在暗光下或在傍晚时进行，以减少消毒对鸡群的应激。带鸡消毒一般育雏期每周消毒 4~5 次，育成期每周消毒 3 次，成年鸡每 2~3 天消毒1次，发生疫情时每天消毒1次。实际生产中消毒多使用井水，应适当加大消毒液浓度，水温提高并控制在30℃左右，可加速药物溶解并增强消毒效果，消毒药配成消毒液后稳定性变差，不宜久存，一般应1次用完。

（3）用具消毒。饮水器、料槽、料桶、水箱等用具每周至少清洗消毒一次。可用0.1%新洁尔灭或0.2%～0.5%过氧乙酸消毒。舍内舍外用具应分开，运输饲料及运载粪便的工具应严格分开。每天清除完鸡粪后，所用用具必须清洗干净并进行喷雾消毒。免疫用的注射器、针头及相关器械每次使用前后均应煮沸消毒。化验用的器具和物品在每次使用后也须消毒。运送鸡蛋的封闭货车或集装箱要彻底消毒。

（4）水线消毒。进鸡前，使用清洁剂浸泡24小时，再清水冲洗10分钟。饲养过程中水线应每2～3天冲洗1次，每次5分钟；每两周在夜晚熄灯前，将清洁剂冲入水线中浸泡6小时以上，第二天凌晨放掉，再用清水冲洗10分钟。在决定免疫的前一天晚上，将清洁剂冲入水线中浸泡6小时以上，第二天凌晨放掉，再用清水冲洗10分钟后，进行饮水免疫。

4. 消毒剂使用时注意事项

（1）根据所要消毒的微生物选择消毒剂，如要杀灭细菌芽孢或无囊膜病毒，必须选用高效消毒剂（过氧乙酸、火碱、醛类、碘伏、有机氯制剂、复方季铵盐消毒剂等）。

（2）消毒药不能随意混合使用，酚类、醛类、氯制剂等不宜与碱性消毒剂混合，阳离子表面活性剂（新洁尔灭等）不宜与阴离子表面活性剂（肥皂等）混合。

（3）要有足够的消毒剂量，消毒剂量是杀灭微生物的基本条件，它包括消毒强度和消毒时间两个方面，化学消毒剂的消毒强度指消毒剂浓度，增加浓度相应提高消毒速度，消毒作用加强，但浓度也不宜过高，过高的浓度往往对消毒对象不利，有的还有腐蚀性、刺激性，同时盲目增加浓度反而造成不必要的浪费。另外，减少消毒时间会降低消毒效果，但浓度降低至一定程度，即使再延长消毒时间也达不到消毒目的。如果污染的微生物数量较多，如严重污染的物品、场地，应先进行卫生清洁工作，并适当加大消毒剂的用量和延长消毒时间。

（4）通常温度升高，消毒速度会加快，增加药物渗透力，显著提高消毒效果。许多消毒剂在温度低时反应速度缓慢，甚至不能发挥消毒作用，如福尔马林在室温 20℃ 以上消毒效果非常好，在室温 15℃ 以下消毒效果不好。湿度对熏蒸消毒的影响较大，甲醛、过氧乙酸熏蒸消毒时湿度要求在 60%～80%，另外大部分消毒剂在干燥后就失去消毒作用，溶液型消毒剂在溶液中才能有效地发挥作用。

（5）病原微生物适宜生长 pH 值在 6～8，过高或过低的 pH 值有利于杀灭病原微生物，另外 pH 值影响很多消毒剂的消毒效果，如酚类、氯制剂、碘制剂等在酸性条件下杀菌力强，新洁尔灭等在碱性条件下杀菌力强。

（6）在消毒环境中常有鸡分泌物、粪便、脓液、饲料残渣等各种有机物，会严重消耗消毒剂，降低消毒效果。原因主要是：有机物覆盖在病菌表面，妨碍消毒剂与病菌直接接触而延迟消毒反应；部分有机物可与消毒剂发生反应生成溶解度更低或杀菌能力更弱的物质，甚至产生不溶性物质，反过来与其他成分一起对病原微生物起到机械保护作用；消毒剂被有机物所消耗降低了对病原微生物的作用浓度。氯制剂、单纯季铵盐类、过氧化物类等消毒作用明显受有机物影响、碘伏类消毒剂则受有机物影响就比较小些。

（7）用活苗对鸡进行免疫时，在免疫前 2 天和免疫后 3 天，不要用消毒剂对鸡进行消毒，因消毒剂可能对鸡产生不利影响，干扰免疫力的产生，若用灭活苗免疫时，则不需要考虑此问题。

(8) 消毒可以防止鸡发生传染病，有利于鸡病防治但也不能频繁对鸡群消毒，即便在发生疫情做紧急消毒时，连续消毒日数也不应超过7天，以防止消毒剂在鸡体积聚残留而产生不利影响。另外，频繁消毒也增加了鸡场的生产成本。预防性消毒更不能频繁使用，隔1~2周进行一次即可。

(9) 饮水消毒应慎重，通过饮水途径对鸡胃肠道消毒时应慎重，因它杀灭胃肠道内病菌的同时，也杀灭了胃肠道内生存的正常菌群，引起消化吸收紊乱而产生不利影响。另外，消毒剂可能对胃肠道黏膜产生刺激作用，影响到营养的吸收与利用，此法一般不用于1月龄以上的鸡。

(10) 带鸡消毒应慎用，在鸡群没有疫情发生时，一般养鸡场不做带鸡消毒，或每月进行1次，因带鸡消毒要求的条件较多，如温度、湿度、雾滴大小和消毒剂等，若条件不具备时，则收不到预期的效果，并且或多或少会使鸡生产性能下降，如增重和产蛋减少。

5. 鸡场常用的消毒剂的使用

鸡场常用的消毒剂见表7-2。

表7-2　鸡场常用的消毒剂

药名	用途	用法及注意事项
石碳酸	消毒畜禽舍、墙壁、地面、用具、运动场、运输车辆	配成3%~5%浓度，多用于喷洒
煤酚皂溶液（来苏儿）	消毒鸡舍、墙壁、地面、用具、粪便	配成3%~5%浓度；排泄物消毒用5%~10%浓度；1%~2%浓度消毒手臂、皮肤
可辽林（臭药水）	消毒鸡舍、墙壁、地面、用具、粪便	配成3%~5%浓度喷洒；10%溶液浸浴鸡脚，治疗石灰脚

（续表）

药名	用途	用法及注意事项
烧碱（氢氧化钠）	消毒地面、料槽和饮水器、运输用具和车辆等	2%~3%溶液常用作鸡舍和鸡场门口消毒池内的消毒液。5%~10%溶液可杀灭细菌的芽孢。在消毒物的表面干燥后，要用清水冲洗1次，洗掉其上附着的氢氧化钠，热溶液的消毒效果要好一些。氢氧化钠对金属、棉毛织品和油漆表面也有损害作用
石灰石（氧化钙）	消毒墙壁、地面、粪便池、污水沟	常配成10%~20%乳液，用来粉刷鸡舍墙壁，因其会吸收空气中的二氧化碳气体而变成碳酸钙，失去消毒作用，所以应现配现用。氧化钙1千克添加350毫升水即成为石灰粉末，可撒在阴湿地面、粪池周围及污水沟等处消毒
漂白粉（含氯石灰）	消毒鸡舍、墙壁、地面、料槽和饮水器、排泄物、用具和车辆等	1%~3%澄清液可用于料槽、饮水器和其他非金属制品的消毒。5%~20%乳剂可用于鸡舍墙壁、地面和排泄物的消毒
高锰酸钾	主要为饮用；利用氧化性能加速福尔马林蒸发，作空气消毒	饮用常配制成0.02%浓度；空气消毒见甲醛药物
菌毒敌（也叫复合酚4%~49%苯酚和22%~26%醋酸兑成）	消毒鸡舍、器具、排泄物、车辆等	预防时1∶300倍稀释，疫病发生和流行时1∶（100~200）倍稀释，要求水温不低于8℃，禁与碱性和其他消毒药物混合使用

（续表）

药名	用途	用法及注意事项
福尔马林（36%～40%的甲醛溶液）	鸡舍、种蛋、器具熏蒸消毒	每立方米空间按甲醛溶液20毫升、高锰酸钾10克、水10毫升计算用量，一种方法是先将高锰酸钾按甲醛的半量加于金属容器中，然后将规定量甲醛（加适量水稀释，以增加环境中的湿度）慢慢加入其中，此时混合液自动沸腾，从而使甲醛气化；另一种方法是直接加热甲醛，不用高锰酸钾，使之气化。注意消毒后要及时放气，以释放鸡舍内的甲醛气体
戊二醛	熏蒸鸡舍；消毒器械、用具、场地	熏蒸：每立方米用1毫升10%的溶液熏蒸鸡舍，喷洒消毒用2%，浸泡消毒用2%溶液浸泡15～20分钟。注意水的pH值在7.5～8.5最好
过氧乙酸	消毒鸡舍、墙壁、地面、食槽、用具等；也可带鸡消毒	0.5%用于地面、墙壁的消毒；1%用于体温表的消毒；用于空气喷雾消毒时，每立方米空间用2%的溶液8毫升即可。过氧乙酸对金属类具有腐蚀性；遇热和光照易氧化分解，高热则引起爆炸，故应放置阴凉处保存；使用时宜新鲜配制
新洁尔灭	用于鸡舍、笼具、器械及种蛋的消毒	浓度为0.05%～0.1%的水溶液，常用于洗手消毒；浓度为0.15%～0.2%溶液，常用于鸡舍内笼具、用具、空气消毒；0.1%溶液，常用于孵化室对种蛋的喷雾或浸泡消毒。新洁尔灭忌与肥皂、盐类混合应用
次氯酸钠	消毒鸡舍、各种设施以及带鸡消毒	用0.05%～0.2%的次氯酸水溶液可对鸡舍、笼具及鸡只消毒
二氯异氰脲酸钠（抗毒威）	用于饮水、器具、环境和粪便的消毒	0.5%～1%用于杀灭细菌和病毒，5%～10%用于杀灭含芽孢的细菌，宜现配现用

（续表）

药名	用途	用法及注意事项
杀特灵	鸡舍、环境、地面、墙壁、器械	一般使用500倍稀释液；进雏前及疫情期用125～250倍稀释；器械用250～500倍稀释液浸泡；稀释液当天用完
农福	用于消毒鸡舍和用具	常规喷雾消毒作1∶200稀释，每平方米使用稀释液300毫升；多孔表面或有疫情时，作1∶100稀释，每平方米使用稀释液300毫升；消毒池作1∶100稀释，至少每周更换一次
百毒杀	用于鸡舍、用具及饮水消毒	饮水用量0.0025%～0.005%，喷雾用0.015%～0.05%，用时根据消毒液含量自己调配

四、鸡病的免疫预防

（一）鸡病预防接种

鸡群免疫技术是养鸡场采取的主动措施，目的在于鸡体内建立坚强的抵抗力，防止疾病发生和流行，鸡群环境中都不同程度地存在多种病原菌，鸡的许多疾病，尤其是传染病可通过多种途径传播，如老鼠、飞禽等均可传播病原菌，对鸡群造成感染，因此，应首先在鸡体内建立主动免疫力，以抵抗疾病的侵扰，尤其是鸡马立克氏病、新城疫、传染性支气管炎、传染性喉气管炎等疾病，免疫接种是防止这些疾病的主要手段。

1. 疫苗的种类

疫苗可分为预防病毒性疾病的病毒苗和预防细菌性疾病的细菌苗，平时统称为疫苗。疫苗的种类较多，按疫苗毒力的强弱可分为强毒苗、弱毒苗和灭活苗；按剂型分为冻干苗、湿苗、干粉苗、油剂苗、组织苗、佐剂苗等。随着科学技术的发展，高新技术疫苗如亚单位疫苗、基因工程苗、合成肽苗、抗独特性抗体疫苗等日益受到重视。此外，寄生虫疫苗已开始生产试用。

通常情况下，一般将疫苗分为3类：强毒疫苗、弱毒疫苗和灭活疫苗。

（1）强毒疫苗。顾名思义，疫苗的毒力较强。强毒疫苗是在饲养条件较好的情况下，利用强毒株病毒使全群动物感染，待康复后，即可产生良好的免疫力，这种疫苗只是在万不得已的情况下使用。通常说的强毒疫苗包括：禽脑脊髓炎（1143株）、传染性喉气管炎和传染性法氏囊炎囊病3号等。

（2）弱毒疫苗。疫苗的毒力很低，但仍保持原来的免疫性，并能在鸡体内一时性繁殖。弱毒疫苗有的是从自然界直接筛选的，有的是人工致弱的，也有个别是异源疫苗（如鸡马立克氏病的HVT-127株疫苗）。目前应用的活疫苗主要是弱毒疫苗。

（3）灭活疫苗。灭活疫苗是用化学药品将病原体灭活，使其失去致病性和繁殖能力，但仍保持免疫原性而制备的生物制品，这种疫苗又称死苗。为增强灭活苗的免疫效果，常在疫苗中加入佐剂。佐剂能吸附抗原并在动物体内形成免疫贮存，从而提高疫苗免疫效果，如氢氧化铝、磷酸钙、皂素、蜂胶、油乳剂等。佐剂吸附抗原缓慢而长时间地向机体细胞内释放，呈现对动物机体的持续刺激，进而诱发坚强而持久的免疫力。某些佐剂本身还能动员免疫活性细胞促使抗体产生细胞的分化和增殖。根据佐剂的不同，灭活苗又可分为氢氧化铝苗（铝胶苗），油乳剂灭活苗（油苗）等类型。

2. 预防接种的常用途径

生产中应用主要有以下几种。

（1）滴鼻与点眼。先将疫苗用稀释液稀释好，用消毒滴管或专用滴鼻滴眼瓶将疫苗滴入鼻内或眼内。在滴鼻时左手握鸡，使一侧鼻孔朝上，右手拿滴管，对准鼻孔滴入疫苗。如果鼻孔不吸入时，可用右手小指将另侧鼻孔微微堵住再滴入。点眼时，将疫苗点入一只眼内，也可两侧各点 1 滴。滴鼻与点眼时要看到每滴疫苗被鸡吸进鼻孔或眼内后才将鸡放开。

（2）皮下、肌内注射。注射器及针头、镊子都要煮沸消毒 15 分钟。肌内注射的部位在胸肌或腿肌肌肉丰满处。胸部肌内注射进针由上至下，顺着胸骨侧，不能将针直下，以免刺入胸腔。皮下注射将鸡头颈后皮肤用左手拇指和食指捏起，针头顺着两指中间刺入。

（3）饮水免疫。适用于大群免疫，具有简便易行、不惊扰鸡群的效果。将疫苗混于水中，鸡群通过饮水而获得免疫。免疫前鸡群应停水，根据季节不同停水时间不同，夏季停水 2 小时左右，冬季停水 4 小时左右，使鸡产生渴感。饮水免疫最好用深井水或不含漂白粉的水。疫苗稀释后应迅速喂饮，最好在 1 小时内饮完。饮水免疫的配苗用水要根据鸡龄大小给予不同数量的水（表 7–3）。

表 7–3　饮水免疫配苗不同鸡龄的饮水量

鸡的日龄	5～15	16～30	31～60	61～120	120 日龄以上
饮水量（毫升/羽）	5～10	10～20	20～30	30～40	40～45

（4）气雾免疫。稀释好的疫苗用喷枪喷成雾化粒子，均匀地悬浮于空气中，在鸡自然呼吸时，将疫苗吸入体内而达到免疫。气雾免疫一般选择能关闭门窗的鸡舍进行，黎明、傍晚、阴天多云时是气雾免疫的良好时机。雏鸡气雾免疫易发生应激反应，最好在 1 月龄以上鸡群中进行。

3. 免疫接种注意事项

免疫接种是鸡预防传染病发生的重要手段。对鸡只进行可靠的免疫接种通常应注意以下几个问题。

（1）严格检查疫苗质量。要逐瓶检查其性状、冻干苗真空度、有无破损、标签是否清晰、疫苗有无变色、干缩，加稀释液摇晃后能否及时溶解等情况，凡失真空、疫苗瓶破损、无标签、干缩、溶解不好、油苗油水分层变色、出现沉淀等的疫苗均不能使用。

（2）选择最佳接种途径。每种疫苗都有最佳的接种途径，应根据疫苗的性质、动物种类及年龄、免疫程序、动物数量等具体情况来选择，同时要按照说明书规定的接种途径免疫。如油乳剂灭活苗应在颈部皮下或肌内注射，鸡新城疫Ⅰ系疫苗应肌内注射，Ⅱ系或克隆30采用点眼或滴鼻效果最好。

（3）一般不要多种疫苗同时接种，也不能多种疫苗随便混用，以免产生疫苗间的相互干扰或失去免疫作用。一般初免时要用毒力弱的疫苗，二免、三免时可用毒力较强的疫苗。

（4）油乳佐剂灭活疫苗注射前一定要预温。油苗从冰箱取出后如果立即进行注射，会导致油苗吸收不良，在注射部位形成大小不等的疙瘩，不但影响免疫效果，而且增加防疫注射的难度。预温方法是在注苗前4~5小时，把从冰箱中取出的油苗放到37~40℃的温水中，使油苗的温度接近鸡的正常体温时再进行注射，注射时还要经常摇动疫苗。油苗必须在2~8℃保存，切不可结冰。

（5）卵黄抗体不能与疫苗混用，否则会产生中和反应，失去抗体的作用。使用抗体后，必须在短期内接种疫苗，以产生主动免疫。如果包装瓶内抗体呈液状、无冰或无冰絮，都应废弃，不能使用。

（6）废弃疫苗和疫苗空瓶的处理。凡失真空、破损、无标签、疫苗变色、油乳剂灭活苗不慎被冻结等问题的疫苗不能使用，均应废弃。废弃的活疫苗必须高温或用火烧，将细菌或病毒杀死后集中处理，死疫苗可采取深埋的办法，用完后的疫苗空瓶也必须集中消毒处理，切不可随意到处乱扔。

4. 紧急防治用的生物制品

近年来由于养鸡业的迅速发展，有些传染病尽管进行疫苗预防接种，但由于各种因素影响，仍然给养鸡业造成重大的经济损失，如鸡传染性法氏囊病、新城疫等。特异性的高免血清和卵黄抗体具有被动免疫力，可用于紧急预防和治疗。

（1）高免血清。鸡患病痊愈后，血液内能产生一种抗病因子，使鸡能抵抗所患疾病的再次攻击。从自然患病痊愈鸡的血液中提取出的生物制品就是康复血清，如果用菌苗或疫苗多次加强免疫鸡或其他动物（如马、牛、羊等），使其产生高浓度的抗病因子，然后从其血液中提取的生物制品就是高免血清。给鸡注射康复血清或高免血清，可使鸡被动获得对相应疾病的免疫保护。高免血清使用最广泛的为传染性法氏囊病高免血清、新城疫高免血清、禽霍乱高免血清等。抗体效价要求传染性法氏囊病高免血清琼扩效价在1：16以上，新城疫HI效价在1：28以上。高免血清要求采用冷冻保存，有效期1年。预防量0.3~0.5毫升，治疗量0.5~1毫升，皮下或肌内注射，溶化后一次用完，忌反复冻融。

（2）高免卵黄抗体。用菌苗或疫苗多次加强免疫产蛋鸡，其血液中产生的高浓度抗体可转移到鸡蛋黄中聚集起来，在无菌条件下将其蛋黄取出，制成蛋黄液，就是高免卵黄抗体治疗剂。用其给鸡注射，可使鸡被动获得对相应疾病的免疫保护。高免卵黄抗体常用的有传染性法氏囊病卵黄抗体、新城疫卵黄抗体。抗体效价要求及保存同高免血清，预防量0.5~1毫升，治疗量1~2毫升。

5. 鸡病预防常用生物制品

见表7-4。

表 7-4　鸡常用生物制品

名称	用途	用法	免疫期	注意事项
鸡新城疫Ⅰ系活疫苗	中等毒力苗，供经过鸡新城疫弱毒力疫苗免疫过的鸡应用	1 000 倍稀释注射 1 毫升；100 倍稀释，皮下刺种两下。可供发生鸡新城疫鸡群紧急接种。也可气雾免疫用	注射疫苗后 72 小时产生免疫力，免疫期一年	没经过弱毒力疫苗免疫过的雏鸡不能使用；对纯种鸡有反应；产蛋鸡免疫可能影响产蛋，产软壳蛋
鸡新城疫Ⅱ系活疫苗	预防鸡新城疫	10 倍稀释后滴鼻、点眼、注射、饮水或气雾免疫	接种后 7～9 日产生免疫力。免疫期受多种因素影响，3～6 周不等	免疫后 10 天应监测抗体，滴度没有上升时应继续免疫，并采取必要措施
鸡新城疫Ⅲ系（F 系）活疫苗	预防鸡新城疫	10 倍稀释后滴鼻、点眼、注射、饮水或气雾免疫	接种后 7～9 日产生免疫力。免疫期受多种因素影响，3～6 周不等	免疫后 10 天应监测抗体，滴度没有上升时应继续免疫。该疫苗生产少，应用少
鸡新城疫Ⅳ系活疫苗	预防鸡新城疫	10 倍稀释后滴鼻、点眼、注射、饮水或气雾免疫	接种后 7～9 日产生免疫力。免疫期受多种因素影响，3～6 周不等	免疫后 10 天应监测抗体，滴度没有上升时应继续免疫。该疫苗免疫原性好，应用较多
鸡新城疫油乳剂灭活苗	预防鸡新城疫	雏鸡 0.25 毫升，成鸡 0.5 毫升皮下注射	注苗后 2 周产生免疫力，免疫期 3～6 月不等	必须逐只注射，剂量一定要准确，严禁冻结保存，免疫后仍然需要进行抗体监测。疫苗质量影响免疫期

（续表）

名称	用途	用法	免疫期	注意事项
鸡马立克氏病疫苗（火鸡疱疹病毒疫苗，HVT）	预防鸡马立克氏病	1日龄雏鸡颈部皮下或胸部肌内注射0.2毫升，含2 000个以上蚀斑单位	一年半，免疫后2~3周产生免疫力	一定要使用专用的稀释液；疫苗稀释后必须在1小时内注射完成；雏鸡免疫力产生前，严防鸡舍、环境污染马立克氏病强毒
814细胞结合冷冻疫苗（湿毒）	预防鸡马立克氏病	1日龄雏鸡颈部皮下或胸部肌内注射0.2毫升	一年半，免疫后8天产生免疫力	一定要使用专用的稀释液；疫苗稀释后必须在1小时内注射完成；雏鸡免疫力产生前，严防鸡舍环境污染马立克氏病强毒；液氮（-196℃）保存和运输；从液氮中取出疫苗迅速放入38℃左右温水中，融化后稀释应用；用时摇动疫苗，混匀
鸡马立克氏病二价冷冻疫苗	预防高发区鸡马立克氏病	1日龄雏鸡颈部皮下或胸部肌内注射0.2毫升，含Ⅰ、Ⅱ型3 000个以上蚀斑单位	一年半，免疫后10天产生免疫力	二价苗必须在液氮中（-196℃）保存；一定要使用专用的稀释液；疫苗稀释后必须在1小时内注射完成；雏鸡免疫力产生前，严防鸡舍、环境污染马立克氏病强毒
鸡马立克氏病三价冷冻疫苗	预防高发区鸡马立克氏病	1日龄雏鸡颈部皮下或胸部肌内注射0.2毫升，含Ⅰ、Ⅱ、Ⅲ型3 000个以上蚀斑单位	一年半，免疫后10天产生免疫力	二价苗必须在液氮中（-196℃）保存；一定要使用专用的稀释液；疫苗稀释后必须在1小时内注射完成；雏鸡免疫力产生前，严防鸡舍、环境污染马立克氏病强毒

（续表）

名称	用途	用法	免疫期	注意事项
鸡传染法氏囊病活疫苗（中等毒力）	预防鸡传染法氏囊病	供有母源抗体的雏鸡饮水免疫用，也可用点眼及口服法免疫，首次免疫在2周龄左右，二免于3周后进行	3~5个月	免疫前应按规定用琼脂扩散法测定母源抗体；免疫前后应严格消毒，将鸡舍及环境中的传染性法氏囊病毒降低至最低程度，才能保证免疫效果
鸡传染法氏囊病活疫苗（弱毒力）	预防鸡传染法氏囊病	供无母源抗体的雏鸡在17日龄饮水、点眼及口服法免疫，二免于2周后进行	2~3个月	免疫前后应严格消毒，将鸡舍及环境中的传染性法氏囊病毒降低至最低程度
鸡传染法氏囊病灭活疫苗	通过种蛋传递母源抗体，保护雏鸡在3~4周龄不患传染法氏囊病	对经过两次活疫苗免疫过的种母鸡，在18~20周龄和40~42周龄时对颈部皮下注射	10个月	在40~42周龄时注射第二次灭活疫苗后，才能保证产蛋后期的种母鸡有较高的母源抗体，并使子代抗体均匀一致
鸡痘鹌鹑化弱毒冻干活疫苗	预防鸡痘	按照规定稀释后在翅蹼处刺种	雏鸡2个月，大鸡5个月	疫苗接种后10天抽检0.5%的鸡，刺种部有痘痂形成则有效，否则应重新接种

（续表）

名称	用途	用法	免疫期	注意事项
鸡痘弱毒冻干苗	预防鸡痘	按照含毒实量，用50%甘油磷酸缓冲盐水稀释50倍，20日龄以下鸡刺种一下，20日龄以上刺种两下，60日龄以后再刺种一下	雏鸡2个月，大鸡5个月	疫苗接种后10天抽检0.5%的鸡，刺种部有痘痂形成则有效，否则应重新接种
鸡传染性支气管炎疫苗H52	用于4周龄以上的鸡	滴鼻或饮水	5~6个月	本疫苗中等毒力，适用于经过鸡传染性支气管炎疫苗H120免疫过的鸡应用。对肾毒株引起的肾型传染性支气管炎无效
鸡传染性支气管炎、新城疫二联活疫苗	预防鸡新城疫和传染性支气管炎	1日龄以上用H120+Ⅱ系二联苗进行滴鼻，饮水免疫量加倍；2周后H52+Ⅱ系二联苗进行饮水量免疫；4个月后H52+Ⅳ系二联苗进行饮水量免疫	1年	饮水免疫不得使用金属饮水器；不用含氯的清洁水稀释疫苗；水中应加入0.5%的脱脂奶粉；根据日龄计算饮水量

（续表）

名称	用途	用法	免疫期	注意事项
鸡新城疫、传染性支气管炎、鸡痘三联活疫苗	预防鸡新城疫、传染性支气管炎和鸡痘	按照疫苗瓶上标明的羽份或含毒组织，用生理盐水 100 倍稀释，做注射或点眼、滴鼻或刺种	约 60 天	在翅内侧无血管处皮下注射 0.1 毫升，或点眼、滴鼻 1 滴或刺种两针，在第一次接种后 20 天，再用同样的方法接种一次
鸡传染性喉气管炎弱毒活疫苗	预防鸡传染性喉气管炎	对 8~10 周龄鸡经点眼、滴鼻或饮水接种	6 个月	本疫苗毒力较强，不得用于 8 周龄以下的鸡，没有发生过该病的地区不要使用此疫苗
鸡脑脊髓炎弱毒活疫苗	免疫种鸡，传递母源抗体，保护雏鸡	对 10 周龄鸡及产蛋前一个月鸡饮水免疫	保护子代鸡 6 周龄内不发生该病	本疫苗对 4 周龄内的雏鸡毒力较强，使用中严防传染给易染雏鸡
鸡传染性支气管炎疫苗 H120	用于 3 周龄以内的鸡	滴鼻或饮水	3~4 周	本疫苗弱毒力，适用于 1 月龄的鸡应用。对肾毒株引起的肾型传染性支气管炎无效
产蛋下降综合征（EDS－76）灭活疫苗	预防产蛋下降综合征	上笼时（120~140）皮下注射 0.5 毫升	一年以上	产蛋下降综合征主要在产蛋高峰期发病，产蛋前注射疫苗后，可避免产蛋鸡群发病
鸡葡萄球菌多价灭活菌苗	预防雏鸡葡萄球菌病	20 日龄以内雏鸡皮下注射	1~1.5 个月	免疫期不长，免疫后可保护易感期（40~60 日龄）少发病

（续表）

名称	用途	用法	免疫期	注意事项
副鸡嗜血杆菌灭活油佐剂疫苗	预防鸡传染性鼻炎	30~40日龄的鸡肌内注射0.3毫升，120日龄左右再重复注射0.5毫升	大鸡6个月以上。40日龄以下鸡为3个月	根据疫情，必要时才免疫注射
禽霍乱灭活疫苗	预防禽霍乱	2月龄以上的鸡肌内注射2毫升	3个月	疫苗为A群多杀性巴氏杆菌菌液，经甲醛灭活后，用氢氧化铝胶制成，用时摇匀，防止冻结
禽霍乱油乳剂灭活苗	预防禽霍乱	2月龄以上的鸡颈部皮下或肌内注射1毫升	6个月	严禁冻结保存
禽霍乱氢氧化铝弱毒疫苗	预防禽霍乱	3月龄的鸡注射0.5毫升，含2 000万个活菌	3个半月	必须使用专用的20%氢氧化铝胶生理盐水稀释疫苗，若第一次注射后8~10天再注射一次，可使免疫力提高并延长

（二）免疫程序

免疫程序的制订受许多方面因素的影响，不能做硬性统一规定，本单位相应鸡群的免疫程序还要根据具体情况适时调整，下面的免疫程序仅供参考。见表7-5、表7-6。

表7-5　商品蛋鸡的免疫程序

鸡的日龄	免疫项目	疫苗名称	用法用量
1	马立克氏病	火鸡疱疹病毒疫苗	二个免疫剂量肌内注射
4	鸡传染性支气管炎	H120	点眼、滴鼻或饮水
10	鸡新城疫	Ⅳ系	点眼、滴鼻或饮水
18	传染性法氏囊病	中等毒力弱毒苗	饮水
28	传染性法氏囊病	中等毒力弱毒苗	饮水
30	鸡痘	鹌鹑化弱毒苗	刺种
35	鸡新城疫	Ⅳ系	点眼、滴鼻或饮水
40	鸡传染性支气管炎	H52	点眼、滴鼻或饮水
45	鸡传染性喉气管炎	弱苗	点眼或擦肛
70	鸡新城疫	Ⅰ系或油苗	肌内注射或皮下注射
120	鸡产蛋下降综合征	油乳剂灭活苗	肌内注射或皮下注射
130	鸡新城疫	Ⅰ系或油苗	肌内注射或皮下注射

表7-6　种鸡的免疫程序

鸡的日龄	免疫项目	疫苗名称	用法用量
1	马立克氏病	火鸡疱疹病毒疫苗	二个免疫剂量肌内注射
4	鸡传染性支气管炎	H120	点眼、滴鼻或饮水
10	鸡新城疫	Ⅳ系	点眼、滴鼻或饮水
18	传染性法氏囊病	中等毒力弱毒苗	饮水
25	鸡痘	鹌鹑化弱毒苗	刺种

（续表）

鸡的日龄	免疫项目	疫苗名称	用法用量
30	传染性法氏囊病	中等毒力弱毒苗	饮水
40	鸡传染性支气管炎	H52	点眼、滴鼻或饮水
45	鸡新城疫	油乳剂灭活苗	肌内注射或皮下注射
50	鸡传染性喉气管炎	弱苗	点眼或擦肛
60	鸡痘	鹌鹑化弱毒苗	刺种
70	鸡新城疫	Ⅰ系或油苗	肌内注射或皮下注射
120	鸡新城疫、产蛋下降综合征	ND-EDS-76油乳剂二联苗	肌内注射或皮下注射
130	传染性法氏囊病	油乳剂灭活苗	肌内注射或皮下注射

（三）鸡免疫失败的原因分析

1. 疫苗原因

（1）使用了假冒伪劣的疫苗产品。

（2）疫苗制作时密封不好，疫苗瓶内不是真空。

2. 人为原因

（1）停电使疫苗发复冻融。

（2）路途运输疫苗时包裹不符合规定，使疫苗效价下降或失效。

（3）饮水免疫前未先断水或加水太多。夏天在 2 小时内喝不完或冬天在 3～4 小时内喝不完。还有饮苗前停水时间太长，加水太少，水槽内的疫苗水没流到头就被鸡喝完或在 30 分钟至 1 小时内就把水喝完，有的喝的水多，有的鸡喝的水少，造成免疫漏网或免疫不均匀。

（4）使用疫苗剂量太小，不按要求进行。使用疫苗剂量过大或使用的疫苗毒力过强造成免疫抑制。

（5）在疫苗免疫期间使用了磺胺类，抗病毒药物或其他抗生素，使疫苗活性降低或被灭活。

3. 鸡的原因

(1) 球虫感染的鸡群用苗后不能促使机体产生适当的免疫应答，造成免疫效果不好或失败。

(2) 有鸡马立克氏病、白血病、传染性腺胃炎的鸡群也会出现免疫效果不确切。

(3) 免疫得太早，疫苗产生的抗体跟母源抗体中和，免疫失败。

(4) 带病鸡进行免疫，或是鸡在疾病的潜伏阶段免疫，免疫后没过几天激发起大群发病。

4. 环境原因

冷热应激，饲料突变，连续阴雨，鸡处于应激反应敏感期接种疫苗，免疫应答也不好，影响抗体的产生。

第二节　病毒性传染病

一、鸡新城疫

新城疫是由副黏病毒引起的鸡的一种急性败血性传染病，又名“伪鸡瘟”。该病于 1926 年源发于印度尼西亚，同年又发现于英国新城，为了区别于真性鸡瘟（禽流感），故名“新城疫”。而在我国民间俗称为“鸡瘟”。

（一）病原

新城疫病毒为副黏病毒科副黏病毒属的禽副黏病毒Ⅰ型。病毒存在于病鸡的所有组织器官、体液、分泌物和排泄物中，以脑、脾、肺含毒量最高，以骨髓含毒时间最长。在低温条件下抵抗力强，在 4℃可存活 1～2 年，20℃时能存活 10 年以上；真空冻干病毒在 30℃可保存 30 天，15℃可保存 230 天；不同毒株对热的稳定性有较大的差异。

（二）流行特点

（1）鸡新城疫一年四季均可发生，但以春、秋季多发，发病率高低也取决于不同季节管理水平的高低。如果鸡舍内通风不良、氨气浓度高，温度忽高忽低，饲养密度过大，就会使鸡群抵抗力下降，有新城疫强毒株存在时就可暴发该病。

（2）鸡新城疫在一个鸡群流行时，刚开始多数鸡只处于潜伏期，4~6 天内病死率会直线上升，且多表现为急性型。

（3）由于疫苗的作用，目前多表现为非典型性，呈散发，并以混合感染出现。

（三）临床症状

根据临诊表现和病程长短，可分为最急性、急性、慢性 3 种类型。

1. 最急性型

多见于流行初期，常不表现特征性症状而突然死亡，雏鸡中多见。

2. 急性型

发病初期鸡体发烫，精神沉郁，食欲下降，渴欲增强。产蛋鸡产蛋下降或停产，软壳蛋增多，蛋壳颜色变浅，有时出现畸形蛋。随后出现咳嗽，呼吸困难，张口伸颈呼吸，时常发出怪叫声。嗉囊胀满，将病鸡倒提有酸臭液体从口中流出。病鸡下痢，排出黄白色或黄绿色的稀粪，有时排出蛋清样稀粪，并混有绿色。有的出现头颈震颤。

3. 慢性型

出现瘫痪鸡，头颈向后或一侧扭转。多伴有下痢，排出黄白色或黄绿色的稀粪，有时排出混有绿色的蛋清样粪。

（四）病理变化

1. 典型性新城疫

腺胃黏膜水肿，腺胃黏膜乳头间有出血点，腺胃与肌胃交界处或腺胃与食道交界处有出血点或出血带。小肠淋巴和盲肠扁桃体肿大、出血或坏死，直肠和泄殖腔黏膜充血和出血。喉气管、支气管有卡他性渗出物，产蛋鸡卵泡和输卵管严重充血、出血，有时卵黄破裂，卵黄流入腹腔，此时最易继发感染大肠杆菌或沙门氏菌而引起卵黄性腹膜炎。

2. 非典型性新城疫

病变不明显，重点是消化道发生病变。该病由于近年来多为非典型性病，对于该病诊断若发现气管出血，腺胃乳头或盲肠扁桃体出血，小肠淋巴滤泡肿胀出血，直肠后段出血等病变，再根据临床症状，结合本地流行特点综合确诊，必要时可进行抗体滴度鉴别。

（五）诊断

1. 根据该病的流行特点、症状及剖检变化

典型性新城疫一般可作出诊断；非典型性病例可据临床经验结合剖检病变判断。必要时可取死鸡脑、肺、脾等病料，接种鸡胚作病毒分离，采用血凝试验鉴定病毒确诊。

2. 鉴别诊断

在诊病时应注意与禽霍乱和禽流感的鉴别。

（1）与禽霍乱鉴别。禽霍乱，急性病例病程短，常突发死亡。慢性则肉髯肿胀，关节发炎，多无神经症状。多数药物治疗有效。剖检为肝脏有灰白色小坏死灶和小肠出血性卡他性肠炎。

（2）与禽流感鉴别。禽流感多为传染性支气管炎、传染性喉气管炎、新城疫、传染性鼻炎、慢性呼吸道病、大肠杆菌病的混合症状。使用传染性支气管炎、传染性喉气管炎、新城疫疫苗

接种无效，使用抗生素效果不佳。该病产蛋鸡表现产蛋急剧下降，降幅20%~80%不等。

（六）防治措施

1. 预防措施

（1）加强饲养管理。搞好养殖环境卫生，降低饲养密度，搞好舍内空气消毒，重点是改善鸡舍通风条件。

（2）做好疫苗免疫。在一般的疫区，可以采用下列免疫程序：7日龄用新城疫Ⅳ系苗+传支活疫苗（H120）点眼、滴鼻，1羽份/只，同时注射新支二联油苗1羽份/只；23日龄用新城疫Ⅳ系苗或克隆30苗3倍量饮水；33日龄用新城疫克隆30苗或Ⅳ系苗4倍量饮水。在新城疫污染严重的地区，1日龄用新城疫、传支二联弱毒疫苗喷雾或滴鼻、点眼；8~10日龄用新城疫弱毒疫苗饮水，新城疫油苗规定剂量颈部皮下注射；20~25日龄新城疫弱毒疫苗饮水。疫苗免疫时，操作要仔细，点眼、滴鼻要确保吸入后再放鸡；所用疫苗要现稀释现用，不能受热，30分钟内用完；使用疫苗的前后各1天内不用病毒药、清热解毒的中药，用疫苗前后3小时内不用抗生素、电解多维或维生素C。

（3）严格消毒：在养鸡场门口和鸡舍门口都要设置消毒池，消毒液可用2%~3%氢氧化钠或5%来苏儿，每天定时更换1次消毒液。每周坚持消毒1次鸡舍，鸡舍四周环境以及各种养殖用具也要进行消毒。消毒液可选用2%氢氧化钠、3%~5%来苏儿或0.2%~0.5%过氧乙酸。但在免疫前后至少1天内不可带鸡消毒。鸡舍要严格消毒，按规定最好空舍2周后再进雏。急用时，在熏蒸消毒24小时后打开门窗通风24小时，无刺激气味后再使用。

2. 治疗措施

2月龄以上鸡一旦发生了典型鸡瘟，用I系苗肌内注射或刺种，每只鸡胸肌内注射射1毫升，或100倍稀释，皮下刺种两下，3 天后即可停止死亡。对注射后出现的部分病鸡一律淘汰处理，死鸡焚毁无害化处理，并应严密封锁，经常消毒，至该病停止死亡后半月，再进行一次大消毒，而后解除封锁。如发生非典型新城疫，非产蛋鸡可用 I 系苗加倍肌内注射，产蛋鸡可用弱毒苗加倍饮水免疫。

2 月龄以下在病初用鸡新城疫高免血清或高免卵黄抗体进行紧急注射，也能减少死亡，较快控制疫情，注意首次注射量 2~4 毫升，第二天再注射一次，效果甚佳，待疫情控制后再用Ⅳ系苗或 Clone 株苗全群免疫一次。

在用疫苗的同时使用抗菌药物如青霉素、链霉素、环丙沙星、阿奇霉素、泰乐菌素等防止继发呼吸道、消化道感染，并在饲料或饮水中增加中药（清瘟败毒散）和多种维生素如维生素 C、速补等，以促进机体康复。

二、禽流感

禽流感是由 A 型流感病毒引起的一种急性高度接触性传染病，一年四季均可发生，但以冬季和春季较为严重；各种龄期的鸡只均易感，但以产蛋高峰期的商品蛋鸡较常发生。该病传播迅速，病毒亚型多，致死率高，较难控制。

（一）病原

禽流感病毒属正黏病毒科甲（A）型流感病毒属，禽流感病毒依据其外膜血凝素（HA）和神经氨酸酶（NA）蛋白抗原性的不同而有许多亚型。目前已从禽类鉴定出 15 个 HA 亚型（H1~H15），9 个 NA 亚型（N1~N9）。特别是 H5 和 H7 亚型，对鸡具有高度的致病力，并可引起鸡重症流感的暴发流行。其次为 H9 和 H4 亚型。由于人流感的每次大流行均与 H1~H3 和 N1、N2 相关，一直认为禽流感病毒对人类并无致病性。但是，在人与动物接触频繁的情况下，可能会有一些毒株发生变异，变得能感染人类。

（二）流行特点

1. 血清型多

血凝素（HA）抗原有 14 种（H1～H14），神经氨酸酶（NA）抗原有 9 种（N1～N9），容易变异。现已知道 HANA 两者可以构成若干血清亚型，各型之间无交叉保护，因此消灭此病难度较大。

2. 毒株间毒力的差异和变异

禽流感病毒株的血清亚型主要有 H9N3、H5N1、H9N2、H7N1、H4N6 等。一般认为 H7、H5 毒株为高致病性。强致病性毒株感染发病率可达 100%，死亡率可达 75%～90%。弱致病性毒株感染发病率有的也可达到 100%，但死亡率一般在 75% 以下，若无继发感染，死亡率一般在 10%以下。

3. 以横向传播为主

病鸡通过呼吸和消化道排出病毒，通过尘埃、饲料、饮水、鸟类等传播。

（三）临床症状

高致病性禽流感往往突然暴发，鸡无任何临床症状而死亡，病程稍长的可见精神委顿、不食、羽毛松乱，头翅下垂，鸡冠和肉髯呈暗紫色，头部水肿，结膜肿胀发炎，鼻腔内有黏性分泌物，常摇头，呼吸困难。有些病例出现下痢和神经症状，抽搐、运动失调、瘫痪和半瘫痪、失明。潜伏期从几小时到数天，最长可达 21 天。表现为突然死亡，高死亡率，饲料和饮水消耗量及产蛋量急剧下降，脚鳞出血和神经紊乱。

（四）病理变化

最急性死亡者常无明显肉眼病变。一般病死的鸡常表现不同程度的充血、出血和坏死变化。口腔、喉头、气管、腺胃、肌胃和十二指肠有出血点；卵巢出血、卵泡破裂、变形、萎缩、充血、出血，输卵管黏膜水肿，内有白色黏稠分泌物。肝、脾、肾常见灰黄色坏死点，胰脏有淡黄色或暗红色斑点，气囊、腹膜和输卵管表现有灰黄色渗出物，并常见纤维素性心包炎。高致病力毒株引起的内脏各种浆膜和黏膜表面有小出血点，特别是肌胃和腺胃连接处的黏膜表面有出血点。

（五）防治措施

1. 预防措施

由于禽流感病原的多型性、易变性，宿主的广泛性，传播途径的多样性，病症的复杂性等因素，对其防制必须采取综合性措施。

（1）不从禽流感疫区引进种禽、种蛋。在引种前必须了解该国和该地区近年有无禽流感疫情，严禁在有禽流感疫情的国家和地区引进种鸡和种蛋。

（2）对来自非疫区禽类及其产品，包括家禽、野禽、观赏鸟类，初生雏鸡（鸟）、雏火鸡、种蛋、家禽和珍禽精液、鲜肉，供工业用的禽产品、生物制品等都要进行细致认真的禽流感检疫，按程序进行隔离、检测，确定为阴性时方可进口。

（3）切实做好养鸡场的各项防疫工作。在生产中应尽量避免鸡与野禽的密切接触，尤其是不要接触野鸭等，这对防止高致病性禽流感病毒传入具有重要意义。严格控制外来人员进入养鸡场，认真执行人员进出场规则，必要时须经主管人员许可方能进场。参观人员及来场办事人员进入生产区、饲养区之前应经过消毒（衣服、鞋子），更换场区工作服、鞋后方可进入场区，按指定路线活动，并遵守防疫规定。场内不准带入可能带有禽流感病毒的禽产品及物品。饲养人员必须生活在养鸡场内，生产人员（饲养员、饲料调配人员）、兽医等进入生产区，应穿戴工作服和工作鞋、帽，工作服、鞋、帽应经常清洗消毒，不可穿戴出生产区。严禁工作人员相互串舍。工作人员家在养鸡场附近的，平时不得回家，家中不可饲养家禽和野禽。兽医人员不得对外诊病。

（4）平时鸡舍应关闭，以避免野鸟、鼠类进入。场内消毒应由专人管理，消毒池要定期更换和补充消毒液，以保持有效浓度，并监督出入人员、车辆的消毒。保持场内环境、道路和鸡舍内的清洁卫生，须定期清理、清扫、消毒，堆粪场应按时清除，防止乱倒、乱堆鸡粪。

2. 发生禽流感后的扑灭措施

（1）早期确诊，严格封锁。发现禽流感病鸡后，要及早确诊，严格隔离。发现鸡群中出现有禽流感临床症状的可疑病鸡，应立即组织人员会诊，开展流行病学调查，进一步确定鸡群的发病情况。查清发病鸡群的日龄、临床症状、病死率、发病鸡舍的数量、传染力大小、疫情传播的速度、死亡病鸡的剖检变化等。研究、制订相应的防疫措施，必须在 24 小时内上报各级畜牧兽医部门，绝不允许瞒报和谎报疫情。

（2）划定疫区，及时采取扑灭措施。畜牧兽医行政部门对疫点周围3 000米以内的所有禽类进行扑杀。对高致病性禽流感地区5 000米内的所有禽类按规定进行强制免疫。疫区的范围应视发病的地区而定，疫区的界线要依河流、道路等天然屏障为界。在疫区边界的各个路口设立检疫站。检疫站内的工作人员负责对过往车辆进行消毒，严禁疫区内与禽有关的产品、设备（包括禽胴体、禽蛋、养禽设备等）外运。工作人员要做到 24 小时值班，做好来往车辆的消毒工作。对疫区内所有的病禽（包括鸡、观赏鸟和野鸟）都应全部扑杀。所有扑杀处理的和病死的禽尸体采用掩埋、焚烧等方法做无害化处理。采用掩埋措施时，埋尸坑的深度必须超过 2 米，放入尸体后上面的土层至少要有 2 米厚。掩埋地点尽可能在疫区现场，以减少运输和避免运输尸体途中污染周围环境。掩埋坑应远离水源、电缆线、水管、煤气管道等设施。掩埋坑附近应设立标志，不得用于农业生产。也可在指定地点烧毁尸体。

3. 禽流感免疫程序

由于禽流感血清型较多，而且交叉保护性差。因此，接种疫苗时，必须针对当地流行的亚型，选择相应的亚型疫苗免疫，方可取得良好的免疫效果。目前一般应用灭活疫苗进行免疫，应根据实际情况，制订适当的免疫程序。一般蛋鸡应在 20~30 日龄首免，产蛋前 120~140 日龄二免，240~260 日龄三免。接种剂量目前还没有统一的标准，应根据所选用疫苗的说明书要求进行。

三、鸡马立克氏病

鸡马立克氏病是由马立克病毒引起的一种淋巴组织增生性疾病。以病鸡的外周神经、性腺、虹膜、各种内脏器官、肌肉和皮肤发生单核细胞浸润，形成淋巴肿瘤为特征，是鸡常见传染疾病之一，死亡率高，严重影响养殖效益。

（一）病原

马立克氏病毒属疱疹病毒科、疱疹病毒甲亚科、马立克氏病毒属、禽疱疹病毒Ⅱ型。根据抗原性不同，马立克氏病毒可分为3种血清型，即血清Ⅰ型、血清Ⅱ型和血清Ⅲ型。血清Ⅰ型包括所有致瘤的马立克氏病毒，含强毒及其致弱的变异毒株；血清Ⅱ型包括所有不致瘤的马立克氏病毒；血清Ⅲ型包括所有的火鸡疱疹病毒及其变异毒株。

（二）流行特点

鸡对该病的易感性最强，特别是 1 日龄雏鸡的易感性比任何日龄的鸡都高，随着鸡只日龄的增长其易感性逐渐减弱。雏鸡感染该病后几个月才表现出临床症状，引起死亡，因此该病发生的时间在鸡只 3~5 月龄，有的鸡群在 100 日龄后才发病，甚至使鸡群开产时间向后拖延。该病一年四季均可发生，鸡群发病后每天都有鸡只死亡，但数量不一，不见死亡高峰。该病死亡率的幅度也较大，有的仅造成百分之几的鸡只死亡，有的死亡率达 10%左右，较严重的可达 30%以上。鸡马立克氏病的传播主要是经呼吸道感染，病鸡可长时间向外界排毒，马立克氏病病毒可通过在羽毛囊上皮细胞内形成具有很强感染性的完全病毒，随羽毛囊上皮细胞脱落而排到自然环境中，这种完全病毒对外界理化因素有较强的抗力，污染环境并在外界环境中生存数月，甚至数年。因此，环境的染污与该病的发生有着极为密切的关系。

（三）临床症状

该病依临床表现通常分 4 种类型：神经型、内脏型、皮肤型和眼型。

1. 神经型或称古典型、慢性型马立克氏病

该型临床表现多种多样，由于病毒侵害的神经部位不同，造成该神经所支配部位的不全麻痹或完全麻痹而表现出各种不同的临床症状。常见的是由于侵害腰荐神经或坐骨神经，造成一侧肢的不全或完全麻痹，形成一肢在前另一肢在后的“劈叉”姿势，或鸡只站立不起、侧卧等姿势。当侵害臂神经时，病鸡翅膀下垂。迷走神经受损时，病鸡嗉囊膨大，食物不能下行。支配颈部肌肉的神经受损可见病鸡低头或斜颈。尽管有各种不同表现，但病鸡精神尚好，并有饮食欲，但往往由于饮不到水而脱水，吃不到饲料而衰竭，或被其他鸡只踩踏，最后均以死亡而告终，多数情况下病鸡被淘汰。

2. 内脏型或称急性型马立克氏病

该型在实践中经常见到，病鸡表现颜面苍白，鸡冠发育不

良，有的极度消瘦，一般情况营养状况为中等。病鸡可见拉稀，有的病鸡鸡冠呈紫黑色，病鸡尚有一定的食欲。有的不愿行走，喜卧，精神沉郁。

3. 皮肤型马立克氏病

该型比较少见，往往在禽类加工厂，当屠宰鸡只褪毛后才能见到。

4. 眼型马立克氏病

在病鸡群中很少见到，一旦出现眼型病例，病鸡视力减退或失明。

以上4种临床类型以神经型和内脏型马立克氏病多见，有的鸡群发病以神经型为主，内脏型较少，这种情况鸡群因该病造成的损失不大，一般死亡率仅在5%以下，而且当鸡群开产前该病流行基本平息。有的鸡群发病以内脏型为主，兼有神经型的病鸡出现，此种情况较多，常造成较高的死亡率，而且流行时间长，给养鸡业带来较大的危害，养殖场户损失严重。其他两型马立克氏病在实践中较少见到。

（四）病理变化

1. 神经型

病变主要发生在外周神经的腹腔神经丛、坐骨神经、臂神经丛和内腔大神经。有病变的神经显著肿大，比正常粗2~3倍，外观灰白色或黄白色，神经的纹路消失。有时神经有大小不等的结节，因而神经粗细不均。病变多是一侧性的，与对侧无病变的或病变较轻的神经相比较，易作出诊断。

2. 内脏型

几乎所有内脏器官都可发生病变，尤以卵巢受侵害严重，其他器官的病变多呈大小不等的肿块，灰白色，质地坚实。有时肿瘤组织浸润在脏器实质中，使脏器异常增大。不同脏器发生肿瘤的常见情况如下。

（1）心脏。肿瘤单个或数个，芝麻至南瓜籽大，外形不规则，稍突出于心肌表面，淡黄白色，较坚硬。诊断时注意正常鸡的心尖常有一点脂肪，不要误以为是肿瘤。

（2）腺胃。通常是肿瘤组织浸润在整个腺胃壁中，使胃壁增厚2~3倍，腺胃外观胀大，较硬，剪开腺胃，可见黏膜潮红，有时局部溃烂，胃腺乳头变大，顶端溃烂。

（3）卵巢。青年鸡卵巢发生肿瘤时，一般是整个卵巢胀大数倍至十几倍，有的达核桃大，呈菜花样，灰白色，质硬而脆。也有的是少数卵泡发生肿瘤，形状与上述相同，但较小。

（4）睾丸。一侧或两侧睾丸发生肿瘤时，睾丸肿大10余倍，外观上睾丸与肿瘤混为一体，灰白色，较坚硬。

（5）肝脏。一般是肿瘤组织浸润在肝实质中，使肝脏呈灰白色，质硬，挤在肋窝或胸腔中。肝的其他部分常变硬，缺乏弹性。

3. 眼型与皮肤型剖检病变与临床表现相似。

（五）诊断

主要依据病鸡出现的特征性神经症状，全身消瘦以及剖检变化进行综合诊断。有条件的鸡场，可以用琼脂扩散沉淀试验、荧光抗体试验等血清学方法进行诊断。

（六）防治措施

该病是由病毒引起的肿瘤性疾病，一旦发生没有任何措施可以制止它的流行和蔓延，更没有特效的治疗药物，因此防制该病的关键是切实做好免疫接种。

目前鸡马立克氏病疫苗使用最普遍的是火鸡疱疹病毒（HVT）苗，在鸡1日龄时进行免疫接种。使用HVT苗应注意以下几个方面的问题。

（1）疫苗的质量必须合格。出厂的产品标签或说明书明确标出每头份疫苗所含的蚀斑单位，疫苗蚀斑量直接关系到免疫的质量。当大批量购买时，应抽样送兽药监察部门进行检查，测定疫苗的蚀斑单位和疫苗的稳定性，指标不合格的不能使用。疫苗经销单位进货时也应抽样送检，对用户负责。现在有的进口苗每头份含蚀斑单位是1 000，国产苗和有的进口苗提高了蚀斑量，每头份含2 000蚀斑单位以上或更高。

（2）HVT苗是冻干苗，出售疫苗时还配有专门的稀释液应清亮透明，质量不合格的不能使用。冻干苗稀释后应在1小时内用完，否则疫苗的蚀斑量将明显下降，疫苗的保护作用降低，这往往是造成免疫失败的原因之一。另外当疫苗稀释好以后，应将其放在冰浴的条件下（即疫苗瓶放在装有冰块的容器里），避免由于温度高影响疫苗质量。

（3）鸡只接种疫苗后须经15天以上才能起到对鸡的保护作用，同时应该明确指出，HVT苗并不能阻止马立克氏病强毒株的感染，因此接种疫苗的房间、运送雏鸡的容器以及育雏舍必须做好彻底的消毒，最大限度地减少环境中的马立克氏病病毒，只有这样才能充分发挥疫苗的保护作用。由于环境中马立克氏病病毒的存在，而发生雏鸡的早期感染同样是造成免疫失败的原因之一。

（4）为提高马立克氏病的免疫效果，还须加强其他疫病的防治工作，减少对该病免疫的干扰，如鸡传染性法氏囊病、传染性贫血、沙门氏菌病等，特别是在马立克氏病疫苗免疫保护作用尚未建立前，上述疫病的感染、发生同样可导致马立克氏病的免疫失败。

（5）加强饲养管理，减少应激因素对鸡群的影响，不断提高兽医卫生综合防制水平也是防制鸡马立克氏病的重要措施，不容忽视。

四、鸡传染性法氏囊病

鸡传染性法氏囊病又称鸡传染性腔上囊病，是由传染性法氏囊病毒引起的一种急性、接触传染性疾病。该病以法氏囊发炎、坏死、萎缩和法氏囊内淋巴细胞严重受损为特征，引起鸡的免疫机能障碍，干扰各种疫苗的免疫效果。传染性法氏囊病发病率高，几乎达100%，死亡率低，一般为5%~15%，是目前养鸡业最重要的疾病之一。

（一）病原

该病病毒主要侵害鸡的体液免疫中枢器官——法氏囊，导致鸡体免疫机能障碍，降低疫苗的免疫效果。传染性法氏囊病毒有Ⅰ型和Ⅱ型两个血清型，Ⅰ型和Ⅱ型之间无交叉免疫。血清Ⅰ型又分6个亚型，亚型之间的交叉保护为10%~70%，这种抗原性的差异是导致免疫失败的原因之一。传染性法氏囊病毒在环境中抵抗力强，耐酸、耐热，对胰蛋白酶、氯仿、乙醚脂溶剂均有抵抗力，一般的消毒剂对其效果较差，效果较好的消毒剂为甲醛、碘制剂和氯制剂。

（二）流行特点

（1）传染性法氏囊病遍布于全世界许多养鸡发达的国家和地区，1988年以来，我国不同类型鸡场，发生了严重的流行，造成巨大的经济损失。主要感染2~16周龄鸡，3~6周龄时最易感。该病一年四季都能发生，但以5—7月发病较多。蛋雏鸡病情严重，死亡率较高，若无继发感染，死亡率一般不超过5%。

（2）传染性法氏囊炎病毒的自然宿主主要限于鸡和火鸡。从鸡分离的传染性法氏囊炎病毒只能使鸡感染发病，实验感染火鸡不发病但能产生抗体，从火鸡分离的病毒仅能使火鸡感染，对鸡无影响。不同品种的鸡均可发病，其中来航鸡较易感。

(3) 该病的发生与日龄有密切关素，不同日龄的鸡对此病的敏感性不同，其特点是在法氏囊有功能时方可发病，雏鸡因母源抗体而得到保护，成年鸡又因法氏囊萎缩而不敏感，或呈隐性经过。但个别情况下也有14~20周龄鸡群呈急性暴发的报道。无母源抗体的雏鸡在出壳不久即可因感染野毒而发病。

(4) 该病发生无季节性，主要经呼吸道、眼结膜及消化道感染，只要有易感鸡存在，全年都可发病。该病具有高接触性，可在感染鸡和易感鸡之间、病鸡及隐性感染鸡群之间迅速传播。病鸡及隐性感染的带毒鸡是该病的主要传染来源，污染的饲料、饮水、垫草、用具等皆可成为传播媒介。

(5) 该病在易感鸡群发病率很高，可达80%~100%，死亡率不等，低的为4%~5%，高的可达30%~60%或更高。当伴发其他疾病时，死亡率会增高。初次暴发该病的鸡场，发病常为急性，症状明显，死亡率也较高，在流行后发病常转为不显症状的隐性感染，病变也不典型。在流行病学上具有一过性的特点，即潜伏期短（1~5天），人工接种后2~3天出现症状，病程1周左右，于感染后第3天开始死亡，4~6天达最高峰，8~9天停息。

(三) 临床症状

该病潜伏期为2~3天，发病鸡群的早期症状之一是有些病鸡有啄自己肛门的现象，随即病鸡出现腹泻，排出白色黏稠或水样稀便。随着病程的发展，食欲逐渐消失，颈和全身震颤，病鸡步态不稳，羽毛蓬乱，精神委顿，卧地不动，体温常升高，泄殖腔周围的羽毛被粪便污染。初发此病，症状典型，死亡率可高达20%以上。耐过的雏鸡，贫血、消瘦，生长迟缓，并对多种疫病如鸡新城疫、传染性支气管炎等易感，从而带来更严重的后续损失。

（四）病理变化

最有特征的病变在法氏囊，因该病死亡的雏鸡，即使没有明显的临床症状，解剖检查也可见到法氏囊的特征性病变。发病后2~4天，法氏囊的体积增大2~3倍。感染后最明显的时期，法氏囊高度水肿，表面有胶冻样的物质，黄色，常伴随着出血；切开法氏囊，见黏膜出血或沉积纤维素性凝块，法氏囊从第五天开始迅速萎缩。轻症病例，感染后经过4~10周，法氏囊可以恢复正常。此外，骨骼肌脱水，胸肌、腿肌出血，腺胃和肠黏膜出血，肾脏肿大，苍白，呈花斑肾，并有尿酸盐沉积。

（五）诊断

（1）该病在高度易感鸡群中急性暴发时，诊断并不困难，可根据流行特点、临床症状及剖检变化等作出初步诊断。若需确诊，尚须进行病毒的分离与鉴定以及血清学试验。

（2）鉴别诊断。

①与鸡新城疫鉴别。速发型嗜内脏型新城疫腺胃出血、扁桃体出血，法氏囊也出血、坏死，但鸡新城疫死亡率高，肠道有溃疡，有呼吸道和神经症状等，可以区别开。

②与鸡住白细胞原虫病鉴别。除胸肌、腿部肌肉出血外，肌肉上有白色结节，肝脏出血，嗉囊内有血液，血液检查可见到裂殖体或配子体。

③与磺胺类药物中毒鉴别。胸肌、腿部肌肉出血，肾苍白肿大，有磺胺结晶，有使用磺胺类药物的历史，停喂磺胺药后病情好转和停息。

④与马立克氏病和淋巴白血病鉴别。患这两种病时法氏囊也可能肿大或缩小，但还有典型的神经症状和病变及剖检时内脏器官的肿瘤结节。

⑤与传染性支气管炎鉴别。要注意与肾型传染性支气管引起

的肾脏病变相区别。

(六) 防治措施

1. 预防接种

(1) 所用疫苗。

①活疫苗。常用的有两种类型：一是低毒力活疫苗。用于无母源抗体的雏鸡首次免疫，对有母源抗体的免疫效果较差。可点眼、滴鼻、肌内注射或饮水免疫。二是中等毒力活疫苗。这类苗因毒株不同，疫苗特点有所不同，有的只可用于有母源抗体的雏鸡免疫，而有的既可用于有母源抗体的雏鸡，又可用于无母源抗体的雏鸡免疫。因此，使用前必须注意疫苗能否用于无母源抗体的雏鸡，并根据母源抗体水平确定首免时间，可点眼、肌内注射或饮水免疫。

②灭活疫苗。各种年龄鸡均可使用，尤其适应于无母源抗体的雏鸡和种鸡产蛋前的免疫。带有母源抗体的雏鸡，应在母源抗体消失后使用，可皮下或肌内注射。

(2) 免疫程序。应根据鸡群母源抗体水平和疫苗毒株的特点来制订科学的免疫程序。经采用琼脂扩散试验监测鸡群母源抗体水平，其阳性率低于 80%时，应在 10 日龄、14 日龄或 17 日龄进行首次免疫；阳性率在 80%~100%的则应在 7 日龄或 10 日龄再次采血测定，此次阳性率低于 50%时，在 14 日龄、17 日龄或 21 日龄免疫。如阳性率在 50%以上时，在 17 日龄、21 日龄或 24 日龄时首免。用活苗首免的鸡经 10 天后进行第二次免疫。

如无监测母源抗体的条件，可根据实践的免疫经验确定免疫程序。雏鸡的首免时间一般为 10~14 日龄，二免以 28~32 日龄为好。为了使种母鸡在整个产蛋期内的种蛋中保持均匀一致的母源抗体和由此种蛋孵出的雏鸡具有整齐的母源抗体水平，使 3 周龄内的雏鸡不发生该病，应在 18~20 周龄和 40~42 周龄时，用灭活苗分别免疫 1 次。

活疫苗用饮水免疫时，配制疫苗的水中如果加入0.2%脱脂奶粉（用鲜奶也可，加入量为2%~5%），免疫效果更好，如用全脂奶粉时应在煮开后去掉奶皮，放凉后配制。免疫时，要有足够的饮水器和保证全群4/5的鸡在0.5~1小时全部饮到疫苗水。饮水器消毒后须冲洗干净，不能有残留消毒液，不能用金属饮水器，以免金属离子杀灭弱毒苗。

2. 加强消毒

严格的卫生消毒措施在防制该病中有着重要的意义。传染性法氏囊病毒在外界环境中具有较强的抵抗力，尤其在养鸡环境中存在有大量病毒时，除可中和部分母源抗体外，在免疫鸡的免疫抗体尚未产生（一般免疫接种后8~12天才能产生较高的抗体滴度）期间感染强毒时，即可感染发病。因此，无论是平时还是免疫接种后的1周左右，对养鸡环境应进行严格的消毒。消毒效果较好的消毒药有0.2%过氧乙酸、2%次氯酸钠、0.1%抗毒威、5%甲醛、0.1%~0.3%除菌净及1%农福等。

3. 病鸡治疗

早期病鸡可用鸡传染性法氏囊病高免卵黄抗体或高免血清治疗，有效率可达90%以上，每只鸡肌内或皮下注射0.5~0.8毫升，1~2次可获得较好效果。给鸡注射卵黄抗体后，经8~12小时血液中即可测到琼脂扩散抗体，一般经5~7天即可消失。因此，高免卵黄抗体或高免血清注射1周后，应用疫苗进行免疫接种。

（七）免疫失败的原因

1. 母源抗体的干扰

母源抗体是从母体获得的被动免疫抗体，对外来病原有一定的抵御作用。由于引进雏鸡来自四面八方，种鸡在开产前是否免疫，在没有抗体监测的情况下，雏鸡母源抗体存在与否不详。过早接种疫苗被母源抗体中和而失去免疫作用，过晚接种又易被野毒感染而发病。

2. 病毒毒株与疫苗的抗源性差异

一些饲养场户都是按照疫苗经销商所提供的免疫程序实施免疫，而忽略了当地传染病流行特点，往往出现法氏囊病毒毒株和疫苗毒株的抗原性不符，这样难免出现免疫失败，也可能有变异毒株的存在，仍然会发生法氏囊病。

3. 免疫方法不当

目前，鸡传染性法氏囊疫苗免疫方法有 3 种，即饮水、滴鼻和点眼。但有的饲养场户怕麻烦、图省事，将滴鼻与点眼改为头浸；有的饲养场户在饮水时，不注重水的质量，随意使用自来水稀释疫苗：也有的将 2 次免疫改为 1 次免疫。这些方法都是不可取的。

4. 药物及饲料添加剂的影响

各种抗生素与磺胺类药物及其制品都有抑制和杀死疫苗弱毒的作用。有的养殖场户为促进鸡的生长发育，提高生产性能，预防疾病，在免疫接种前后仍然使用抗生素、磺胺类药物或含此类药物的饲料添加剂，结果减弱或抑制了疫苗的免疫效果。

5. 消毒不彻底

发生传染性法氏囊病的养殖场户，大部分是利用饲养过几批鸡的鸡棚、鸡舍，每批出栏后，没有按正规的方法进行严格消毒，疫源很难彻底消灭。

6. 饲养场户过于集中，人为的疫病传播

目前，各地为招商引资，发展农村经济，各乡镇都建立了专业养鸡村，几十座塑料大棚连接成片，集中饲养畜禽。这样会饲养密度过大，车辆出入、人员来往频繁，尤其是饲养人员互相走动，兽医技术人员随意到鸡舍解剖病鸡。有一场（户）发生疫情，将会很快波及其他场（户），引起疫病的流行。

（八）主要对策

1. 制订合理的免疫程序

建议有条件的鸡场用琼脂扩散法检测1日龄鸡母源抗体阳性率来确定首免日龄，最好使用活苗和油苗共用的方法进行免疫。

2. 加强消毒

消除环境存在的传染性法氏囊病毒和其他病原。做到空房消毒与带鸡消毒相结合，器具消毒与人员消毒相结合。消毒时应选用恰当的消毒剂，传染性法氏囊病毒对2%的氯胺、甲醛较敏感，但对氯仿、硫柳汞、季铵盐等有抵抗力，应注意选择。

3. 强化饲养管理

防止应激反应产生。饲料力求做到全价，不同时期换料应循序渐进，切忌使用霉败饲料及垫料。冬春应提高育雏舍温度，防止贼风侵袭，夏季应降温并减少饲养密度，搞好通风换气；在鸡的饲养环境改变时或疫苗接种前后应饮用5%糖水和0.9%盐水，并保证饮水充足。

4. 免疫操作上力求恰当

饮水免疫时，应配备足够的饮水器，保证全群鸡苗同时喝到水；饮水要求清洁，不含消毒剂、金属离子，自来水应用0.2%的脱脂奶粉或2%的鲜牛奶预做吸附。饮水免疫前应停水2~4小时。饮水免疫前后不能使用抗生素。

5. 正确选用疫苗

应根据传染性法氏囊病的流行特点、鸡场法氏囊病毒的污染程度和鸡场的卫生状况、雏鸡母源抗体的水平及其均匀度、鸡的品种等来确定使用疫苗的种类。有母源抗体的鸡群可选用中等毒力疫苗，没有母源抗体或抗体水平偏低的鸡群可选用弱毒疫苗，二免时用中等毒力疫苗；对于法氏囊病毒污染程度较重的地区和鸡场，可以考虑使用中等偏强毒力的活疫苗，它们突破母源抗体的能力强，免疫效果较好。

五、鸡传染性支气管炎

鸡传染性支气管炎是目前广泛流行的一种高度接触性传染病，不但会引起鸡只死亡，而且临诊型感染和亚临诊型感染（常被忽视）均会致使鸡群生产性能下降，饲料报酬降低。常继发或并发霉形体病、大肠杆菌病、葡萄球菌病等，导致死淘率增加，还常被漏诊、误诊。该病病原的血清型较多，新的血清型不断出现，加上不适当的免疫程序，常导致免疫失败，致使该病不能得到有效控制，给养鸡业造成巨大损失。

（一）病原

鸡传染性支气管炎病毒属冠状病毒科冠状病毒属，为单股正链 RNA 病毒，有囊膜，囊膜表面有花冠状的纤突。纤突蛋白 S1 片段与诱导产生病毒中和抗体及血凝抑制抗体有关，S2 片段与病毒吸附细胞有关。鸡传染性支气管炎病毒本身没有血凝特性，但是经胰酶、卵磷脂酶 C、家兔 A 型产气荚膜梭菌等处理后具有血凝活性。传染性支气管炎病毒能干扰新城疫病毒的增殖，鸡气管上皮细胞对该病毒易感性很高。

鸡传染性支气管炎病毒血清型众多，目前至少有 29 种，并且新的血清型和变异株不断出现。通过 S1 基因系列分析，可将病毒株分为 5 个不同类群：荷兰型、美国型、欧洲型、Mass 型和澳大利亚型。H120、H52、M41 为 Mass 型。T 株、Gray 株、Hotle 株为肾型传支毒株，与呼吸型传支 M41、H52 的区别很大。我国鸡传染性支气管炎流行株为 Mass、T、Hotle、Gray 株以及大量的变异毒株。

鸡传染性支气管炎临诊上分为呼吸型、肾型、肠型等。幼龄母鸡感染呼吸型鸡传染性支气管炎病毒后可引起输卵管永久性退化，性成熟后丧失产蛋能力。肾型传染性支气管炎病毒可直接损伤肾小管上皮细胞，引起间质性肾炎。该病传播方式主要为气源性，在集约化鸡群1~2天内很快波及全群。尚不能证明该病能经鸡胚垂直传播。多数学者认为腺胃病变型传支是由冠状病毒引起的，为鸡传染性支气管炎的一种病变型。也有人认为腺胃病变型传支的主要病原是禽网状内皮组织增殖病病毒，但冠状病毒、呼肠孤病毒也能在该病的发病中起到重要的协同作用，应将该病定名为传染性腺胃炎。传染性腺胃炎在临诊上有多种名称，如传染性矮小综合征、苍白鸡综合征、吸收不良综合征等。病鸡生长停滞、羽毛粗乱、消瘦衰弱；腺胃肿大，呈球状，腺胃壁增厚，腺胃乳头溃疡；胸腺萎缩、法氏囊萎缩。常因继发感染其他疾病而造成大批死亡。

（二）流行特点

（1）不断出现新的变异株。由于基因突变，不同毒株基因重组和基因片段的缺失导致出现“新毒株”，受免疫压力影响，一些当地的流行株发生抗原变异。

（2）鸡是易感动物。各种年龄鸡都可感染，以雏鸡和产蛋鸡发病较多，尤其40日龄以内的雏鸡发病最为严重。一些鸟类能携带和传播病毒。

（3）该病一年四季流行，尤其在秋冬和冬春交替、气温寒冷多变季节易发生。通风不良、舍温过低或过高、饲料营养成分配比不当等应激因素都可促进该病发生。

（三）临床症状

该病自然感染的潜伏期为36小时或更长一些。该病的发病率高，雏鸡的死亡率可达25%以上，但6周龄以上的死亡率一般不高，病程一般多为1~2周。

1. 雏鸡

无前驱症状，全群几乎同时突然发病。最初表现呼吸道症状，流鼻涕、流泪、鼻肿胀、咳嗽、打喷嚏、伸颈张口喘气，夜间听到明显嘶哑的叫声。随着病情发展，症状加重，缩头闭目、垂翅挤堆、食欲不振、饮欲增加，如治疗不及时，有个别死亡现象。

2. 产蛋鸡

表现轻微的呼吸困难、咳嗽、气管啰音，有“呼噜”声。精神不振、减食、拉黄色稀粪，症状不很严重，有极少数死亡。发病第2天产蛋开始下降，1~2周下降到最低点，有时产蛋率可降到一半，并产软蛋和畸形蛋，蛋清变稀，蛋清与蛋黄分离，种蛋的孵化率也降低。产蛋量回升情况与鸡的日龄有关，产蛋高峰的成年母鸡，如果饲养管理较好，经两个月基本可恢复到原来水平，但老龄母鸡发生此病，产蛋量大幅下降，很难恢复到原来的水平，可考虑及早淘汰。

3. 肾病变型

多发于20~50日龄的幼鸡。在感染肾病变型的传染性支气管炎毒株时，由于肾脏功能的损害，病鸡除有呼吸道症状外，还可引起肾炎和肠炎。肾型支气管炎的症状呈二相性，第一阶段有几天呼吸道症状，随后又有几天症状消失的“康复”阶段；第二阶段就开始排水样白色或绿色粪便，并含有大量尿酸盐，病鸡失水，表现虚弱嗜睡，鸡冠褪色或呈紫蓝色。肾型传染性支气管炎病程一般比呼吸型稍长（12~20天），死亡率也高（20%~30%）。

（四）病理变化

主要病变在呼吸道。在鼻腔、气管、支气管内，可见有淡黄色半透明的浆液性、黏液性渗出物，病程稍长的变为干酪样物质并形成栓子，气囊可能浑浊或含有干酪性渗出物。产蛋母鸡卵泡充血、出血或变形；输卵管短粗、肥厚，局部充血、坏死。雏鸡感染该病则造成永久性输卵管损害，长大后一般不能产蛋。肾型支气管炎除呼吸器官病变外，可见肾肿大、苍白，肾小管内尿酸盐沉积而扩张，呈花斑状，输尿管尿酸盐沉积而变粗。心、肝表面也有沉积的尿酸盐，有时可见法氏囊有炎症和出血症状。

（五）诊断

1. 依据该病的流行病学、临诊症状（其差异主要取决于鸡体免疫状态，鸡群管理水平，特别是空气中是否有其他病原微生物的大量存在）、剖检病变等可作出初步诊断。

2. 鉴别诊断

（1）肾型传支应与饲料、药物等因素（饲料高钙低磷、高蛋白，给育成鸡喂蛋鸡料，日粮中维生素 A 缺乏，磺胺药用量过大、时间过长，饲料中钠离子浓度过高等）所引起的尿酸盐沉着症、传染性法氏囊病、鸡白痢杆菌病等进行鉴别。

（2）其他型传支应与新城疫、其他型副黏病毒感染、禽流感、产蛋下降综合征、传染性鼻炎、慢性呼吸道病、引起输卵管囊肿的衣原体病等进行鉴别。我国学者所报道的腺胃型传支易与马立克氏病、新城疫、维生素 E 缺乏症相混，要注意鉴别。

（六）防治措施

（1）对肾型传支，用消肾肿药（如 0.1%碳酸氢钠）让鸡饮水 3 天，降低日粮中的蛋白质含量。

（2）合理地给予抗菌药，选用土霉素、强力霉素、甲砜霉素、恩诺沙星或氨苄青霉素等，以控制细菌感染。

（3）加强饲养管理，合理配制日粮，增加日粮中维生素特别是维生素 A 的含量，适当提高舍温，湿度要适宜，注意环境消毒、带鸡消毒，保持环境卫生，适度通风，饲养密度合理，减少应激。

（4）选用合适的疫苗和合理的免疫程序。鸡传染性支气管炎弱毒疫苗可用于气雾、点眼、滴鼻、饮水免疫。点眼、滴鼻和同型感染比饮水效果好。

鸡传染性支气管炎的国产弱毒疫苗有 H120 和 H52 等。H120 毒力弱，对 14 日龄的雏鸡安全，主要用于雏鸡的首次免疫。H52 毒力较强，可引起 14 日龄的鸡较严重的反应，多用于 8~10 周龄鸡重复免疫。

鸡传染性支气管炎病毒血清型多且交叉保护力弱，单一疫苗只能对同型鸡传染性支气管炎病毒感染产生免疫力，而对异型传染性支气管炎病毒只能提供部分保护或根本不保护。如使用预防呼吸型传染性支气管炎的疫苗 H120 和 H52，防制肾型传染性支气管炎的效果极差或无效。当某地区鸡传染性支气管炎病毒出现新血清型，该血清型毒株在该地区已普遍流行，且现已使用的血清型疫苗确实不能产生有效的保护时，应考虑采用新的疫苗。

六、鸡传染性喉气管炎

鸡传染性喉气管炎是由传染性喉气管炎病毒引起的一种传播快速的急性接触性上呼吸道传染病。以呼吸困难、气喘、咳出血样渗出物为特征。

（一）病原

鸡传染性喉气管炎的病原属疱疹病毒 I 型，病毒核酸为双股 DNA。病毒颗粒呈球形，为二十面立体对称，核衣壳由 162 个壳粒组成，在细胞核内呈散在或结晶状排列。病鸡的气管渗出物含病毒最多，肝、脾、血液中有时也有病毒。病毒抵抗力较强，死鸡气管分泌物中的病毒，37℃可以生存 22~24 小时，4℃可以生存 14~66 天。病毒粒子对脂类分解剂、热和各种消毒剂均敏感。在 3%来苏儿液或 1%苛性钠液中，不到 1 分钟即可死亡。

（二）流行特点

该病一年四季均可发生，秋冬寒冷季节多发。

鸡群拥挤，通风不良，饲养管理不好，缺乏维生素，寄生虫感染等，都可促进该病的发生和传播。

该病一旦传入鸡群，则迅速传开，感染率可达 90%～100%，死亡率一般在 10%～20%或以上，最急性型死亡率可达 50%～70%，急性型一般在 10%～30%，慢性型或温和型死亡率约 5%。

（三）临床症状

急性经过病鸡首先出现流泪和眼分泌物增多，继之发生结膜炎。眼分泌物变黏稠后，可使上下眼睑粘在一起，鼻黏膜发炎，流出分泌物。病鸡呈痉挛性咳嗽，并从口腔排出带血的黏液。呼吸时能听到湿性啰音。呼吸严重困难时，病鸡伸颈举头，呈喘息状呼吸，尤其吸气时更加吃力，并发出呼哧的声音，往往因窒息而死。最急性病例可于 24 小时左右死亡，但多数可持续 5～7 天。病鸡食欲减退，精神沉郁，迅速消瘦，鸡冠黑紫，有时排出绿色稀便，并逐渐衰竭死亡。毒力较弱的病毒只引起缓和局限性流行。病鸡主要是结膜炎症状，有时伴发眼下窦肿胀和长时间流鼻液。某些病例则只限于轻度的鼻卡他性炎症症状，病程持续期较长，最短一周，长的可达一个月。

（四）病理变化

该病初期的病变以气管及喉部组织为主，在感染后 36～42 小时出现喉头、气管和支气管发炎，黏膜表面覆盖多量黏液。急性病例可见肺充血、出血和支气管炎变化，黏膜表层黏液带血，后期喉头和气管表面形成伪膜性炎症，少数病死鸡发现喉头或气管被干酪样或脱落的伪膜堵塞。组织学检查时，感染初期可见上皮细胞水肿和纤毛消失，随后发生黏膜和黏膜下层细胞浸润和小血管出血，甚至发生两分离现象。

（五）诊断

采用包涵体的检查，动物接种，荧光抗体法检测病毒抗原，采用中和试验和免疫扩散试验检测特异性抗体，采用核酸探针和

PCR 检测病毒 DNA。

（六）防治措施

流行初期如能确诊，可立即对尚未感染的鸡群接种疫苗或注射免疫血清，有一定的预防效果。

1. 合理选用传染性喉气管炎疫苗进行免疫预防

（1）强毒株疫苗，可用自然发病鸡喉气管分泌物以 50% 甘油生理盐水作 5~10 倍稀释后，用小棉球或牙刷蘸取少量疫苗涂于用手张开的泄殖腔上壁的黏膜上，经 3~5 天后出现局部炎症反应即为有效。

（2）变异病毒株或现场弱毒所制疫苗，此类疫苗用于 14 日龄以上的鸡，可进行点眼滴鼻接种。也可在翅膀内侧拔掉几根羽毛后将疫苗涂擦在羽毛囊上或以针刺接种，此法接种疫苗后，经 1 周产生免疫力，且此法比较安全。弱毒疫苗也可用气雾免疫法来进行，但引起的免疫反应较重，用时慎重。

（3）不论强病毒疫苗或弱毒疫苗，只能在疫区或发生过该病的地区使用，而且要将未接种疫苗的鸡与接种疫苗的鸡严格隔离，因为接种上述疫苗可造成带毒鸡，向外界排毒。

（4）有该病发生过的鸡场，有再次发病的可能，要连续多年使用疫苗，方可控制疾病的发生。

（5）鸡新城疫疫苗对传染性喉气管炎疫苗有一定的干扰作用，因此，这两种疫苗接种时间至少间隔 7 天以上。

2. 加强饲养管理

（1）升高鸡舍温度能增强鸡只抵抗力。

（2）鸡舍、运动场地、饲喂用具经常保持清洁卫生，严格坚持隔离消毒制度，易感鸡不与病愈鸡接触。

（3）发生此病要尽快清除传染源，迅速淘汰病鸡，隔离易感鸡群。

3. 对症治疗

（1）泰乐菌素。每千克体重3~6毫克，肌内注射，连用2~3天。

（2）氢化可的松与土霉素。各取0.5克，溶解在10毫升注射用水中，用口鼻喷雾器喷入鸡喉部，每次0.5~1毫升，每天早晚各1次，连用2~3天。

（3）食醋或醋酸1∶3对水，用羹匙或注射器从口腔灌服，同时灌服禽喘灵1粒，每天2次，连用3天。

七、鸡减蛋综合征

鸡减蛋综合征也称鸡产蛋下降综合征。该病是20世纪70年代后期发现的，是世界性的商品蛋鸡产蛋下降的一种病毒性疾病，主要表现为群发性产蛋下降、产蛋异常、蛋畸形、蛋质低劣等症状。尽管它只对产蛋鸡致病，但其自然宿主是家鸭和野鸭。

（一）病原学

鸡减蛋综合征病原是腺病毒属禽腺病毒Ⅲ群的病毒，其结构为一种无囊膜的双股DNA病毒，其粒子大小为76~80纳米，病毒颗粒呈正二十面体，衣壳有12个顶、30个棱、252个壳微粒，其中240个六聚体、12个五聚体分别位于二十面体顶角上。鸡减蛋综合征病毒含红细胞凝集素，能凝集鸡的红细胞，故可用于血凝试验及血凝抑制试验，血凝抑制试验具有较高的特异性，也可用于检测鸡的特异性抗体。

（二）流行特点

病毒的毒力在性成熟前的鸡体内不表现出来，产蛋初期的应激反应可致使病毒活化而使产蛋鸡患病。

该病各种日龄的鸡均可感染，但幼龄鸡不表现临床症状。该病主要发生在24~30周龄产蛋高峰期的鸡群。

鸡减蛋综合征既可水平传播，又可垂直传播，被感染鸡可通过种蛋和种公鸡的精液传递。从鸡的输卵管、泄殖腔、粪便、咽黏膜、白细胞、肠内容物等可分离到鸡减蛋综合征病毒，病毒通过这些途径向外排毒，被污染的饲料、饮水、用具、种蛋经水平传播使其他鸡感染。

（三）临床症状

鸡减蛋综合征感染鸡群无明显临床症状，通常是26~36周龄产蛋鸡突然出现群体性产蛋下降，产蛋率比正常下降20%~30%，甚至下降50%。与此同时，产出软壳蛋、薄壳蛋、无壳蛋、小蛋，蛋体畸形，蛋壳表面粗糙，如白灰、灰黄粉样，褐壳蛋则色素消失，颜色变浅、蛋白水样，蛋黄色淡，或蛋白中混有血液、异物等。异常蛋可占产蛋的15%或以上，蛋的破损率增高。

（四）病理变化

该病常缺乏明显的病理变化，其特征性病变是输卵管各段黏膜发炎、水肿、萎缩，病鸡的卵巢萎缩变小，或有出血，子宫黏膜发炎，肠道出现卡他性炎症。组织学检查，子宫输卵管腺体水肿，单核细胞浸润，黏膜上皮细胞变性、坏死，子宫黏膜及输卵管固有层出现浆细胞、淋巴细胞和异嗜细胞浸润，输卵管上皮细胞核内有包涵体，核仁、核染色质偏向核膜一侧，包涵体染色有的呈嗜酸性，有的呈嗜碱性。

（五）诊断

多种因素可造成密集饲养的鸡群发生产蛋下降，因此，在诊断时应注意综合分析和判断。鸡减蛋综合征可根据发病特点、症状、病理变化、血清学及病原分离和鉴定等方面进行分析判定。诊断该病时必须与鸡新城疫、传染性喉气管炎、传染性脑脊髓炎及钙、磷缺乏症等引起的产蛋下降相区别。

（六）防治措施

1. 加强卫生管理

无鸡减蛋综合征的清洁鸡场，一定要防止从疫区将该病带入。不要到疫区引种，该病可通过蛋垂直传播。原则上，要引种必须从无该病的鸡场引入，并需隔离观察一定时间。该病除垂直传染外，也可水平传染，污染鸡场要想根除该病是比较困难的，必须严格执行兽医卫生措施。为防止水平传播，场内鸡群应隔离，按时进行淘汰。做好鸡舍及周围环境清扫和消毒，及时合理处理粪便。加强鸡群的饲养管理，喂给平衡的配合日粮，特别是保证必需氨基酸、维生素和微量元素的平衡。

2. 免疫预防

免疫接种是该病主要的防制措施。18 周龄后备母鸡，经肌内或皮下接种 0.45 毫升，15 天后产生免疫力，抗体可维持 12～16 周，以后开始下降，40～50 周后抗体消失。种鸡场发生该病时，无论是病鸡群还是同一鸡场其他鸡生产的雏鸡，必须注射疫苗，在开产前 4～10 周进行初次接种，产前 3～4 周进行第二次接种。

八、禽痘

（一）病原

禽痘病毒为痘病毒科禽痘病毒属，这个属的代表种为鸡痘病毒。病毒可在感染细胞的胞浆中增殖并形成包涵体，此包涵体内有无数更小的颗粒，称为原质小体，每个原质小体都具有致病性。

（二）流行特点

鸡不分年龄、性别和品种均可感染，但以雏鸡最常发病，常引起大批死亡。

禽痘多通过健壮鸡与病鸡接触，经受损伤的皮肤和黏膜而感染。蚊子（如库蚊、伊蚊）等双翅目昆虫及体表寄生虫（如鸡皮刺螨）可传播病毒。蚊子的带毒时间可达 10~30 天。人工授精也可传播病毒。

该病一年四季均可发生，以夏秋和蚊子活跃的季节多发。拥挤、通风不良、阴暗潮湿、维生素缺乏和饲养管理恶劣，可使病情加重。若伴有葡萄球菌病、传染性鼻炎及慢性呼吸道病等并发感染时，可造成病鸡大批死亡。

（三）临床症状

鸡痘的潜伏期为 4~50 天，根据病鸡的症状和病变，可以分为皮肤型、黏膜型和混合型 3 种病型，偶有败血型。

1. 皮肤型

皮肤型鸡痘的特征是在身体无毛或毛稀少的部分，特别是在鸡冠、肉髯、眼睑和喙角，亦可出现于泄殖腔的周围、翼下、腹部及腿等处，产生一种灰白色的小结节，渐次成为带红色的小丘疹，很快增大如绿豆大痘疹，呈黄色或灰黄色，凹凸不平，呈干硬结节，有时和邻近的痘疹互相融合，形成干燥、粗糙、棕褐色的大的疣状结节，突出皮肤表面。痂皮可以存留 3~4 周之久，以后逐渐脱落，留下一个平滑的灰白色疤痕，轻的病鸡也可能没有可见疤痕。皮肤型鸡痘一般比较轻微，没有全身性的症状，但在严重病鸡中，尤以幼雏表现出精神萎靡、食欲消失、体重减轻等症状，甚至引起死亡。产蛋鸡则产蛋量明显减少或完全停产。

2. 黏膜型（白喉型）

此型鸡痘的病变主要在口腔、咽喉和眼等黏膜表面，气管黏膜出现痘斑。初为鼻炎症状，2~3 天后先在黏膜上生成一种黄白色的小结节，稍突出于黏膜表面，以后小结节逐渐增大并互相融合在一起，形成一层黄白色干酪样的假膜，覆盖在黏膜上面，这层假膜是由坏死的黏膜组织和炎性渗出物质凝固而形成，很像人的“白喉”，故称白喉型鸡痘或鸡白喉。如果用镊子撕去假膜，则露出红色的溃疡面。随着病情的发展，假膜逐渐扩大和增厚，阻塞在口腔和咽喉部位，使病鸡尤以幼雏鸡呼吸和吞咽障碍，严重时嘴无法闭合，病鸡往往张口呼吸，发出“嘎嘎”的声音。

3. 混合型

该型是指皮肤和口腔黏膜同时发生病变，病情严重，死亡率高。

4. 败血型

在发病鸡群中，个别鸡无明显的痘疹，只是表现为下痢、消瘦、精神沉郁，逐渐衰竭而死，病鸡有时也表现为急性死亡。

（四）病理变化

（1）皮肤型鸡痘的特征性病变是局灶性表皮和其下层的毛囊上皮增生，形成结节。结节起初表现湿润，后变为干燥，外观呈圆形或不规则形状，皮肤变得粗糙，呈灰色或暗棕色。结节干燥前切开的切面出血、湿润，结节结痂后易脱落，出现瘢痕。

（2）黏膜型禽痘病变出现在口腔、鼻、咽、喉、眼或气管黏膜上。黏膜表面稍微隆起白色结节，以后迅速增大，并常融合而成黄色、奶酪样坏死的伪白喉或白喉样膜，将其剥去可见出血糜烂，炎症蔓延可引起眶下窦肿胀和食管发炎。

（3）败血型鸡痘剖检变化表现为内脏器官萎缩，肠黏膜脱落，若继发引起网状内皮细胞增殖症病毒感染，则可见腺胃肿大，肌胃角质膜糜烂、增厚。

（五）诊断

（1）根据发病情况，病鸡的冠、肉髯和其他无毛部分的结痂病灶，以及口腔和咽喉部的白喉样假膜就可作出初步诊断，进一步确诊可依据实验室检查。

（2）鉴别诊断。皮肤型鸡痘易与生物素缺乏相混淆，生物素缺乏时，因皮肤出血而形成痘痂，其结痂小，而鸡痘结痂较大。黏膜型鸡痘易与传染性鼻炎相混淆，传染性鼻炎时上下眼睑肿胀明显，用磺胺类药物治疗有效，黏膜型鸡痘时上下眼睑多黏合在一起，眼肿胀明显，用磺胺类药物治疗无效。

（六）防治措施

1. 预防措施

鸡痘的预防最可靠方法是接种疫苗。目前应用的鸡痘疫苗安全有效，适用于幼雏和不同年龄的鸡。将疫苗按 1.5～2 倍量，（1 000羽加 3～5 毫升生理盐水）用刺种针蘸取，刺种在鸡的翅膀内侧皮下（鸡翅膀那里有一个最薄的三角区，只有一薄层皮），每只鸡刺一次。

通常接种后第 4 日接种部位出现肿起的痘疹，第 9 日形成痘斑，否则，免疫失败，须重新接种。蛋鸡一般在 25 日龄左右和 80 日龄左右各刺种一次，可取得良好的预防效果，在接种工作中，要注意以下几点。

（1）接种疫苗必须用于健康鸡群。

（2）同一天免疫所有鸡，若用于紧急接种，应从离发病鸡群最远的鸡群开始，直至发病群。

（3）使用疫苗要充分摇匀，且一次用完。

（4）在秋季或夏秋之际引进的雏鸡免疫应该提前到 15 日龄，其他季节可以推迟到 30～40 日龄。

（5）免疫应该和断喙间隔 3 天以上，否则容易诱导发病。

（6）工作完成后，要消毒双手并处理（燃烧或煮沸）残液。

2. 治疗方法

大群鸡用吗啉胍 0.1%拌料，连用 3～5 日，为防继发感染，（主要是鸡痘发病后的葡萄球菌感染）应同时加入环丙沙星，配以中药鸡痘散疗效更好。

鸡痘散配方：龙胆草 90 克，板蓝根 60 克，升麻 50 克，野菊花 80 克，甘草 20 克，将上述中药加工成粉，每日成鸡 2 克/只，均匀拌料，分上下午集中喂服，连用 3~5 日。

对于痘斑长在眼睑上，造成眼睑粘连，眼睛流泪的鸡可以采用注射治疗的方法给予个别治疗，方法为：青霉素一支（40 万单位），链霉素一支（10 万单位），病毒唑一支，混匀后肌内注射，40 日龄以下注射 10 只鸡，40 日龄以上注射 5~7 只鸡。一般连续注射 3~5 次，即可痊愈。

鸡感染了鸡痘以后，若只出现眼睛流泪，头部和颈部炸毛，病鸡精神状态不佳，厌食，排绿色粪便。可用清热解毒，扶正解表的中药治疗：白矾 40 克、浙贝母 55 克、黄连 55 克、白芷 40 克、郁金 45 克、黄芩 45 克、大黄 45 克、葶苈子 30 克、甘草 45 克和吗啉双胍 1 000克拌料 500 千克，连续饲喂 5 天。

3. 搞好灭蚊措施，注意鸡舍及环境的清洁卫生

由于蚊子是该病的主要传播媒介，应对所有可以滋生蚊虫的水源进行检查，清除这些污水池。鸡舍要钉好纱窗、纱门防止蚊子进入，并用灭蚊药杀死鸡舍内和环境中的蚊子。因为鸡痘病毒主要存在于病变和脱落的痂皮中，而且鸡痘病毒对环境的抵抗力很强，能在环境中存活数月，所以要注意舍内和环境的消毒。

九、鸡传染性贫血病

鸡传染性贫血病是以再生障碍性贫血和全身淋巴器官萎缩，造成免疫抑制为主要特征的病毒性传染病，又称出血综合征、贫血、出血性贫血综合征、泛骨髓痨、贫血皮炎等。

（一）病原学

鸡传染性贫血因子属细小病毒或环状病毒属，为球形或六角形颗粒状、单链 DNA 病毒。表面有明显结构，病毒衣壳由于 32 介结构亚单位组成，表面可见 10 个三角形突起。可在鸡胚中繁

殖，但不致死鸡胚。也能在部分淋巴瘤细胞系培养物中增殖。不凝集鸡、猪和绵羊的红细胞。不同毒株的毒力有差异，但抗原性相同。

（二）流行特点

该病几乎广泛存在于世界上所有主要的养鸡国家，某些国家鸡群中污染率相当高。鸡是其唯一的自然宿主，各种年龄的鸡均可感染，几乎所有的鸡群都会受到感染，但多呈隐性感染。

鸡传染性贫血病可垂直感染，2~3 周龄幼雏和中雏易感染发病。发病鸡是主要传染源，可通过污染的饮水、饲料、工具和设备等发生水平的间接接触性传播。通过孵化种蛋而发生的垂直传播可能是其最重要的传播途径。

鸡传染性贫血病的水平传播虽可发生，但只产生抗体反应，而不引起临床症状，其发病率取决于鸡的日龄和病毒毒株的毒力。自然感染的发病率为20%~30%，死亡率为5%~10%。传染性法氏囊病毒、马立克氏病病毒和禽网状内皮组织增生症病毒均能增加鸡传染性贫血病感染所造成的损失。

（三）临床症状

其特征性症状是严重的免疫抑制和贫血，其他可见发育不全，精神不振，鸡体苍白，软弱无力，死亡率增加等。死亡高峰发生在出现临床症状后的 5~6 天，其后逐渐下降，5~6 天后恢复正常。有的可能有腹泻，全身性出血或头颈皮下出血、水肿。血稀如水，血凝时间长，颜色变浅，血细胞比容值下降，红细胞、白细胞数量显著减少。

（四）病理变化

特征性的病变是骨髓萎缩，呈脂肪色、淡黄色或淡红色，常见有胸腺萎缩，甚至完全退化，呈深红褐色。法氏囊萎缩，体积缩小，外观呈半透明状。肝、脾、肾肿大，褪色。心脏变圆，心肌、真皮和皮下出血。骨骼和腺胃固有层黏膜出血，严重的出现肌胃黏膜糜烂和溃疡。有的鸡有肺实质性变化。

（五）诊断

根据临床症状和剖检变化，可作出初步诊断。确诊需进行病理组织学检查、病毒分离鉴定和血清学试验。血清学方法有病毒中和试验、免疫荧光法和间接 ELISA 法等。

（六）防治措施

该病无特异性治疗方法，通常采用抗生素控制继发性的细菌感染，但没有明显的治疗效果。如与其他免疫抑制性传染病相互作用所造成的损失更大，所以对该病的防制具有双重意义。在引种前，必须对鸡传染性贫血病抗体监测，严格控制鸡传染性贫血病感染鸡进入鸡场。同时要加强卫生防疫措施，防止鸡传染性贫血病的水平感染。

十、鸡传染性脑脊髓炎

鸡传染性脑脊髓炎是一种主要侵害幼鸡的传染病，以共济失调和震颤特别是头部震颤为特征。鸡传染性脑脊髓炎很大程度上是一种经蛋传播的疾病。

（一）病原

鸡传染性脑脊髓炎病毒属于小 RNA 病毒科的肠道病毒属。病毒粒子具有六边形轮廓，无囊膜，病毒直径约有（26±0.4）纳米，呈 20 面体对称，其衣壳（或病毒粒子）由 32 个或 42 个壳粒组成，病毒在氯化铯中的浮力密度为 1.31~1.33 克/毫升。

病毒对氯仿、乙醚、酸、胰酶、胃蛋白酶及 DNA 酶有抵抗力，所有鸡传染性脑脊髓炎病毒的不同分离株属同一血清型，但各毒株的致病性和对组织的亲嗜性不同，大部分野外分离株为嗜肠性，且易经口传染给鸡并从粪便排毒，通过垂直传播或出壳早期水平传播使易感雏鸡致病，在这些病例中，一般表现有神经症状。野外分离株通过易感小鸡的脑内接种也能产生神经症状。

（二）流行特点

该病一年四季均可发生，但以冬春季节多发。

各种年龄的鸡都有易感性，发病主要是1~25日龄雏鸡，尤其是7~14日龄的雏鸡更易感。感染日龄越小症状越重，成年鸡常呈隐性感染。

该病主要发生在没有免疫的鸡群，带有被动抗体（母源抗体）的雏鸡（初生雏）也不会发生感染。

雏鸡的发病率一般在10%~20%，最高可达60%，死亡率平均为10%，有时可超过50%。

（三）临床症状

发病雏鸡最初表现为行动迟钝，精神沉郁，雏鸡不愿走动或走几步就蹲下来，常以跗关节着地，继而出现共济失调，走路蹒跚，步态不稳，驱赶时勉强用跗关节走路并拍动翅膀。

病雏一般在发病3天后出现麻痹而倒地侧卧，头颈部震颤一般在发病5天后逐渐出现，一般呈阵发性音叉式的震颤。人工刺激如给水加料、驱赶、倒提时可激发。有些病鸡趾关节卷曲、运动障碍、羽毛不整和发育受阻，平均体重明显低于正常水平。部分存活鸡可见一侧或两侧眼球的晶状体混浊或浅蓝色褪色，眼球增大及失明。

发病早期雏鸡食欲尚好，但因运动障碍，病鸡难以接近食槽和水槽而饥渴衰竭死亡。在大群饲养条件下，鸡只也会互相踩踏或继发细菌性感染而死亡。中成鸡感染除出现血清学阳性反应外，无明显的临诊症状及肉眼可见的病理变化。产蛋鸡感染后产蛋下降16%~43%，1~2周后恢复正常，孵化率可下降10%~35%，蛋重减少，除畸形蛋稍多外，蛋壳颜色基本正常。

（四）病理变化

一般内脏器官无特征性的肉眼病变，个别病例能见到脑膜血管充血、出血。可偶见病雏肌胃的肌层有散在的灰白区。成年鸡发病无上述病变。

（五）诊断

1. 根据雏鸡出壳后陆续出现瘫痪、早期食欲尚好、剖检无明显的特征性肉眼变化，追踪到其种鸡有短暂的产蛋下降，且某段时间内孵出的多批雏鸡分发到不同地方饲养，均出现麻痹、震颤和死亡等情况，结合组织病理学特征性变化，即可作出初步的诊断。

2. 鉴别诊断

应注意和以下疾病相区别。

（1）与有脚弱、瘫痪等症状的疾病区别。

（2）与鸡新城疫鉴别。鸡新城疫有呼吸道症状，拉绿粪，存活鸡有头颈扭曲的症状，腺胃及消化道有出血。HI 抗体明显增高，组织学虽有病毒性脑炎的病变，但腺胃、肌胃、胰腺等内脏器官组织学无淋巴细胞灶性增生，分离病毒能凝集鸡的红细胞。

（3）与鸡马立克氏病鉴别。鸡马立克氏病临诊死亡一般发生在 70 日龄以后，有内脏肿瘤病变和外周神经病变，如单侧性的坐骨神经肿大。鸡传染性脑脊髓炎无外周神经系统的病变。

（4）与鸡维生素 B_2 缺乏鉴别。鸡维生素 B_2 缺乏病鸡两腿瘫软，特征是趾爪向内蜷曲，两脚不能走路，强迫行走时，病鸡只能用跗关节和翅膀走动。腿部肌肉萎缩并松弛，皮肤干而粗糙。补充维生素 B_2 后，症状很快消失。

（5）与鸡维生素 E 缺乏症鉴别。鸡维生素 E 缺乏症多发于 15～30 日龄的幼鸡。主要呈现共济失调，头向后方或下方弯曲，有时向一侧扭曲，两腿呈有节律性的痉挛（交替发生急速收缩和松弛），但翅膀或腿不见完全麻痹。剖检时可见小脑出血、液化坏死，脑膜出血、水肿，小脑表面也可见有小出血点。

（六）防治措施

鸡传染性脑脊髓炎尚无有效的治疗方法，发现病鸡立即淘汰。对感染鸡群应做好隔离饲养，加强消毒。感染鸡群3周内所产的蛋含有病毒，不能用于孵化。完全康复后的鸡群所产的蛋可用于孵化，并可使雏鸡获得母源抗体。对10周龄以上的健康育成鸡，不迟于开产前4周，可用鸡脑脊髓炎弱毒疫苗采用饮水免疫法进行免疫。产蛋鸡群不能用此弱毒疫苗免疫，否则能引起产蛋率下降10%~15%。接种后4周内所产的蛋不能用于孵化。

雏鸡和成年鸡可在颈背部中下1/3处皮下注射或胸、腿部肌内注射0.5毫升鸡传染性脑脊髓炎灭活疫苗，雏鸡免疫期6个月以上，成年鸡12个月以上。

十一、禽白血病

禽白血病是由禽C型反录病毒群的病毒引起的禽类多种肿瘤性疾病的统称，主要是淋巴细胞性白血病，其次是成红细胞性白血病、成髓细胞性白血病。此外还可引起骨髓细胞瘤、结缔组织瘤、上皮肿瘤、内皮肿瘤等。大多数肿瘤侵害造血系统，少数侵害其他组织。

（一）病原

禽白血病病毒属于反录病毒科禽C型反录病毒群。禽白血病病毒与肉瘤病毒紧密相关，因此统称为禽白血病/肉瘤病毒。本群病毒内部直径为35~45纳米，电子密度大，外面是中层膜和外层膜，整个病毒子直径为80~120纳米，平均为90纳米。

禽白血病病毒的多数毒株能在11~12日龄鸡胚中良好生长，

可在绒毛尿囊膜产生增生性痘斑。腹腔或其他途径接种 1~14 日龄易感雏鸡，可引起鸡发病。多数禽白血病病毒可在鸡胚成纤维细胞培养物内生长，通常不产生任何明显细胞病变，但可用抵抗力诱发因子试验（RIF）来检查病毒的存在。

白血病/肉瘤病毒对脂溶剂和去污剂敏感，对热的抵抗力弱。病毒材料需保存在-60℃以下，在-20℃很快失活。该病病毒在 pH 值为 5~9 稳定。

（二）流行特点

该病在自然情况下只有鸡能感染。肉瘤病毒宿主范围最广，人工接种在野鸡、珍珠鸡、鸽、鹌鹑、火鸡和鹧鸪也可引起肿瘤。不同品种或品系的鸡对病毒感染和肿瘤发生的抵抗力差异很大。母鸡的易感性比公鸡高，多发生在 18 周龄以上的鸡，呈慢性经过，病死率为 5%~6%。

传染源是病鸡和带毒鸡。有病毒血症的母鸡，其整个生殖系统都有病毒繁殖，以输卵管的病毒浓度最高，特别是蛋白分泌部，因此其产出的鸡蛋常常带毒，孵出的雏鸡也带毒。这种先天性感染的雏鸡常有免疫耐受现象，它不产生抗肿瘤病毒抗体，长期带毒排毒，成为重要传染源。后天接触感染的雏鸡带毒排毒现象与接触感染时雏鸡的年龄有很大关系。雏鸡在 2 周龄以内感染这种病毒，发病率和感染率很高，残存母鸡产下的蛋带毒率也很高。4~8 周龄雏鸡感染后发病率和死亡率大大降低，其产下的蛋也不带毒。10 周龄以上的鸡感染后不发病，产下的蛋也不带毒。

在自然条件下，该病主要以垂直传播方式进行传播，也可水平传播，但比较缓慢，多数情况下接触传播被认为是不重要的。该病的感染虽很广泛，但临床病例的发生率相当低，一般多为散发。饲料中维生素缺乏、内分泌失调等因素可促进该病的发生。

（三）临床症状

禽白血病临床多表现慢性经过，虽然病死率不高，但对生产力的破坏却相当严重。

（1）淋巴细胞性白血病。这是禽白血病中最常见的一种类型。14 周龄以内的鸡极为少见，自然感染者多在 14 周龄以后开始发病（但 J 亚型病例可在 14 周龄以前发病），在性成熟期发病率最高。病鸡没有明显的特征性症状，主要表现为精神委顿，食欲不振或废绝，进行性消瘦，下痢，贫血，冠髯苍白、皱缩，偶尔可见发绀，病鸡停止产蛋。腹部常明显膨大，用手按压可触摸到肿大的肝脏，最后多衰竭死亡。

（2）成红细胞性白血病。此类型的白血病较少见，一般呈散发，多见于成年鸡。临床上常分为两种类型，即增生型和贫血型。增生型相对多见，主要特征是血液中存在大量的成红细胞。贫血型少见，血液中仅有少量未成熟细胞。两种病型的早期症状相似，表现为全身衰弱，嗜睡，冠髯稍苍白或发绀，病鸡消瘦、下痢，毛囊出血，病程从几天到几个月。

（3）成髓细胞性白血病。此类型的白血病很少自然发生，临床较为罕见。临床表现为嗜睡、贫血、消瘦、毛囊出血，病程比其他型稍长些。

（4）骨髓细胞瘤病。此类型的白血病极为少见。其全身症状与成髓细胞性白血病相似，由于骨髓细胞大量生长，导致增生部位的骨骼异常突起，临床多见肋骨与肋软骨连接处、胸骨后部、下颌骨以及鼻腔的软骨等处骨骼突出。

（5）骨硬化病。也叫骨石化症，病鸡表现发育不良，冠髯苍白，行走拘谨或跛行，长骨增粗，触摸有温热感，晚期病鸡胫骨呈特征性的“长靴样”外观。

（6）血管瘤。见于皮肤或内脏表面，血管腔高度扩大形成“血疱”，通常单个发生，“血疱”破裂后，可使病鸡严重失血而致死。

（四）病理变化

淋巴细胞性白血病剖检（16 周龄以上的鸡）可见结节状、粟粒状或弥漫性灰白色肿瘤，主要见于肝、脾和法氏囊，其他器官如肾、肺、性腺、心、骨髓及肠系膜也可见。结节性肿瘤大小不一，单个出现或大量出现。粟粒状肿瘤多见于肝脏，呈均匀分布于肝实质中。肝发生弥散性肿瘤时，呈均匀肿大，且颜色为灰白色，俗称“大肝病”。

成红细胞性白血病分增生型（胚型）和贫血型两种类型。增生型特征病变以肝、脾、肾弥散性肿大，呈樱桃红色或暗红色，且质软易脆，骨髓增生、软化或呈水样，色呈暗红或樱桃红色。贫血型剖检可见内脏器官（尤其是脾）萎缩，骨髓色淡呈胶冻样。

成髓细胞性白血病骨髓质地坚硬，呈灰红或灰色。实质器官增大而脆，肝脏有灰色弥漫性肿瘤结节。晚期病例，肝、肾、脾出现弥漫性灰色浸润，使器官呈斑驳状或颗粒状外观。

（五）诊断

根据流行病学、临床症状和病理变化可作出初步诊断，确诊需进一步作实验室诊断。取患鸡的口腔冲洗物、粪便、血浆、血清、肿瘤、感染母鸡新产蛋的蛋清或正在垂直传播病毒的母鸡产的蛋所孵的 10 日龄鸡胚做病毒分离和鉴定。该病应注意与马立克氏病相区别。

（六）防治措施

该病主要为垂直传播，病毒型间交叉免疫力很低，雏鸡免疫耐受，对疫苗不产生免疫应答，所以对该病的控制尚无切实可行的方法。

减少种鸡群的感染率和建立无白血病的种鸡群是控制该病的

最有效措施。种鸡在育成期和产蛋期各进行 2 次检测，淘汰阳性鸡。从蛋清和阴道拭子试验阴性的母鸡选择受精蛋进行孵化，在隔离条件下出雏、饲养，连续进行 4 代，建立无病鸡群。

鸡场的种蛋、雏鸡应来自无白血病种鸡群，同时加强鸡舍孵化、育雏等环节的消毒工作，特别是育雏期（最少 1 个月）封闭隔离饲养，并实行全进全出制。生产各类疫苗的种蛋、鸡胚必须选自无特定病原（SPF）鸡场。

十二、鸡包涵体肝炎

鸡包涵体肝炎是由禽腺病毒引起鸡的一种急性传染病，以突然死亡、严重贫血、黄疸、肌肉出血、肝炎和肝细胞内形成核内包涵体为特征。

（一）病原

鸡包涵体肝炎病毒属于腺病毒科、禽腺病毒属，病毒粒子直径为 80~90 纳米，无囊膜，呈正 20 面体对称，为双股 DNA 病毒。鸡腺病毒有 11 个血清型。该病毒对外界环境的抵抗力较强，耐热，50℃ 3 小时稳定，在干燥条件下 25℃ 可存活 7 天。对乙醚、氯仿、脱氧胆酸钠、胰蛋白酶和酸碱（pH 值为 3~9）均不敏感，但对福尔马林、次氯酸钠和碘制剂较为敏感。

（二）流行特点

该病多发生于 18 周龄前的蛋鸡，3 周龄以下的雏鸡和 18 周龄以上的成年鸡很少发病。外来品种鸡易感，当地土种鸡不易感染。春、秋两季多发，如有其他病混合感染则病情加剧，病死率上升。该病的传染来源主要是病鸡和带毒种蛋。可通过带毒种蛋垂直传播，或通过与病鸡接触水平传播，也可通过被粪便污染的饲料和饮水传播。

（三）临床症状

自然感染的潜伏期为1~2天。往往是在雏鸡或青年鸡群中突然发生急性死亡，3~4天后出现死亡高峰，5天后死亡减少或逐渐停止，病程一般为10~14天。病情稍缓的病鸡有的表现出精神沉郁、嗜睡及羽毛粗乱，鸡冠、肉髯、耳垂、面部皮肤和眼结膜苍白，并有贫血和黄疸症状。水样下痢，肛门周围有污垢。末梢血液稀薄、色淡如水样，血红细胞和血小板明显减少。鸡群死亡率和淘汰率增高，持续2~5天后逐渐下降，1~3周后恢复正常。通常情况下发病率为5%~40%，死亡率为1%~30%。鸡群伴发有法氏囊炎等病毒感染时可使发病率和死亡率增高。

（四）病理变化

病鸡全身皮肤苍白贫血，血液色淡稀薄如水。特征性病变在肝脏，肝肿大，质脆易破裂，表面呈点状或条索状出血，包膜下有较大面积的淤血和灶状出血，并有大小不等的黄色坏死点或坏死斑，肝脂肪变性发黄。肾肿大呈灰白色并有出血点，骨髓呈灰白色或黄色。胸部及腿部肌肉有出血斑点。其特征性组织学变化是肝细胞出现核内包涵体。

（五）诊断

（1）根据流行病学、临床症状和病理特点可作出初步诊断。

（2）实验室诊断：可选用病鸡的肝脏和脾脏，常规处理后接种9~12日龄的SPF鸡胚，或无母源抗体鸡胚的卵黄囊或绒毛尿囊膜上，经2~7天鸡胚死亡，胚体全身充血或出血，肝脏有黄色坏死灶，在肝细胞内可检出嗜碱性核内包涵体。

用琼脂扩散试验进行定性检查目前被应用较广，还可采用血清中和试验、免疫荧光抗体试验和酶联免疫吸附试验等方法诊断。

（3）鉴别诊断。应注意和以下疾病相区别。

①与住白细胞原虫病的鉴别。二者外观都有严重的贫血症状，但住白细胞原虫病急性死亡的较少，末梢血液涂片可见到配子生殖Ⅱ期原虫，剖检时肌肉、内脏和肠浆膜出血，多呈大头针帽状凸出表面，较硬，肝脏无斑驳状变化。

②与传染性贫血因子的鉴别。二者均有严重贫血，但鸡传染性贫血因子急性死亡的较少，发病的多为 2~4 周龄雏鸡，比包涵体肝炎患病鸡的日龄大，而且剖检不见肝脏斑驳状。

③与传染性法氏囊病的鉴别。区别点是传染性法氏囊病有典型的法氏囊肿大、出血和浆膜下胶冻样水肿的变化。

（六）防治措施

目前治疗该病尚无有效的疫苗和药物，只能采取综合性防制措施。

1. 预防措施

对没有发生过该病的地区、鸡场和鸡群，要把好引入关，严防传入该病。坚持自繁自养原则，不从有该病的地区和鸡场引进种鸡和种蛋。做好鸡传染性法氏囊病和传染性鸡贫血因子等疾病的防制。加强饲养管理，坚持不同群的鸡分群隔离饲养和定期消毒，防止密度过大，经常通风换气，提高鸡群的抵抗力。

2. 扑灭措施

一旦发生该病，最好将患病鸡全部淘汰，鸡舍用 0.1%~0.3%次氯酸钠或次氯酸钾喷雾，或用福尔马林熏蒸等彻底消毒；粪便加入 0.5%生石灰堆积发酵，饮水用漂白粉消毒。

第三节　细菌性传染病

一、鸡白痢

鸡白痢是由白痢沙门氏菌引起的各种年龄鸡只都可发生的一

种传染病。雏鸡发病表现急性败血症经过，以发热、拉灰白色粥样或黏性液状粪便为特征；成年鸡发病以损害生殖系统为主的慢性或隐性感染为特征。

（一）病原

该病的病原体是鸡白痢沙门氏菌，是肠杆菌科的一员，革兰氏染色阴性，两端稍圆的细长杆菌，不能运动，无荚膜，不形成芽孢，是兼性厌氧菌。病鸡的内脏中都有病菌，以肝、肺、卵黄囊、睾丸和心血中最多。在自然条件下，病菌的抵抗力较强。干布上的病菌，在室温条件下可存活 7 年零 8 个月之久。在土壤中可以存活 14 个月。鸡舍内的病菌可以生存到第二年。在栖木上可以存活 10~105 天。在木饲槽上温度为-3~8℃、湿度为 65%~75%时可以存活 62 天。此菌对热的抵抗力不强，污染的鸡蛋，煮沸 5 分钟可杀死本菌，70℃经过 20 分钟也可以使之死亡，一般消毒药都能迅速将其杀死。

（二）流行特点

该病主要侵害鸡和火鸡，2~3 周龄内雏鸡发病率、死亡率最高，中鸡偶然亦可暴发疫情，成鸡主要呈隐性或慢性感染。病鸡、带菌鸡是主要传染源，为典型的经卵垂直传播疾病，亦可经过消化道、呼吸道等途径感染。环境卫生恶劣、虫鼠大量滋生等因素对该病的流行具有明显的促进作用。

蛋中带菌孵出的雏鸡，出壳后第二天即发病，大多在 10 日内死亡。病雏表现怕冷，常成堆地挤在一起，瞌睡，两翅下垂，呼吸困难而急促，腹部膨大，有的关节肿大。病雏排便时常尖叫，排出白色、浆糊样稀粪，肛门周围的绒毛上粘着石灰样粪便，干后结成硬块，堵塞肛门。感染的鸡如治疗不及时，通常会在 14~21 日龄内死亡。

成年鸡一般不表现症状，只是产蛋率和受精率降低，部分鸡可表现为精神不振、食欲减退、冠髯苍白、垂腹现象、下痢，病鸡逐渐衰弱死亡。

（三）临床症状

1. 胚胎感染

感染种蛋孵化一般在孵化后期或出雏器中可见到已死亡的胚胎和即将垂死的弱雏。胚胎感染出壳后的雏鸡，一般在出壳后表现衰弱、嗜睡、腹部膨大、食欲丧失，绝大部分经 1~2 天死亡。

2. 雏鸡白痢

雏鸡在 5~7 日龄时开始发病，病鸡精神沉郁，低头缩颈，闭眼昏睡，羽毛松乱，食欲下降或不食，怕冷喜欢扎堆，嗉囊膨大充满液体。突出的表现是下痢，排出一种白色似石灰浆状的稀粪，并黏附于肛门周围的羽毛上。排便次数多，使肛门常被黏糊封闭，影响排便，病雏排粪时感到疼痛而发生尖叫声。有的病雏呼吸困难，伸颈张口。有的可见关节肿大，行走不便，跛行，有的出现眼盲。雏鸡白痢因环境因素及污染严重程度不同，其引起的发病率与死亡率从很低到 80%~90%不等，2~3 周龄时是死亡高峰，3 周龄或 4 周龄以后，虽有发病，但很少死亡，表现为拉白色粪便，生长发育迟缓。康复鸡能成为终身带菌者。

3. 青年鸡白痢

青年鸡白痢多见于 40~80 日龄的鸡，该病突然发生，整个鸡群食欲精神尚可，总见鸡群中不断出现精神、食欲差和下痢的鸡只，常突然死亡，死亡不见高峰，若鸡群密度过大，环境卫生条件恶劣，饲养管理粗放，气候突变，饲料突然改变或品质低下等均可加强该病的发生和死亡。该病病程较长，可拖延 20~30 天，死亡率达 10%~20%。

4. 成年鸡白痢

成年鸡白痢多是由雏鸡白痢的带菌者转化而来的，呈慢性或隐性感染，一般不见明显的临床症状，当鸡群感染比例较大时，明显影响产蛋量，产蛋高峰不高，维持时间短，种蛋的孵化率和出雏率均下降。有的鸡可见鸡冠萎缩，有的鸡开产时鸡冠发育尚好，以后则表现出鸡冠逐渐变小、发绀。有的病鸡时有下痢。

（四）病理变化

1. 胚胎感染

胚胎感染主要病理变化是肝脏的肿胀和充血，有时正常黄色的肝脏夹杂着条纹状出血。胆囊扩张，充满胆汁。卵黄吸收不良，内容物有轻微的变化。

2. 雏鸡白痢

病死鸡卵黄吸收不全，卵黄囊的内容物质变成淡黄色并呈奶油样或干酪样黏稠物；心包增厚，心脏上常可见灰白色坏死小点或小结节；肝脏肿大，并可见点状出血或灰白色针尖状的灶性坏死点；胆囊扩张充满胆汁；脾脏肿大，质地脆弱；肺可见坏死或灰白色结节；肾充血或贫血，输尿管显著膨大，有时在肾小管中有尿酸盐沉积。肠道呈卡他性炎症，特别是盲肠常出现干酪样栓子。

3. 青年鸡白痢

青年鸡白痢突出的病理变化是肝脏肿至正常的数倍，整个腹腔常被肝脏覆盖的质度极脆，一触即破，被膜上可见散在或较密集的小红色或小白点，腹腔充盈血水或血块，脾脏肿大，心包扩张，心包膜呈黄色不透明。心肌可见数量不一的黄色坏死灶，严重的心脏变形、变圆。整个心脏几乎被坏死组织代替。肠道呈卡他性炎症，肌胃常见坏死。

4. 成年鸡白痢

成年鸡白痢主要病理变化在生殖系统，表现卵巢与卵泡变形、变色及变性，卵巢未发育或发育不全，输卵管细小，卵子变形如呈梨形、三角形、不规则等形状，卵子变色如呈灰色、黄灰色、黄绿色、灰黑色等不正常色泽，卵泡或卵黄囊内的内容物变性，有的稀薄如水，有的呈米汤样，有的较黏稠成油脂样或干酪状。有病理变化的卵泡或卵黄囊常可从卵巢上脱落下来，成为干硬的结块阻塞输卵管，有的卵子破裂造成卵黄性腹膜炎，肠道呈卡他性症状。

（五）诊断

根据不同年龄鸡只感染的临床症状和病理特征，可作出该病的初步诊断，进一步确诊可进行病原分离和鉴定。

（六）防治措施

1. 防治鸡白痢的关键在于及时清出和淘汰鸡群中的带菌鸡，建立净化的种鸡群。种鸡场应定期进行鸡白痢检疫，发现病鸡及时淘汰。一般种鸡群的检疫每年需进行 2~3 次，第一次可在 40~70 日龄，应连续检疫 1~2 次，每次间隔 10~15 天；第二次应于蛋鸡开产后进行，坚持淘汰阳性鸡，以达到净化鸡场的目的。

2. 鸡舍、育雏室的一切用具要经常清洗消毒，孵化器在应用之前，要用甲醛气体熏蒸消毒。各日龄的鸡要分开饲养，尽可能在网上饲养雏鸡，新购入的雏鸡要严格检疫、隔离观察。饲养密度要适中，不可过于拥挤。清出的粪便要在远离鸡舍的地方发酵处理。鸡舍内要保持干燥。病鸡与健康鸡隔离，死鸡要焚烧或深埋，被病鸡粪便污染的垫草要集中烧毁，被污染的地面要铲除表土，墙壁和围栏等最好进行火焰消毒。

对 3 周龄以下的雏鸡要用药物控制发病，出壳后至 5 日龄，每千克饮水加庆大霉素 10 万单位；6~10 日龄，在饲料中添加痢特灵 0.02%~0.04%；11 日龄起，停药 3 天，然后在每千克饲料中加土霉素 2 克，连用 5~7 天。也可在其饲料或饮水中加入 0.1%的链霉素进行预防，连续用药 9~10 天。用于治疗时，药量应加倍，但要防止药物中毒。对重病雏鸡可用卡那霉素治疗，每只鸡每天用1毫升，分两次胸部肌内注射，连用2~3天。白头翁、白术、茯苓各等份共研细末，每只幼雏每日0.1~0.3克，中雏每日0.3~0.5克，拌入饲料，连喂10天，治疗雏鸡白痢，疗效很好，病鸡在3~5天内病情得到控制而痊愈。

二、鸡伤寒

鸡伤寒是由鸡沙门氏菌引起的鸡的一种败血性传染病，病程为急性或慢性经过，死亡率与病原的毒力强弱有关。鸡伤寒呈世界性分布，由该病造成的损失很严重，死亡率可达10%~50%或更高。鸡沙门氏菌可感染任何日龄的鸡，种鸡感染后所产的蛋带有鸡沙门氏菌，可垂直传播。

（一）病原

鸡伤寒的病原为鸡沙门氏菌，该菌呈短粗的杆状，大小为（1.0~2.0）微米×1.5微米，常单个散在，偶尔成对存在。革兰氏染色为阴性，不形成芽孢，无荚膜，无鞭毛。

鸡沙门氏菌易在pH值为7.2的牛肉膏琼脂、牛肉浸液琼脂及其他营养培养基上生长，需氧、兼性厌氧，在37℃条件下生长最佳。本菌在硒酸盐和四磺酸肉汤等选择培养基上能够生长，在麦康凯、亚硫酸铋、去氧胆酸盐、去氧胆酸盐枸橼酸盐乳糖蔗糖和亮绿琼脂等鉴别培养基上都能生长。

该菌在营养琼脂上形成细小、湿润、圆形蓝灰色菌落，边缘整齐，在肉汤中生长形成絮状沉淀。该病原在加热60℃ 10分钟，或日光直射下几分钟即被杀死，0.1%石炭酸和1%高锰酸钾能在3分钟内将其杀死，2%的甲醛溶液可在1分钟内杀死。在某些条件下该菌可存活较长时间，如在黑暗处的水中可存活20天。死于鸡伤寒的鸡，3个月后还能在其骨髓中分离到强毒力的鸡沙门氏菌。鸡沙门氏菌的O抗原为1，9，12，其O12的抗原性没有变异，这一点与鸡白痢沙门氏菌不同。

（二）流行特点

鸡伤寒除发生于鸡和火鸡外，还可见于鸭、珍珠鸡、孔雀、鹌鹑、松鸡、雉鸡等。各种日龄的鸡均可感染。

病鸡和带菌鸡是主要的传染来源。传播方式较多。饲养员的衣服、鞋帽、运输车辆、用具、野鸟、苍蝇等都可机械传播病原。消化道是主要的感染途径。

该病还可经蛋垂直传播。对阳性鸡所产的36枚蛋作分离培养，其中13枚（36%）分离到鸡沙门氏菌。用阳性鸡产的蛋孵化，孵出的906只雏鸡中，有296只（32.6%）在最初的6个月内死于伤寒。

（三）临床症状

病鸡先是出现精神萎靡，离群独居，不愿活动。继而头和翅膀下垂，鸡冠和肉髯苍白，羽毛松乱，食欲废绝，口渴增加，体温升高至43～44℃，病鸡排出黄绿色的稀粪。急性型的病程为2～10天，一般为5天，有些病鸡常在发病后2天即很快死亡。慢性型的病鸡，有些能拖延数周之久，死亡率也较低，大部分能够恢复，变成带菌鸡。雏鸡的症状为精神不振，生长不良，拉白色稀粪，当肺部受到侵害时，即显现呼吸困难症状，死亡率在10%～50%或更高。

（四）病理变化

在急性鸡伤寒中，存在严重的溶血性贫血，这是由于红细胞受到内毒素的作用而发生变化，被网状内皮系统消除。最急性病例的组织病变不明显，病程较长者出现肝、脾、肾红肿，这些病变常见于青年鸡。亚急性和慢性病例，常见到肝脏肿大，呈绿褐色或青铜色。肝脏和心肌有粟粒状灰白色病灶，由于卵子破裂而引起腹膜炎，卵子出血、变形及颜色改变。雏鸡感染后，心、肺和肌胃有时可见灰白色坏死灶。

（五）诊断

（1）可根据流行情况、临床症状和剖检病变特征，初步诊断为该病，进一步确诊需实验室诊断。

（2）鉴别诊断。

该病要注意鸡霍乱和白痢病相区别。

①与禽霍乱区别。禽霍乱有全身出血变化，尤其是十二指肠黏膜及各脏器广泛出血，脾不肿大。该病病程长，无全身出血变化，肝、胆、脾均肿大，肝表面灰白色坏死点多而明显，16~17周龄以上鸡多发，死亡突然。

②与鸡白痢区别。该病多发生于3周龄以上的鸡，拉黄绿色稀粪，肝、脾、胆均肿大。鸡白痢多发生于幼龄鸡，拉白色稀粪，脾、胆不肿大。

（六）防治措施

（1）认真做好鸡场综合防疫工作，做好消毒工作，杜绝传染源。

（2）雏鸡比成年鸡易感，故必须与成年鸡分开饲养，严防接触性传染。

（3）尽量坚持自繁自养，或从健康鸡场引种，出壳雏鸡坚持接种马立克氏病疫苗。

（4）发现病鸡应及时隔离，可应用下列药物进行治疗。

①磺胺二甲基嘧啶，混饮每升水0.5~1克，混饲每千克饲料1~2克，连喂5~7天。

②诺氟沙星，每千克饲料0.2~0.4克，连喂5~7天以后减半量，再用5~7天。

③对于重症病例可单独肌内注射，庆大霉素2万国际单位，每天2次，连用3~5天。

④磺胺-5-甲氧嘧啶50克，小苏打100克，多种维生素50

克，预防时拌料150千克，治疗时拌料125千克，连用3~5天。

三、鸡副伤寒

鸡副伤寒是由鸡伤寒沙门氏菌引起的一种急性或败血性传染病。各种日龄的鸡均可发病，以产蛋鸡最易感。鸡副伤寒是由多种能运动的沙门氏菌所引起的鸡的一种传染病。该病主要经卵传递，消化道、呼吸道和损伤的皮肤或黏膜亦可感染，鼠、鸟、昆虫类动物常成为该病的重要带菌者和传播媒介，雏鸡感染后发病率最高。

（一）病原

引起鸡副伤寒的沙门氏菌是血清学上相关的革兰氏阴性杆菌，不产生芽孢。大小通常为（0.4~0.6）微米×（1~3）微米，它们偶尔可形成短丝。鸡副伤寒沙门氏菌正常带有周鞭毛，能运动，但在自然条件下也可碰到带或不带鞭毛的不运动的变种。该病原体为兼性厌氧菌，易于在普通肉汤或琼脂上生长，最佳培养温度为37℃。在密封玻璃安瓿半固体琼脂中的副伤寒沙门氏菌，在室温下保存40年仍有活力。在琼脂培养基上的典型菌落为圆形、稍隆起、闪光而边缘光滑。菌落大小为1~2毫米，依分散的程度而定。有时可看到粗糙菌落。沙门氏菌在饲料中和灰尘中存活的时间较长，温度越低存活的时间越长。该病原体在粪便和孵化室的羽毛屑中可长期存活，在土壤中可存活几个月，在含有机物的土壤中存活时间更长。

（二）流行特点

鸡副伤寒沙门氏菌可感染大多数温血动物和冷血动物，该病原体的广泛分布使它们可以迅速传播。大多数鸡群在其生命的某些阶段均可感染沙门氏菌，该病的传播途径有多种，经卵传播是其中之一，包括经卵巢直接传播和穿入蛋壳的间接经卵传播。

（三）临床症状

1. 幼鸡

急性暴发时在孵化器内就出现死亡，或出壳后最初几天发生死亡，可不显症状，这种情况通常是蛋传播或早期孵化器感染所致，有很大一部分啄开或未啄开的蛋中含有死胚。各种幼雏的副伤寒在症状上很相似，主要表现为：嗜睡呆立，垂头闭眼，两翼下垂，羽毛松乱，显著厌食，饮水增加，水泻样下痢，肛门粘有粪便，在靠近热源处拥挤在一起，雏鸡常有眼盲和结膜炎症状。

2. 成年鸡

一般不显外部症状，成年鸡的急性暴发在自然条件下很少见。注射或口服人工感染时，成年鸡和火鸡出现短期的急性疾病。症状为食欲不振、饮水增加、下痢、脱水和精神倦怠，大多数病例恢复迅速，死亡率不超过 10%。

（四）病理变化

幼龄鸡的最急性暴发可能完全没有病变，病程稍长的以消瘦、脱水、卵黄凝固、肝和脾充血并有出血条纹或点状坏死灶、肾充血、心包炎并伴有粘连等病变为最常见。急性感染的鸡表现为肝、脾和肾的充血肿大，出血性或坏死性肠炎呈“糠麸样”变化、心包炎和腹膜炎；接近成熟的后备母鸡或成年母鸡以输卵管的坏死性和增生性病变、卵巢的化脓性和坏死性病变为特征，常发展为广泛的腹膜炎，慢性感染的成年鸡常无病变。

（五）诊断

依据鸡副伤寒的特征症状与病理变化可作出初诊，必要时可进行病原的分离与鉴定。诊断鸡副伤寒时，应注意与鸡白痢、大肠杆菌病的鉴别。

（1）雏鸡白痢患病小鸡表现衰弱，下白痢、发病急、死亡快。病理变化特征是肝脏表面有“雪花样”坏死灶，肺脏形成灰白至灰黄色坏死性结节。

（2）雏鸡大肠杆菌病病鸡症状为沉郁、厌食、严重下痢，粪便稀薄、呈黄绿色，机体迅速脱水，双脚干瘪，消瘦，衰竭，死亡。病理变化主要是严重的纤维素性气囊炎、心包炎、肝周炎、腹膜炎等。

（六）防治措施

1. 预防

（1）种鸡场严格进行卫生防疫，严格隔离、淘汰病鸡，建立健康的种鸡群。

（2）严格控制种蛋来源，重视种蛋和孵化过程中的卫生消毒管理。

（3）保证鸡群各个生长阶段、生长环节的清洁卫生，杀虫灭鼠，防止粪便污染饲料、饮水、空气、环境等。

（4）加强饲养管理，保证提供良好的营养和保证鸡舍良好的温度、湿度、密度、通风，尽量减少不良刺激。

（5）在饲料中添加微生态制剂，利用生物竞争排斥的现象预防鸡副伤寒，常用的商品制剂有促菌生、强力益生素等，具体可按照说明书使用。

2. 治疗

首先对病鸡进行隔离，可用下列药物进行治疗。

（1）磺胺间甲氧嘧啶（SMM）混饮每升水 0.25～0.5 克，混饲每千克饲料 0.5～1 克，连用 5～7 天。

（2）土霉素每只 5～15 毫克，每天 3 次，连用 5～6 天，或混饮每升水 250 毫克，混饲每千克饲料 500 毫克。

（3）痢特灵 0.04%拌料饲喂，连用 5～7 天。

（4）链霉素或卡那霉素每天每只雏鸡 1～2 毫克，分 2 次肌内注射，或每千克饮水添加 1 克，让病雏自行饮用。

（5）中药处方。

①白头翁50克，黄柏、秦皮、大青叶、白芍各20克，乌梅15克，黄连10克共研细末，混匀备用，连续用药7天，前3天按每只每天1.5克，后4天每天按1克，拌料饲喂。

②马齿苋165克，地锦草160克，车前草80克，加水3千克煎水喂服，可供500只雏鸡1天饮用。

四、鸡传染性鼻炎

传染性鼻炎是由副鸡嗜血杆菌引起的一种以鼻、眶下窦和气管上部的卡他性炎症为主要特征的呼吸道传染病，以颜面部肿胀、打喷嚏、流泪、水样鼻汁，厌食和腹泻表现为其症状的细菌性疾病。该病发病率高，传播速度快，但死亡率低，如继发感染则死淘率升高。

（一）流行特点

（1）一年四季均可发病。

（2）传播速度快，一个鸡舍发病就会迅速传遍全鸡场。

（3）该病常在鸡场内持续发生，很难清除。

（4）有的鸡群反复发作3~4次，对生产性能的影响大，死亡率高。

（二）临床症状

该病的损害在鼻腔和鼻窦，发生炎症者常常仅表现鼻腔流稀薄清液，常不令人注意。一般常见症状为鼻孔先流出清液以后转为浆液黏性分泌物，有时打喷嚏。脸肿胀或显示水肿，眼结膜炎、眼睑肿胀。食欲及饮水减少，或有下痢，体重减轻。病鸡精神沉郁，脸部浮肿，缩头，呆立。雏鸡生长不良，成年母鸡产卵减少，公鸡肉髯常见肿大。如炎症蔓延至下呼吸道，则呼吸困难，病鸡常摇头欲将呼吸道内的黏液排出，并有啰音。咽喉亦可积有分泌物的凝块，最后常窒息而死。

（三）病理变化

该病发病率虽高，但死亡率较低，尤其是在流行的早、中期鸡群很少有死鸡出现。但在鸡群恢复阶段，死淘增加，但不见死亡高峰，这部分死淘鸡多属继发感染所致。病理剖检变化也比较复杂多样，有的死鸡具有一种疾病的主要病理变化，有的鸡则兼有 2~3 种疾病的病理变化特征。在该病流行中由于继发症致死的鸡中常见鸡慢性呼吸道疾病、鸡大肠杆菌病、鸡白痢等。产蛋鸡病死鸡多瘦弱，不产蛋。育成鸡发病死亡较少，主要病变为鼻腔和窦黏膜呈急性卡他性炎，黏膜充血肿胀，表面覆有大量黏液，窦内有渗出物凝块，后成为干酪样坏死物，脸部及肉髯皮下水肿，严重时可见气管黏膜炎症，偶有肺炎及气囊炎。

（四）诊断

（1）根据该病发病急，传播快，肿眼、流泪、流鼻汁，3 天左右从几十只到几百只的鸡不吃料，产蛋率下降等情况作出初步诊断，再根据上呼吸道潮红，鼻、眶下窦炎症，卵泡变形，肌胃溃疡性病变，盲肠扁桃体严重出血等进行鉴别，需要更准确的结果，可作实验室诊断。

（2）鉴别诊断。

①与传染性支气管炎的区别。雏鸡死亡率高，6 周龄以上的鸡只死亡率低，成年鸡产软皮蛋、畸形蛋、蛋壳粗糙变白。

②与传染性喉气管炎的区别。成年鸡多发，头向前伸，张口吸气，病鸡可咳出带血的黏液，喉头、气管红肿、出血及气管中有血凝块。

③与支原体病的区别。气囊混浊，气囊炎及有干酪样物。

④与禽流感的区别。H5 型死亡率高，腿胫有红色出血点，H9 型呼吸道症状严重，卵泡出血严重，上腭裂有出血丝，输卵管内常有白色黏稠物。

（五）防治措施

（1）做好鸡舍保温和通风的协调统一是控制传染性鼻炎的关键。夏季开湿帘时应避免风直接吹到鸡身上，可在靠近进风口处鸡群部位放置遮挡物，让风从鸡舍上方通过，这样可以避免鸡群受凉。当通风和保温有冲突时，要适当通风，完全牺牲通风来保温的做法是不科学的。

（2）在蛋鸡舍内增加加温设施。目前，多数鸡场仅仅在育雏舍安装了取暖设施，青年鸡舍和产蛋舍无加热设施，主要依靠鸡群自身的产热和散热来调节。当外界温度较低且考虑通风时，温度很难达到鸡群的要求，这就造成了牺牲通风换温度的现象。大量临床调查表明，鸡传染性鼻炎、大肠杆菌病、慢性呼吸道疾病、新城疫、传染性支气管炎等疾病的发生与鸡舍通风不良有很大的关系。因此，在蛋鸡舍内安装加热设施，对解决通风和保温的矛盾、降低传染性鼻炎等疾病具有重要意义。

（3）保证鸡群有较好的体质。体重是衡量体质好坏的重要标志，要定期称重，保证鸡群体重达标。

（4）确保粪便干燥。粪便潮湿，往往散发较多的有害气体（如氨气、硫化氢等），造成鸡群抵抗力下降和呼吸道黏膜损伤，这也是诱发传染性鼻炎的原因之一。加强水线的维修，防止跑水和漏水。预防鸡群肠道疾病引起的腹泻，确保饲料质量，特别是防止饲料霉变。定期对水线冲洗、消毒。定期添加预防性药物，如土霉素、新霉素等药物。

（5）定期接种疫苗。

①经调查，临床上接种了疫苗的鸡群有时也发生传染性鼻炎，但发病率低、容易治疗、复发率低。没有接种传染性鼻炎疫苗的鸡群发病后不仅治疗成本较高，而且容易复发，部分鸡群能反复3~4次，治疗成本较高。

②免疫程序。35 ~ 45 日龄，使用浓缩鸡传染性鼻炎油苗

0.25 毫升/只；80～100 日龄，使用浓缩鸡传染性鼻炎油苗 0.25 毫升/只。

五、鸡葡萄球菌病

鸡葡萄球菌病是由金黄色葡萄球菌引起的一种以败血症、关节炎、皮肤溃烂及雏鸡脐炎为特征的条件性传染病。雏鸡发病率高，死亡快，给养鸡业造成很大的危害。

（一）病原

在葡萄球菌中，金黄色葡萄球菌是唯一对鸡有致病力的种。典型的致病性金黄色葡萄球菌是革兰氏阳性球菌。在固体培养基上培养的细菌呈葡萄串状排列，在液体培养基中可能呈短链状，培养物超过 24 小时，革兰氏染色可能呈阴性。葡萄球菌在 5% 的血液培养基上容易生长，18～24 小时生长旺盛。在固体培养基上培养 24 小时，金黄色葡萄球菌形成圆形、光滑的菌落，直径为 1～3 毫米。金黄色葡萄球菌是需氧菌，兼性厌氧菌，β 溶血，凝固酶阳性，能发酵葡萄糖和甘露醇，并能液化明胶。金黄色葡萄球菌的抗原性复杂，有些种的荚膜由氨基葡萄糖醛酸、氨基甘露糖醛酸、溶菌素、谷氨酸、甘氨酸、丙氨酸等组成。

（二）流行特点

葡萄球菌在健康鸡的羽毛、皮肤、眼睑、结膜、肠道中均有存在，也是养鸡饲养环境、孵化车间和禽类加工车间的常在微生物。该病发生有如下特点，该病发生与鸡的品种有明显关系，白羽白壳蛋的轻型鸡种易发、高发，而褐羽产褐壳蛋的中型鸡种则很少发生，即使条件相同后者较前者发病要少得多。另一特点是该病发生的时间是在鸡 40～80 天多发。成年鸡发生较少。另外地面平养，网上平养较笼养鸡发生得多。该病发生与饲养管理水平、环境污染程度、饲养密度等因素有直接关系。该病发生与外伤有关，凡是能够造成鸡只皮肤、黏膜完整性遭到破坏的因素均可成为发病的诱因。

（三）临床症状

该病可以急性和慢性发作，这取决于侵入鸡体血液中的细菌数量和毒力以及卫生状况而表现出不同的症状。

1. 急性败血症型

葡萄球菌败血症，常常继发于硒缺乏、再生障碍性贫血、坏疽性皮炎、出血性疾病或药物中毒之后，或与这些疾病同时发生。患鸡精神沉郁，呆立，不愿活动，两翅下垂，缩颈，眼半闭呈嗜睡状态。羽毛粗乱无光泽，食欲减退或废绝。部分鸡下痢，粪便呈水样、灰白色或黄绿色。特征性症状：胸腹部、大腿内侧皮下水肿，有数量不等的血样渗出液，外呈紫色或紫黑色，触摸有波动感，局部羽毛脱落或用手一摸即脱掉。皮肤破溃后流出褐色或紫红色的液体，使周围羽毛又湿又脏。有部分鸡在翅膀背侧及腹面、翅尖、尾部、头、脸、肉垂、背及腿部等部位，出现大小不等的出血斑，局部发炎、坏死或干燥结痂（呈暗紫色）。急性败血症型的病鸡多在2~5天内死亡，最急性者可在1~2天内死亡，平均死亡率为5%~10%。少数急性暴发的病例，死亡率可高达60%以上。

2. 慢性关节炎型

多个关节发生炎性肿胀，趾关节更为多见，局部紫红色或黑紫色，破溃后形成黑色痂皮，有的出现在趾部。脚垫刺伤引起肿胀，运动出现跛形，不能站立，伏卧在水槽或食槽附近，仍能吃食和饮水，但因采食困难，逐渐消瘦，最后衰竭死亡。有的病鸡只再现趾端坏疽，最后干燥脱落。病程多在10天以上。

3. 脐炎型

病雏体弱、怕冷，拥挤在热源附近，发出“吱吱”的叫声，手握雏鸡感到松软、无弹性，无正常鸡的坚实感。可见病鸡腹部膨大，脐孔发炎肿胀、潮湿、局部呈黄红色或紫黑色，触之质硬。一般脐炎的病雏，可在出壳后的2~5天内死亡。

4. 眼型和肺型

随着病程的延长，发病中期可出现眼型的症状。病鸡头部肿大，病侧上下眼睑肿胀，脓性分泌物将眼睑粘连，不能睁开。打开眼睑时可见结膜肿胀，眼角内有多量分泌物，并有肉芽肿。病程久者眼球下陷，眶下肿胀，眼失明。最后因不能采食导致饥饿、衰竭死亡。肺型葡萄球菌病以肺部淤血、水肿和肺实质变化为特征。

（四）病理变化

败血型病死鸡局部皮肤增厚、水肿。切开皮肤见皮下有数量不等的紫红色液体，胸、腹肌出血、溶血形同红布。有的病死鸡皮肤无明显变化，但局部皮下（胸、腹或大腿内侧）有灰黄色胶冻样水肿液。经呼吸道感染发病的死鸡，一侧或两侧肺脏呈黑紫色，质度软如稀泥。关节炎型见关节肿胀处皮下水肿，关节液增多，关节腔内有白色或黄色絮状物。内脏其他器官如肝脏、脾脏及肾脏可见大小不一的黄白色坏死点，腺胃黏膜有弥漫性出血和坏死。

（五）诊断

据发病的流行病学特点，各型临诊症状及病理变化，可以在现场作出初步诊断。确诊时需进行细菌学检查，一般无菌采集病死鸡胸部伤口渗出液后进行涂片染色，镜检可见革兰氏阳性菌数量多，呈不规则团块状，类似葡萄状时即可确诊。

（六）防治措施

1. 预防措施

（1）创伤是引起发病的重要原因，在鸡饲养过程中，尽量避免和消除使鸡发生外伤的诸多因素，如笼架结构要规范化，装备要配套、整齐，自己编造的笼网等要细致，防止铁丝等尖锐物品引起皮肤损伤的发生。

（2）做好皮肤外伤的消毒处理，在断喙及免疫刺种时，要做好消毒工作。除了发现外伤要及时处治外，还需针对可能发生的原因采取预防办法，如避免刺种免疫引起感染，可改为气雾免疫法或饮水免疫，鸡痘刺种时做好消毒，进行上述工作前后，采用添加药物进行预防等。

（3）适时接种鸡痘疫苗，预防鸡痘发生。鸡痘的发生常是鸡群发生葡萄球菌病的重要因素，因此，平时做好鸡痘免疫接种是十分重要的。

（4）做好鸡舍、用具、环境的清洁卫生及消毒工作，这对减少环境中的含菌量，消除传染源，降低感染机会，防止该病的发生有十分重要的意义。

（5）加强饲养管理，喂给必需的营养物质，特别要供给足够维生素和矿物质。鸡舍内要适时通风、保持干燥。鸡群不易过大，避免拥挤。光照要合理，适时进行断喙，防止互啄现象发生。

（6）要注意种蛋、孵化器及孵化全过程的清洁卫生及消毒工作，防止工作人员（特别是雌雄鉴别人员）污染葡萄球菌，引起雏鸡感染或发病，甚至散播疫病。

（7）搞好预防接种，发病较多的鸡场，为了控制该病的发生和蔓延，可用葡萄球菌多价苗给 20 日龄左右的雏鸡注射。

2. 治疗措施

一旦鸡群发病，要立即全群给药治疗。一般可使用以下药物治疗。

（1）庆大霉素。如果发病鸡数不多时，可用硫酸庆大霉素针剂，按每只鸡每千克体重 3 000～5 000 单位肌内注射，每日 2 次，连用 3 天。

（2）卡那霉素。硫酸卡那霉素针剂，按每只鸡每千克体重1 000～1 500单位肌内注射，每日2次，连用3天。

以上两种药物治疗效果较好，但要抓鸡，费工费时，对鸡群应激大。如果用片剂内服，效果不好，因本品内服吸收较少，加之病鸡吃料少，饮水少，口服法难达治疗目的。

（3）氯霉素。可按0.2%的量混入饲料中喂服，连服3天。如用针剂，按每只鸡每千克体重20～40毫克计算，1次肌内注射，或配成0.1%水溶液，让鸡饮服，连用3天。

（4）红霉素。按0.01%～0.02%药量加入饲料中喂服，连续3天。

（5）土霉素、四环素、金霉素按0.2%的比例加入饲料中喂服，连用3～5天。

（6）链霉素。成年鸡按每只10万单位肌内注射，每日2次，连用3～5天。或按0.1%～0.2%浓度饮水。

（7）磺胺类药物。磺胺嘧啶、磺胺二甲基嘧啶按0.5%比例加入饲料喂服，连用3～5天。磺胺-5-甲氧嘧啶或磺胺-6-甲氧嘧啶按0.3%～0.5%浓度拌料，喂服3～5天。磺胺喹噁啉0.1%浓度拌料，饲喂3～5天。或用磺胺增效剂（TMP）与磺胺类药物按1∶5混合，以0.02%浓度混料喂服，连用3～5天。

（8）黄芩、黄连、焦大黄、板蓝根、茜草、大蓟、建曲、甘草各等份，混合粉碎，每鸡口服2克，每日一次，连服3天。

六、禽霍乱

禽霍乱又称禽巴氏杆菌病，是由巴氏杆菌引起家禽的一种急性败血性传染病。其特征是：急性型表现为剧烈下痢和败血症，发病率和死亡率都很高。慢性型表现为呼吸道炎、肉髯水肿和关节炎，发病率和致死率都较低。

(一) 病原

多杀性巴氏杆菌是两端钝圆，中央微凸的短杆菌，长1~1.5微米，宽0.3~0.6微米，不形成芽孢，也无运动性。普通染料都可着色，革兰氏染色阴性。病料组织或体液涂片用瑞氏、姬姆萨氏法或美蓝染色镜检，见菌体多呈卵圆形，两端着色深，中央部分着色较浅，很像并列的两个球菌，所以又叫两极杆菌。用培养物所作的涂片，两极着色则不那么明显。用印度墨汁等染料染色时，可看到清晰的荚膜。新分离的细菌荚膜宽厚，经过人工培养而发生变异的弱毒菌，则荚膜狭窄而且不完全。

(二) 流行特点

该病可以感染多种禽类，鸡、鸭、鹅、鸽、火鸡均可发病，多种野禽也能感染。鸡多见育成鸡和成年产蛋鸡多发，营养状况良好鸡和高产鸡易发。病鸡、康复鸡或健康带菌鸡是该病主要传染来源，尤其是慢性病鸡留在鸡群中，往往是该病复发或新鸡群暴发该病的传染来源。该病主要通过被污染的饮水，饲料经消化道感染发病，病鸡的排泄物、分泌物带有大量细菌，随意宰杀病鸡，乱扔乱抛废弃物可造成该病的蔓延。目前我国集约化养鸡场该病发生较少，但条件、设备简陋，环境污染严重的小型养鸡场和地面平养的鸡群仍时有发生，该病一旦发生，在这些鸡场内很难清除，致使多批次鸡，甚至全年均可发病。特别是在潮湿、多雨、气温高的季节多发。鸡群发病有较高的致死率。常发地区该病流行缓慢。

(三) 临床症状

潜伏期为2~9天。按病程一般分为最急性、急性和慢性3型。

最急性型：常见于流行初期，以高产鸡最常见。病鸡无前驱症状，晚间一切正常，吃得很饱，次日发现死在鸡舍内。

急性型：此型最为常见，病鸡主要表现为精神沉郁，羽毛松乱，缩颈闭眼，头缩在翅下，不愿走动，离群呆立。病鸡常有腹泻，排出黄色、灰白色或绿色的稀粪。体温升高到43~44℃，减食或不食，渴欲增加，呼吸困难，口、鼻分泌物增加。鸡冠和肉髯变青紫色，有的病鸡肉髯肿胀，有热痛感，最后发生衰竭，昏迷而死亡。病程短的约半天，长的1~3天。

慢性型：多见于流行后期，病程可拖至一个月以上，但鸡群生长发育和产蛋长期不能恢复。以慢性肺炎、慢性呼吸道炎和慢性胃肠炎较多见。病鸡鼻孔有黏性分泌物流出，鼻窦肿大，喉头积有分泌物而影响呼吸。病鸡腹泻，消瘦，精神委顿，冠苍白。有些病鸡一侧或两侧肉髯显著肿大，随后有脓性干酪样物质，或干结、坏死、脱落。有的病鸡有关节炎，脚或翼关节和腱鞘处，表现为关节肿大、疼痛、脚趾麻痹，发生跛行。

（四）病理变化

最急性型死亡的病鸡无特殊病变，有时只能看见心外膜有少许出血点。

急性病例病变较为特征，病鸡的腹膜、皮下组织及腹部脂肪常见小点出血。心包变厚，心包内积有多量不透明淡黄色液体，有的含纤维素絮状液体，心外膜、心冠脂肪出血尤为明显。肺有充血或出血点。肝脏的病变具有特征性，肝稍肿，质变脆，呈棕色或黄棕色，肝表面散布有许多灰白色、针头大的坏死点。脾脏一般不见明显变化，或稍微肿大，质地较柔软。肌胃出血显著，肠道尤其是十二指肠呈卡他性和出血性肠炎，肠内容物含有血液。

慢性型因侵害的器官不同而有差异。当呼吸道症状为主时，见到鼻腔和鼻窦内有多量黏性分泌物，某些病例见肺硬变。局限于关节炎和腱鞘炎的病例，主要见关节肿大变形，有炎性渗出物和干酪样坏死。公鸡的肉髯肿大，内有干酪样的渗出物，母鸡的卵巢明显出血，有时卵泡变形，似半煮熟样。

（五）诊断

根据流行特点、临床症状和剖检变化，结合治疗结果，只能作出初步诊断，确诊需无菌手术采取肝、脾及心血，涂片镜检，并分离、培养、鉴定病原和动物接种试验。该病与鸡新城疫有相似之处，应注意区别。

（六）防治措施

1. 预防

加强饲养管理，搞好免疫接种，消除降低机体抵抗力的因素。

（1）保持好鸡场、鸡舍的环境卫生，定期严格消毒。如发生该病，立即对群鸡进行封锁、隔离和消毒。对假定健康鸡，用禽霍乱抗血清进行紧急预防注射。

（2）3月龄以上的鸡接种禽霍乱活疫苗，按每羽份加入0.5毫升的20%氢氧化铝胶生理盐水稀释摇匀后在鸡的胸肌内接种0.5毫升。用本菌苗接种后3天即可产生免疫力，免疫期为3个半月，在有禽霍乱流行的鸡场，可每3个月预防接种1次。

2. 治疗

许多药物对该病均有一定的疗效，但存在停药后容易复发的缺点。另外长期用药，细菌会产生抗药性，必须增量或更换新药。

（1）磺胺嘧啶（SP）或磺胺二甲嘧啶（SM2）。饲料中添加0.4%~0.5%，饮水加入0.1%~0.2%，每日2次。磺胺喹噁林（SQ）：饲料中添加0.1%，连喂2~3天，间隔3天，再添加0.05%，喂2天，再停3天，再喂2天。

（2）成年鸡每只肌内注射青霉素2万~5万单位，1天2~3次，连用2天。每吨饲料添加氯霉素250克，或饮水加入

0.2%~0.5%，或每千克体重1次肌内注射20毫克，连用2~3天。每吨饲料加入土霉素1 500克，或每只雏鸡每日口服0.15~0.3克，连用5~7天，停喂3天。每只雏鸡每天口服金霉素10~20毫克。

（3）每吨饲料添加喹乙醇300克，或每千克体重每日20~30毫克1次口服。

（4）每千克体重口服敌菌净30毫克，首次剂量加倍，每天2次，连服2~4天。

七、鸡大肠杆菌病

鸡大肠杆菌病是由致病性大肠埃希氏杆菌引起的传染病。病原是肠道杆菌科埃希氏属的大肠埃希氏菌，简称大肠杆菌。根据大肠杆菌的菌体抗原（O）、表面抗原（K）和鞭毛抗原（H）的组合不同，可将本菌分为不同的血清型，迄今为止已知的血清型有数千种之多。

（一）病原

大肠埃希氏杆菌是中等大小杆菌，其大小为（1~3）微米×（0.5~0.7）微米，有鞭毛，无芽孢，有的菌株可形成荚膜，革兰氏染色阴性，需氧或兼性厌氧，生化反应活泼、易于在普通培养上增殖，适应性强。本菌对一般消毒剂敏感，对抗生素及磺胺类药等极易产生耐药性。根据抗原结构不同，已知大肠杆菌有菌体（O）抗原170种，表面（K）抗原近103种，鞭毛（H）抗原60种，因而构成了许多血清型。菌毛（F）抗原被用于血清学鉴定，最常见的血清型K88，K99，分别命名为F4和F5型。在引起人畜肠道疾病的血清型中，有肠致病性大肠杆菌、肠毒素性大肠杆菌和肠侵袭性大肠杆菌等，多数肠毒素性大肠杆菌都带有F抗原。在170种“O”型抗原血清型中为1/2左右对鸡有致病性，但最多的是O1、O2、O78、O35 4个血清型。大肠杆菌能分解葡萄糖、麦芽糖、甘露醇、木糖、甘油、鼠李糖、山梨醇和阿拉伯糖，产酸和产气。多数菌株能发酵乳糖，有部分菌株发酵蔗糖。产生靛基质。不分解糊精、淀粉、肌醇和尿素。不产生硫化氢不液化明胶、V~P试验阴性，M.R试验阳性。

（二）流行特点

（1）大肠杆菌在自然界中普遍存在，卫生条件差及饲养管理不当的鸡场污染严重。大肠杆菌可通过消化道和呼吸道发生水平传播，也可通过污染的种蛋垂直传播。

（2）各品种和各年龄鸡均可发生。蛋鸡常开产后不久发病，产蛋率达40%~60%时发病最重。饲养密度最大、鸡舍通风不良、卫生差、饲料质量不佳及发生烈性传染病都可诱发该病。疫苗滴鼻、点眼免疫时常诱发大肠杆菌眼炎。该病冬春寒冷和气温多变季节易发。

（3）大肠杆菌病的发病率、死亡率与病株毒力、有否并发继发感染、饲养管理好坏以及采取措施是否及时有效有很大的关系，发病率为1%~50%，死亡率4%~40%。

（三）临床症状

（1）鸡胚和雏鸡早期死亡。该病型主要通过垂直传染，鸡胚卵黄囊是主要感染灶。鸡胚死亡发生在孵化过程，特别是孵化后期，病变卵黄呈干酪样或黄棕色水样物质，卵黄膜增厚。病雏突然死亡或表现软弱、发抖、昏睡、腹胀、畏寒聚集，下痢（白色或黄绿色），个别有神经症状。病雏除有卵黄囊病变外，多数发生脐炎、心包炎及肠炎。感染鸡常表现卵黄吸收不良，生长发育受阻。

（2）大肠杆菌性急性败血症。该病常引起幼雏或成鸡急性死亡。

（3）气囊病。气囊病主要发生于3~12周龄幼雏。该病经常伴有心包炎、肝周炎，偶尔可见败血症、眼球炎和滑膜炎等。病鸡表现沉郁，呼吸困难，有啰音和喷嚏等症状。

（4）大肠杆菌性肉芽肿。病鸡消瘦贫血、减食、拉稀。

（5）心包炎。大肠杆菌发生败血症时发生心包炎，心包炎常伴发心肌炎。

（6）坠卵性腹膜炎及输卵管炎。常通过交配或人工授精时感染。多呈慢性经过，并伴发卵巢炎、子宫炎。母鸡减产或停产，呈直立企鹅姿势，腹下垂、恋巢、消瘦死亡。其病变与鸡白痢相似。

（7）关节炎及滑膜炎。表现关节肿大，内含有纤维素或混浊的关节液。

（8）眼球炎。它是大肠杆菌败血病一种不常见的表现形式，多为一侧性，少数为双侧性。病初羞明、流泪、红眼，随后眼睑肿胀突起。开眼时，可见前房有黏液性脓性或干酪样分泌物，最后角膜穿孔，失明。病鸡减食或废食，经7~10天衰竭死亡。

（9）脑炎。表现昏睡、斜颈，歪头转圈，共济失调，抽搐，伸脖，张口呼吸，采食减少，拉稀，生长受阻，产蛋显著下降。

（10）肿头综合征。表现眼周围、头部、颌下、肉垂及颈部上2/3水肿，病鸡喷嚏、并发出“咯咯”声。

（四）病理变化

初生雏鸡脐炎死后可见脐孔周围皮肤水肿、皮下淤血、出血、水肿，水肿液呈淡黄色或黄红色。脐孔开张，新生雏以下痢为主的病死鸡以及脐炎致死鸡均可见到卵黄没有吸收或吸收不良，卵囊充血、出血、囊内卵黄液黏稠或稀薄，多呈黄绿色。肠道呈卡他性炎症。肝脏肿大，有时见到散在的淡黄色坏死灶，肝包膜略有增厚。

与霉形体混合感染的病死鸡，多见肝脾肿大，肝包膜增厚，不透明呈黄白色，易剥脱。在肝表面形成的这种纤维素性膜有的呈局部发生，严重的整个肝表面被此膜包裹，此膜剥脱后肝呈紫褐色。心包炎，心包增厚不透明，心包积有淡黄色液体。气囊炎也是常见的变化，胸、腹等气囊壁增厚呈灰黄色，囊腔内有数量不等的纤维素性渗出物或干酪样物。

有的病死鸡可见输卵管炎，黏膜充血，管腔内有不等量的干酪样物，严重时输卵管内积有较大块状物，输卵管壁变薄，块状物呈黄白色，切面轮层状，较干燥。有的腹腔内见有外观为灰白色的软壳蛋。

较多的成年鸡还见有卵黄性腹膜炎，腹腔中见有蛋黄液广泛地布于肠道表面。慢性死亡的鸡腹腔内有多量纤维素样物粘在肠道和肠系膜上，腹膜发炎，有的可见肠粘连。

大肠杆菌性肉芽肿较少见到。小肠、盲肠浆膜和肠系膜可见到肉芽肿结节，肠粘连不易分离，肝脏则表现为大小不一、数量不等的坏死灶。

其他如眼炎、滑膜炎、肺炎等在该病发生过程中有时可以见到。

（五）诊断

用实验室病原检验方法，排除其他病原感染（病毒、细菌、支原体等），经鉴定为致病性血清型大肠杆菌，方可认为是原发性大肠杆菌病。在其他原发性疾病中分离出大肠杆菌时，应视为继发性大肠杆菌病。

（六）防治措施

（1）严格隔离饲养，生产区与生产区及经营管理区分开，饲料加工、种鸡、育雏、育成鸡场及孵化厅分开（相隔500米）。

（2）科学饲养管理，鸡舍温度、湿度、密度、光照、饲料和管理均应按规定要求进行。

（3）搞好鸡舍空气净化，降低鸡舍内氨气等有害气体的产生和积聚是养鸡场必须采取的一项非常重要的措施。

（4）加强消毒工作。

①种蛋、孵化厅及鸡舍内外环境要搞好清洁卫生，并按消毒程序进行消毒，以减少种蛋、孵化和雏鸡感染大肠杆菌及其传播。

②防止水源和饲料污染，可采用乳头饮水器饮水，水槽、料槽应每天清洗消毒，运输饲料车辆也应及时清洗消毒。

③搞好灭鼠、驱虫工作。

④定期鸡舍带鸡消毒，起到降尘、杀菌、降温及中和有害气体作用。

（5）加强种鸡管理。

①及时淘汰处理病鸡。

②进行定期预防性投药和做好病毒病、细菌病免疫。

③采精、输精严格消毒，每只鸡使用一个消毒的输精管。

（6）提高鸡体免疫力和抗病力。

①疫苗免疫。可采用本地（或优势菌株）多价灭活佐剂苗。一般免疫程序为 7～15 日龄，25～35 日龄，120～140 日龄各一次。

②搞好其他常见病毒病的免疫。如鸡新城疫、传染性支气管炎、传染性法氏囊病、马立克氏病、禽流感等。

③控制好支原体、传染性鼻炎等细菌病。

（7）药物防治。应选择敏感药物在发病日龄前 1～2 天进行预防性投药，或发病后作紧急治疗。氨苄青霉素（氨苄西林）：按 0.2 克/升饮水或按 5～10 毫克/千克拌料投服。阿莫西林：按 0.2 克/升饮水。可用抗感染中草药，如黄连、黄芩、黄柏、秦皮、双花、白头翁、大青叶、板蓝根、穿心莲、大蒜、鱼腥草等拌料饲喂。

八、鸡曲霉菌病

鸡曲霉菌病又称为真菌性肺炎，该病严重危害幼雏，是由烟曲霉菌和黄曲霉菌引起雏鸡的以侵害呼吸器官为主的真菌病，其特征为肺和气囊发生炎症并形成真菌小结节。鉴于目前对鸡曲霉菌病尚无特效疗法，应重点抓好预防，避免霉菌滋生。

（一）病原

该病病原为曲霉菌属中的烟曲霉，是常见的致病力最强的主要病原。曲霉菌的形态特征是分生孢子呈串珠状，在孢子柄膨大形成烧瓶形的顶囊，囊上呈放射状排列。烟曲霉的菌丝呈圆柱状，色泽由绿色、暗绿色至熏烟色，在沙保弱氏葡萄糖琼脂培养基上，37℃温箱中培养生长迅速，菌落最初为白色绒毛状结构，逐渐扩延，迅速变成浅灰色、灰绿色、暗绿色、熏烟色以及黑色。曲霉菌类，尤其是黄曲霉能产生毒素，其毒素（B_1）可以引起组织坏死，使肺发生病变，肝发生硬化。曲霉菌孢子对外界环境理化因素的抵抗力很强，在干热 120℃、煮沸 5 分钟才能杀死。对化学药品也有较强的抵抗力，在一般消毒药物中，如 2.5%福尔马林、水杨酸、碘酊等，须经 1~3 小时才能灭活。

（二）流行特点

曲霉菌以幼鸡易感性最高，特别是 20 日龄以内的雏鸡呈急性暴发和群发性发生，而在成年鸡常只是散发。

出壳后的幼雏在进入被曲霉菌严重污染的育雏室或装入被污染的运转箱而感染，48~72 小时后即可开始发病和死亡。4~9 日龄是该病流行的最高峰，以后逐渐减少，至 2~3 周龄时基本停止。

（三）临床症状

大多数病鸡症状不太明显，最初表现精神沉郁，两翅下垂，羽毛蓬乱，食欲减少，拉稀便，低头缩颈，眼睑肿胀，眼半闭呈昏睡状态。生长缓慢，迅速消瘦，病鸡打喷嚏，甩鼻，张口伸颈呼吸，个别鸡喘气发病后1~2天死亡。

部分病鸡见摇头或头颈扭曲、转圈，受刺激后表现更为突出，身体平衡失调，甚至后退倒地。急性病倒可在2~6天内死亡，慢性的可达数日或自行康复。

（四）病理变化

气囊和肺部的变化较突出。在肺脏、胸腹部气囊、胸腹腔浆膜、心外膜、肝脏上有米粒大至黄豆粒大的黄白色结节，呈球形易剥离，质地紧硬呈橡皮样。胸腹部气囊膜增厚，呈云雾状混浊。严重者气囊膜上出现一层白色的渗出物，亦可见整个气囊增厚、混浊，呈皮革样。有的病鸡可引起肺水肿，整个肺脏成为黄白色干酪样物质，切面可见大小不等的圆形黄色结节。

（五）诊断

根据曲霉菌病的流行特点、典型症状和病理变化可作出初步诊断，确诊需进行实验室检查。取肺和气囊上的结节病灶于玻片上，剪碎，加一滴生理盐水，加盖玻片后镜检，可见到特征性的霉菌丝和分生孢子。必要时可将病料接种于马铃薯培养基上，37℃恒温箱中培养，观察有无特征性的菌落生长。

（六）鉴别诊断

（1）传染性支气管炎。该病是由病毒引起的，各日龄均可感染，成年蛋鸡感染后产蛋量迅速下降，并产畸形蛋。剖检可见生殖器官发生病变，但肺不形成曲霉菌病特征性肉芽肿结节。

（2）鸡白痢。该病除呼吸道症状外，排石灰样白色粪便，同时肝、心、消化道也受侵害，但不形成曲霉菌病特征性同心圆肉芽肿结节。

（七）防治措施

1. 预防措施

（1）加强孵化场的卫生管理。首先做好种蛋和孵化器的消毒，每立方米可用28毫升福尔马林熏蒸消毒20分钟，以控制霉菌的危害。其次，做好环境和用具方面的消毒。最后，要加强孵化间和出雏间的通风换气。

（2）保持鸡舍内的干燥、卫生。尤其是加强鸡舍通风换气，可明显减少空气中的霉菌。要定期消毒，最好带鸡消毒，用0.1%~0.3%的过氧乙酸溶液带鸡喷雾消毒，每周最少消毒1~2次，可消灭鸡舍天棚、墙壁、地面、用具和空气中存在的曲霉菌，避免鸡经呼吸道感染。

（3）在垫料管理上，禁止使用储存时间过长、发霉变质的垫料，使用前需在太阳下暴晒，要及时清除粪便和污染的垫草，防止垫料发霉、发酵。

（4）抓好饲料的保管工作。饲料储存要干燥通风，防止霉变，库房要经常检查温、湿度，绝不能用发霉的饲料喂鸡，保证喂鸡饲料新鲜。饮水器每天要清洗消毒1次，确保饮水干净卫生。

（5）重视孵化卫生工作，保持孵化室、孵化器、育雏室清洁，干燥，通风良好。种蛋和雏鸡进入前要用福尔马林（120~360克/立方米）熏蒸或用0.4%过氧乙酸、5%石炭酸喷雾消毒，通风后再使用。

2. 治疗方法

目前对该病尚无有效治疗药物，下列药物对控制病情发展有一定效果。

（1）制霉菌素片3片/千克饲料，拌料。硫酸铜0.5克/升饮水。两种药物并用5~7天，再单独用硫酸铜5~7天，可较快制止病雏死亡。

（2）克霉唑每100只鸡1克/次，拌料，每天2次，连用3~5天。利高霉素30毫克/升饮水，连用2~3天，疗效明显。

（3）龙胆紫10克/吨饲料，或3%大蒜泥拌料，可明显抑制真菌生长。

（4）疾病暴发时，应用制霉菌素治疗该病，也可使病情很快得到控制，如果同时饮用硫酸铜溶液，效果更显著，但要注意用药的剂量，并且拌料要均匀，否则易发生中毒。制霉菌素拌料喂给，每天2次，连用2~3天。鸡渴欲增强，用水量大，可用1：10 000的硫酸铜溶液代替饮水，让鸡自由饮用。

（5）用阿莫西林饮水，土霉素拌料等抗菌药物，防止继发感染。

（6）淘汰病重鸡，对病雏隔离饲养，紧急清除潮湿霉变垫料，更换为干燥消毒过的稻草作为新垫料，用硫酸铜溶液对鸡舍以及场地进行喷洒消毒。

九、鸡败血霉形体病

鸡败血霉形体病是由鸡败血霉形体感染的一种接触性呼吸道传染病，主要感染鸡和火鸡，通常称为慢性呼吸道病。疾病通常发展缓慢且病程很长，有的呈隐性感染，在鸡群中可长期蔓延。此病可造成鸡的生产性能下降，种蛋孵化率降低，还给幼雏的成活率造成严重的影响。

（一）病原

败血型霉形体是一种很小的原核生物，无细胞壁，姬姆萨染色着色良好，革兰氏染色为弱阴性，需氧和兼性厌氧，有血凝性。已发现血清型20种以上，引起该病流行的是S-6血清型，本血清型见于鸡、火鸡和鸭。由于霉形体在许多鸡群中隐伏存在，当鸡体受应激时，病原体被激活，故该病是一种应激性疾病。

（二）流行特点

（1）各日龄鸡均可感染该病，以雏鸡发生率较高。该病一年四季均可发生，以寒冷季节、高密度饲养、通风不良的雏鸡最易发生。隐性带菌鸡、病鸡是主要传染源，可通过病鸡咳嗽、打喷嚏经呼吸道感染，或经饲料和饮水感染，也能经过交配感染。

（2）该病是一种经蛋传递的疾病。病鸡、带菌鸡所产蛋含支原体，用其污染的种蛋孵化的雏鸡被感染，导致大多数鸡群带菌现象极其普遍。

（3）该病的发生有明显的诱因，如饲养密度大、通风不良、氨气浓度过大或温差比较大、饲料中缺乏维生素 A、抵抗力差等，均会导致该病的发生。

（4）单纯感染该病时鸡死亡率不高，但其发生过程中容易与大肠杆菌混合感染，使病情恶化，造成严重损失，死淘率明显增加。

（5）并发感染对鸡毒支原体感染有相当大的影响，即使是致病不强的鸡毒支原体隐性感染，也常会因接种疫苗（特别是饮水或喷雾免疫）而暴发支原体病。

（三）临床症状

该病主要呈慢性经过，相对于成年鸡而言，雏鸡和育成鸡的症状更为严重，生长缓慢，发育不良。病初雏鸡鼻涕增多，通常与饲料发生粘连，造成鼻孔阻塞，引起打喷嚏、甩头和咳嗽等症状。病鸡张口呼吸，发出明显的喘气声或气管啰音。发病后期病鸡采食量下降，精神沉郁，眼睑肿胀、粘连，整个眼球凸起呈球状，内有黄白色干酪样物，严重时会发生失明。产蛋鸡则产蛋率下降，容易产软壳蛋，而且孵化率明显下降。鸡群单纯感染霉形体病一般不引起死亡或死亡很少，若与其他病情并发或继发感染，则会使病状复杂化，加大诊断难度。

（四）病理变化

可见病变主要集中在气管、支气管、气囊、鼻腔、窦，以及肺部。气管上部以及喉头的黏膜增厚，气管充满黏性分泌物，严重病例气管下部及肺部发生卡他性炎症。气囊壁增厚，有干酪样渗出物。鼻两侧面部肿胀，鼻黏膜水肿。眶下窦内有黏液或黄色干酪样物质，食管黏膜上散布灰白色大小不等的圆形溃疡灶。肺部有肺炎病变，表面可见大小不等的灰白色硬质结节。严重病例出现纤维素性或化脓性的心包炎和肝周炎。

（五）诊断

根据流行特点，临床症状和剖检病理变化，进行综合分析，可以作出初步诊断，为进一步确诊可进行实验室检查。

1. 实验室检查

采取病鸡气管，气囊渗出物及肺组织培养，进行病原的分离鉴定。血清学检查采取发病后 15～20 天鸡的血清，分离血清进行血清平板凝集试验，检查抗体，或作血球凝集抑制试验、荧光抗体染色法、间接血凝法琼脂扩散试验，ELISA 以及将新鲜鸡蛋黄用生理盐水稀释代替血清作菌体凝集试验等。分离培养物感染雏鸡，经 15 天后再采血检查为支原体阳性，宰杀阳性鸡见到气囊膜呈云雾状。

2. 鉴别诊断

该病与传染性支气管炎、传染性喉气管炎、传染性鼻炎的区别。

（1）传染性支气管炎在鸡群中传播迅速，采取病料接种鸡胚，如有传染性支气管炎病毒存在使鸡胚发育受阻，矮小卷曲等。将分离病毒感染未接种过传染性支气管炎疫苗的雏鸡，接种后在 18～36 小时发病。

（2）传染性喉气管炎喉头黏膜肿胀、出血，病程长时在气管黏膜表面见到凝固性干酪样物质，阻塞喉头和气管。采集病料在鸡胚绒毛尿囊膜上接种，有病毒存在则绒毛尿囊膜上长出灰白色，呈菜花状痘斑，膜增厚。将膜固定切片可查出包涵体，病料感染鸡发病。

（3）传染性鼻炎由副嗜血杆菌引起的急性呼吸道症状，病鸡发生水肿性肿胀和流泪，眼结膜炎，窦炎，一侧或双侧肉垂水肿，气囊发生变化，采取窦内容物涂片镜检或培养可检出副嗜血杆菌。

（六）防治措施

支原体是最常见，也是最难根除的，因为该病可以经蛋垂直传播，也可水平传播，可以单独发生，也可以并发或继发于其他的疾病，加重病情。

1. 加强饲养管理

环境因素的好坏，决定着该病的发生以及疾病的严重程度。

（1）为了追求鸡舍保温，氨气及二氧化碳含量的上升，增加该病发生的机会，应及时通风换气。

（2）新城疫气雾免疫有时会诱发该病，因此要严格操作气雾免疫的接种方法，主要是雾滴大小要适当。也可以在气雾免疫时在鸡的饮水中加入抗生素，以防该病或其他细菌的继发。

2. 种蛋的消毒

减少经蛋传播的可能，种蛋收集进入贮藏库之前用甲醛蒸气消毒，孵化前再进行如下处理。

（1）将温度为37℃的孵化蛋浸入冷的（1.7~4.4℃）浓度为400~1 000毫克/升的泰乐菌素或红霉素溶液中，历时15~20分钟，取出晾干后孵化，由于温度的差异，使得抗生素得以通过蛋壳进入蛋内。

（2）向5~7日龄鸡胚的卵黄内注射0.2毫升泰乐菌素，含量为5毫克。

（3）将种蛋预热至45℃，保持12~14小时，恢复至正常孵化温度，可杀死种蛋内的鸡败血支原体和滑膜囊支原体，但是孵化率可能降低8%~12%。

3. 建立无支原体病鸡群

（1）淘汰阳性鸡。采用全血玻片凝集法对鸡群检疫，间隔1~2周，连续检疫2次，淘汰阳性鸡。剩下的鸡群轮流使用抗菌药物，至鸡群达90日龄，逐只检疫，每月检疫1次，连续3次未发现阳性鸡，可以作为鸡败血支原体病阴性鸡群。如有1次检出阳性鸡，则该鸡群只能作为商品鸡群。

（2）鸡支原体病的药物预防和治疗。由于本菌可以贮存于气囊炎等的干酪样物中不被杀死而潜伏下来，一旦应激因素存在，病原又散发出来，大量繁殖而致病，因此对该病的长期用药要有坚定的信念，而且不能单一地使用一种药物，必须轮流用药。

（3）免疫预防。目前尚无令人十分满意的预防用疫苗。油乳剂灭活苗7~15日龄雏鸡颈部皮下注射0.2毫升，成年鸡皮下注射0.5毫升，注苗后15天开始产生免疫力，平均预防效果在80%。

4. 治疗措施

鸡群中只有少数鸡只发病，并没有流行扩散的趋势，可选用卡他霉素（成年鸡每日肌内注射2万单位）、链霉素（成年鸡每日肌内注射20万单位），早晚各注射1次，连用3天，一般可消除症状。鸡群发病后，引起发病的诱因不能在短期内消除，又有继续蔓延趋势时，可在饮水中投喂泰乐菌素或强力霉素（治疗量），或用支原净、红霉素拌料。尽量减少应激，一旦出现应激应及时给予适当药物和维生素，以改善鸡体抵抗力。

第四节　寄生虫病

一、鸡球虫病

鸡球虫病是鸡常见且危害十分严重的寄生虫病，是由一种或多种球虫引起的急性、流行性寄生虫病，它造成的经济损失是惊人的，10~30 日龄的雏鸡或 35~60 日龄的青年鸡的发病率和致死率可高达 80%。病愈的雏鸡生长受阻，增重缓慢。成年鸡一般不发病，但为带虫者，增重和产蛋能力降低，是传播球虫病的重要病源。

（一）病原

病原为原虫中的艾美耳科艾美耳属的球虫。世界各国已经记载的鸡球虫种类共有 13 种之多，我国已发现 9 个种。不同种的球虫，在鸡肠道内寄生部位不一样，其致病力也不相同。柔嫩艾美耳球虫寄生于盲肠，致病力最强。毒害艾美耳球虫寄生于小肠中 1/3 段，致病力强。巨型艾美耳球虫寄生于小肠，以中段为主，有一定的致病作用。堆型艾美耳球虫寄生于十二指肠及小肠前段，有一定的致病作用，严重感染时引起肠壁增厚和肠道出血等病变。和缓艾美耳球虫、哈氏艾美耳球虫寄生在小肠前段，致病力较低，可能引起肠黏膜的卡他性炎症。早熟艾美耳球虫寄生在小肠前 1/3 段，致病力低，一般无肉眼可见的病变。布氏艾美耳球虫寄生于小肠后段，盲肠根部，有一定的致病力，能引起肠道点状出血和卡他性炎症。变位艾美耳球虫寄生于小肠、直肠和盲肠，有一定的致病力，轻度感染时肠道的浆膜和黏膜上出现单个的、包含卵囊的斑块，严重感染时可出现散在的或集中的斑点。

鸡球虫的发育：鸡球虫的发育要经过 3 个阶段。

1. 无性阶段

在其寄生部位的上皮细胞内以裂殖生殖进行。

2. 有性生殖阶段

以配子生殖形成雌性细胞、雄性细胞，两性细胞融合为合子，这一阶段是在宿主的上皮细胞内进行的。

3. 孢子生殖阶段

它是指合子变为卵囊后，在卵囊内发育形成孢子囊和子孢子，含有成熟子孢子的卵囊称为感染性卵囊。裂殖生殖和配子生殖在宿主体内进行，称内生性发育。孢子生殖在外界环境中完成，称外生性发育。鸡感染球虫，是由于吞食了散布在土壤、地面、饲料和饮水等外界环境中的感染性卵囊而发生的。

鸡球虫的感染过程：粪便排出的卵囊，在适宜的温度和湿度条件下，经1~2天发育成感染性卵囊，这种卵囊被鸡吃了以后，子孢子游离出来，钻入肠上皮细胞内发育成裂殖子、配子、合子。合子周围形成一层被膜，被排出体外。鸡球虫在肠上皮细胞内不断进行有性和无性繁殖，使上皮细胞受到严重破坏，遂引起发病。

（二）流行特点

球虫的宿主有特异性，即侵袭鸡的球虫不会侵袭火鸡等其他家禽，感染其他家禽的球虫不会感染鸡。各种品种的鸡均有易感性。

病鸡是主要传染源，凡被带虫鸡污染过的饲料、饮水、土壤或用具等，都有卵存在。鸡感染球虫的途径主要是吃了感染性卵囊，人及其衣服、用具等可以成为机械性传播者，苍蝇、甲虫、蟑螂、鼠类和野鸟都可成为机械传播媒介。

当存有带虫鸡（传染源）并有传染性卵囊时，就会暴发球虫病。发病时间与气温、雨量有密切关系，通常在温暖的月份流行，室内温度高达30~32℃、湿度80%~90%时，最易发病。

饲养管理对球虫病的发生有重大关系，雏鸡过于拥挤，饲料中缺乏维生素 A、维生素 K 以及日粮搭配不当等，都是该病流行的诱因。

（三）临床症状

病鸡精神沉郁，羽毛蓬松，头卷缩，食欲减退，嗉囊内充满液体，鸡冠和可视黏膜贫血、苍白，逐渐消瘦，病鸡常排红色胡萝卜样粪便，若感染柔嫩艾美耳球虫，开始时粪便为咖啡色，以后变为完全的血粪，如不及时采取措施，致死率可达 50%以上。若多种球虫混合感染，粪便中带血液，并含有大量脱落的肠黏膜。

急性球虫病：精神萎靡，羽毛粗乱，食欲不振，饮欲增加。腹泻，粪便常带血。贫血，可视黏膜、鸡冠、肉垂苍白，脱水，皮肤皱缩。生产性能下降，较重的可引起死亡，一般为 20%~30%，严重的死亡率可达 80%，恢复者生长缓慢。

慢性球虫病：见于少量球虫感染，以及致病力不强的球虫感染（如堆型、巨型艾美耳球虫）。病鸡拉稀，但多不带血，生产性能下降，对其他疾病易感性增强。

（四）病理变化

病鸡消瘦，鸡冠与黏膜苍白，内脏变化主要发生在肠管，病变部位和程度与球虫的种别有关。

柔嫩艾美耳球虫主要侵害盲肠，两支盲肠显著肿大，可为正常的 3~5 倍，肠腔中充满凝固的或新鲜的暗红色血液，盲肠上皮变厚，有严重的糜烂。

毒害艾美耳球虫损害小肠中段，使肠壁扩张、增厚，有严重的坏死。在裂殖体繁殖的部位，有明显的淡白色斑点，黏膜上有许多小出血点。肠管中有凝固的血液或有胡萝卜色胶冻状的内容物。

巨型艾美耳球虫损害小肠中段，可使肠管扩张，肠壁增厚。内容物黏稠，呈淡灰色、淡褐色或淡红色。

堆型艾美耳球虫多在上皮表层发育，并且同一发育阶段的虫体常聚集在一起，在被损害的肠段出现大量淡白色斑点。

哈氏艾美耳球虫损害小肠前段，肠壁上出现大头针头大小的出血点，黏膜有严重的出血。

若多种球虫混合感染，则肠管粗大，肠黏膜上有大量的出血点，肠管中有大量的带有脱落的肠上皮细胞的紫黑色血液。

（五）诊断

用饱和盐水漂浮法或粪便涂片查到球虫卵囊，或死后取肠黏膜触片或刮取肠黏膜涂片查到裂殖体、裂殖子或配子体，均可确诊为球虫感染，但由于鸡的带虫现象极为普遍，因此，是不是由球虫引起的发病和死亡，应根据临床症状、流行病学资料、病理剖检情况和病原检查结果进行综合判断。

（1）从鸡舍四个角落和中央分别采集100~200克粪便或垫料，彻底混匀后测定粪便中卵囊的数量。若平均数为$A\times10^6$，则判断鸡群已广泛感染球虫。若为$A\times10^3\sim A\times10^4$，则判断鸡群可能正处于发展阶段，应在2~3天后再检测粪便或垫料。

（2）根据鸡群症状进行观察诊断，若发现鸡精神差，皮肤色素沉着不良，脱水，贫血，增重不整齐，腹泻，血便，黏液便等，可怀疑鸡患球虫病。

（3）解剖病鸡，进行观察诊断。观察十二指肠、小肠，在浆膜面和黏膜面观察有无肠壁增厚、淤血点和白斑、出血斑、肠内容物有无异常。在十二指肠出现白色条纹和圆形白斑，反映出堆型艾美耳球虫感染。在小肠中段，即卵黄憩室两侧出现白斑，反应是毒害艾美耳球虫感染。盲肠出现淤血点或淤血斑，反应为柔嫩艾美耳球虫感染。

（六）防治措施

1. 加强饲养管理

保持鸡舍干燥、通风和鸡场卫生，定期清除粪便，堆放发酵以杀灭卵囊。保持饲料、饮水清洁，笼具、料槽、水槽定期消毒，一般每周一次，可用沸水、热蒸汽或3%～5%热碱水等处理。用球杀灵和1∶200的农乐溶液消毒鸡场及运动场，均对球虫卵囊有强大杀灭作用。每千克日粮中添加0.25～0.5毫克硒，可增强鸡对球虫的抵抗力。补充足够的维生素K和给予3～7倍推荐量的维生素A可加速鸡患球虫病后的康复。

2. 免疫预防

用鸡胚传代致弱的虫株或早熟选育的致弱虫株给鸡免疫接种，可使鸡对球虫病产生较好的预防效果。也有人利用强毒株球虫采用少量多次感染的滴口免疫法给鸡接种，可使鸡获得坚强的免疫力，但此法使用的是强毒球虫，易造成病原散播，生产中应慎用。此外有关球虫疫苗的保存、运输、免疫时机、免疫剂量及免疫保护性和疫苗安全性等诸多问题，均有待进一步研究。

3. 药物防制

迄今为止，国内外对鸡球虫病的防制主要是依靠药物，使用的药物有化学合成的和抗生素两大类，从1936年首次出现专用抗球虫药以来，已报道的抗球虫药达40余种，现今广泛使用的有20种。我国养鸡生产上使用的抗球虫药品种，包括进口的和国产的，共有10余种。

氯苯胍：预防按30～33毫克/千克浓度混饲，连用1～2个月，治疗按60～66毫克/千克，混饲3～7天，后改预防量予以控制。

氯羟吡啶（可球粉，可爱丹）：混饲预防浓度为125～150毫克/千克，治疗量加倍。育雏期连续给药。

氨丙啉：可混饲或饮水给药。混饲预防浓度为100～125毫克/千克，连用 2~4 周。治疗浓度为 250 毫克/千克，连用 1~2 周，然后减半，连用 2~4 周。应用本药期间，应控制每千克饲料中维生素 B_1 的含量以不超过 10 毫克为宜，以免降低药效。氨丙啉预防，按 66.5~133 毫克/千克浓度混饲，治疗浓度加倍。

莫能霉素：预防按 80~125 毫克/千克浓度混饲连用。与盐霉素合用有累加作用。

盐霉素（球虫粉，优素精）：预防按 60~70 毫克/千克浓度混饲连用。

马杜拉霉素（抗球王、杜球、加福）：预防按 5~6 毫克/千克浓度混饲连用。

常山酮（速丹）：预防按 3 毫克/千克浓度混饲连用至蛋鸡上笼，治疗按 6 毫克/千克浓度混饲连用 1 周，后改用预防量。

尼卡巴嗪：混饲预防浓度为 100~125 毫克/千克，育雏期可连续给药。

杀球灵：主要作预防用药，按 1 毫克/千克浓度混饲连用。

百球清：主要作治疗用药，按 25~30 毫克/千克浓度饮水，连用 2 天。

磺胺类药：复方磺胺-5-甲氧嘧啶（SMD-TMP），按 0.03% 拌料，连用 5~7 天。

二、鸡住白细胞原虫病

鸡住白细胞虫病是由住白细胞虫侵害血液和内脏器官的组织细胞而引起的一种原虫病。该病在我国南方比较严重，常呈地方性流行，近年来北方地区也陆续发生。该病对雏鸡危害严重，发病率高，症状明显，常引起大批死亡。

（一）病原

住白细胞虫属于原生动物门，复顶亚门，孢子虫纲，血孢子虫亚目，疟原虫科。

我国已发现鸡有 2 种住白细胞虫：卡氏住白细胞虫和沙氏住白细胞虫。

（1）卡氏住白细胞虫在鸡体内的配子生殖阶段可分为 5 个时期。

第一期：在血液涂片或组织印片上，虫体游离于血液中，呈紫红色圆点状或似巴氏杆菌两极着色状，也有 3~7 个或更多成堆排列者，大小为 0.89~1.45 微米。

第二期：其大小、形状与第一期虫体相似，不同之处在于虫体已侵入宿主细胞内，多位于宿主细胞一端的胞浆内，每个红细胞有 1~2 个虫体。

第三期：常见于组织印片中，虫体明显增大，其大小为 10.87 微米×9.43 微米。呈深蓝色，近似圆形，充满于宿主细胞的整个胞浆，将细胞核挤在一边，虫体核的大小为 7.97 微米×6.53 微米，中间有一深红色的核仁，偶见有 4 个核仁。

第四期：已可区分出大配子体和小配子体。大配子体呈圆形或椭圆形，大小为 13.05 微米×11.6 微米；细胞质呈深蓝色，核居中呈肾形、菱形、梨形、椭圆形，大小为 5.8 微米 ×2.9 微米，核仁为圆点状。小配子体呈不规则圆形，大小为 10.9 微米×9.42 微米，细胞质少呈浅蓝色，核几乎占去虫体的全部体积，大小为 8.9 微米×9.35 微米，较透明，呈哑铃状、梨状，核仁呈紫红色，呈杆状或圆点状。被寄生的细胞也随之增大，其大小为 17.1 微米×20.9 微米，呈圆形，细胞核被挤压成扁平状。

第五期：其大小及染色情况与第四期虫体基本相似，不同之处在于宿主细胞核与胞浆均消失。本期虫体容易在末梢血液涂片中观察到。

（2）沙氏住白细胞虫成熟的配子体为长形，宿主细胞呈纺锤形，细胞核呈深色狭长的带状，围绕着虫体的一侧。大配子体的大小为 22 微米×6.5 微米，呈深蓝色，色素颗粒密集，褐红色的核仁明显。小配子体的大小为20微米×6微米，呈淡蓝色，色素颗粒稀疏，核仁不明显。

（二）流行特点

卡氏住白细胞虫的流行季节与库蠓的活动密切相关。一般在气温20℃以上时，库蠓繁殖快，活动力强，该病的流行也严重。广州地区多在4—10月，严重发病见于4—6月，发病的高峰季节在5月。河南地区多发生于6—8月。沙氏住白细胞虫的流行季节还与蚋的活动密切相关，该病常发生在福建地区的5—7月及9月下旬至10月。

鸡的年龄与住白细胞虫病的感染率呈正比例，而和发病率却呈反比例。一般雏鸡（2~4月龄）和中鸡（5~7月龄）的感染率和发病率均较高，而8~12月龄的成年鸡或1年以上的种鸡，虽感染率高，但发病率不高，血液里的虫体也较少，大多数为带虫者。

（三）临床症状

自然感染时的潜伏期为6~10天。雏鸡的症状明显，死亡率高，病初发烧，食欲不振，精神沉郁，流口涎，下痢，粪便呈绿色，贫血，鸡冠和肉垂苍白，生长发育迟缓，两肢轻瘫，活动困难，感染12~14天，病鸡突然因咯血、呼吸困难而发生死亡。中鸡和成年鸡感染后病情较轻，死亡率也较低，病鸡鸡冠苍白，消瘦，拉水样的白色或绿色稀粪，中鸡发育受阻，成年鸡产蛋率下降，甚至停止产蛋。

（四）病理变化

死后剖检的主要特征是：白冠，全身性皮下出血，肌肉（尤其是胸肌、腿肌、心肌）有大小不等的出血点；各内脏器官上有灰白色或稍带黄色的、针尖至粟粒大小、与周围组织有明显界限的白色小结节，将这些小结节挑出并制成压片，染色后可见到有许多裂殖子散出。

（五）诊断

根据流行病学资料、临诊症状和病原学检查即可确诊。

病原学诊断是使用血片检查法。取病鸡外周血 1 滴，涂片，姬氏或瑞氏染色、镜检，可见几乎占据白细胞的大配子体，或在红细胞内呈红点状的小配子体。挑取肌肉或内脏器官上的白色结节置载玻片上，加数滴甘油，将结节破碎后，覆以盖玻片镜检，可发现裂殖体和裂殖子。

取病变部肌肉或从肺、肝、脾、肾等内脏器官取材、切片，镜检，可发现大型球状、内含大量裂殖子的裂殖体。

（六）防治措施

1. 预防

鸡住白细胞虫的传播与库蠓和蚋的活动密切相关，因此消灭这些昆虫媒介是防治该病的重要环节。防止库蠓和蚋进入鸡舍，可用杀虫剂将它们杀灭在鸡舍及周围环境中，这对减少该病所造成的经济损失具有十分重要的意义。每隔 6~7 天用杀虫药进行喷雾，可收到很好的预防效果。

2. 治疗

当使用药物进行治疗时，一定要注意及时用药，治疗越早越好。最好是在疾病即将流行前或正在流行的初期进行药物预防，便可取得满意的防治效果。目前常用的治疗药物有下列几种。

（1）磺胺二甲氧嘧啶（SDM）。预防用量为 2.5×10^{-5} ~ 7.5×10^{-5}，混于饲料或饮水。治疗用 5×10^{-4}，混入饮水，连用 2 天，然后用 3×10^{-4}饮水 2 天。使用乙胺嘧啶（1×10^{-6}）和磺胺二甲氧嘧啶（1×10^{-5}）联合应用，对卡氏住白细胞虫有很好地预防作用，但用作治疗时效果不佳。

（2）磺胺喹噁啉（SQ）。预防用 5×10^{-5}，混于饲料或饮水用。

（3）痢特灵（呋喃唑酮）。预防用1×10^{-4}混于饲料，治疗用$1\times10^{-4}\sim1.5\times10^{-4}$混于饲料，连续服用5天。

（4）克球粉。预防用$1.25\times10^{-4}\sim2.5\times10^{-4}$，混于饲料，治疗用$2.5\times10^{-4}$，混于饲料。

磺胺类和呋喃类药物连续服用时，往往会发生中毒现象。为了防止药物中毒，可在连续用药5天，停药2~3天，然后再重复使用。在同一鸡场，为了防止药物耐药性的产生，可交替使用上述药物。

三、鸡蛔虫病

鸡蛔虫病是一种常见的肠道寄生虫病。在大群饲养情况下，雏鸡常由于患蛔虫病而影响生长发育，严重的引起死亡。

（一）病原

鸡蛔虫病是由禽蛔科、禽蛔属的鸡蛔虫寄生于鸡小肠引起的寄生虫病。鸡蛔虫是鸡体内最大的一种线虫，虫体黄白色，表皮有横纹，头端较钝、有3个唇片，雌雄异体。虫卵呈椭圆形，灰白色，卵壳厚，表面光滑，大小为（70~86）微米×（45~51）微米；内含许多卵黄细胞和1个较大的胚细胞。鸡蛔虫为直接发育型，生活史中不需要中间宿主。雌虫在鸡的小肠中产卵，虫卵随粪便排出体外，在外界适宜的温度、湿度条件下，经过1~3周，虫卵内出现一期幼虫，经脱皮后发育为二期幼虫，但仍在卵壳内，此时的虫卵对鸡具有感染性，称为感染性虫卵。虫卵也可被蚯蚓吞食，在蚯蚓体内发育到感染性虫卵。鸡随污染的饲料和饮水吞食了感染性虫卵或啄食了含有感染性虫卵的蚯蚓，即获得感染。二期幼虫在鸡的腺胃和肌胃中破壳而出，进入小肠蜕皮一次，变为三期幼虫，然后钻入肠黏膜内再蜕皮一次，变为四期幼虫，四期幼虫返回小肠腔蜕皮后变为五期幼虫，逐渐生长发育为成虫。从鸡食入感染性虫卵到最后发育为成虫，需要35~50天。

（二）流行特点

（1）该病的发生和流行，与雏鸡的营养水平、环境条件、清洁卫生、温度、湿度、管理质量等因素有关。

（2）该病主要侵害2~4月龄鸡，3月龄鸡最易感，1岁以上鸡可带虫，但一般不发病。

（三）临床症状

雏鸡患病表现为食欲减退，生长迟缓，呆立少动，消瘦虚弱，黏膜苍白、羽毛松乱，两翅下垂，胸骨突出，下痢和便秘交替，有时粪便中有带血的黏液，以后逐渐消瘦而死亡。成年鸡一般为轻度感染，严重感染的表现为下痢、日渐消瘦、产蛋下降、蛋壳变薄。

（四）病理变化

剖检可见病鸡尸体消瘦，小肠黏膜肥厚，有时肠黏膜上有出血点，肠腔内有许多黏液，有特异的臭味。棘沟赖利绦虫寄生时，可引起肠壁出现结节，结节有粟粒大，中央凹陷，以后此类凹陷变成大的疣状溃疡，肠道中可见到白色长带状的绦虫。

（五）诊断

（1）病死鸡明显贫血、消瘦，肠黏膜充血、肿胀、发炎和出血，局部组织增生。

（2）肠道突出部位，可用手摸到明显硬固的内容物堵塞肠管，剪开肠壁可见有多量蛔虫拧集在一起呈绳状。

（3）根据以上症状并作粪便显微镜检查，发现多量蛔虫卵可作出诊断。

（六）防治措施

1. 预防

（1）做好鸡舍内外的清洁卫生工作，经常清除鸡粪及残余饲料，小面积地面可以用开水处理，料槽等用具经常清洗并且用开水消毒。

（2）蛔虫卵在50℃以上很快死亡，粪便经堆沤发酵可以杀死虫卵，蛔虫卵在阴湿地方可以生存6个月，鸡群每年进行1~2次服药驱虫。

2. 治疗

（1）左旋咪唑（左咪唑）每千克体重25毫克，饮水或拌料，连用2天。

（2）丙硫苯咪唑（阿苯达唑、抗蠕敏）每千克体重10~20毫克，拌料，连用2天。

（3）枸橼酸哌嗪（枸橼酸哌哔嗪、驱蛔灵）每千克体重250毫克，一次口服，连用2天。

（4）丁苯咪唑（PBZ）0.05%拌料，连用2天。

（5）噻嘧啶（抗虫灵）每千克体重15毫克，口服。

（6）硫化二苯胺（吩噻嗪）每千克体重0.5~1.0克，一次口服。

（7）中药处方。槟榔子125克、南瓜子、石榴皮各75克，研成粉末，按2%拌于饲料中，用前停食空腹喂给，每天2次，连用2~3天。

四、鸡绦虫病

鸡绦虫病是由赖利属的多种绦虫寄生于鸡的十二指肠中引起的，常见的赖利绦虫有棘沟赖利绦虫、四角赖利绦虫和有轮赖利绦虫3种。各种年龄的鸡均能感染，其他如火鸡、雉鸡、珠鸡、孔雀等也可感染，17~40日龄的雏鸡易感性最强，死亡率也最高。

（一）病原

棘沟赖利绦虫和四角赖利绦虫是大型绦虫，两者外形和大小很相似，长25毫米，宽1~4毫米。棘沟赖利绦虫头节上的吸盘呈圆形，上有8~10列小钩，顶突较大，上有钩2列，中间宿主是蚂蚁。四角赖利绦虫，头节上的吸盘呈卵圆形，上有8~10列小钩，颈节比较细长，顶突比较小，上有1~3列钩，中间宿主是蚂蚁或家蝇。有轮赖利绦虫较短小，头节上的吸盘呈圆形，无钩，顶突宽大肥厚，形似轮状，突出子虫体前端，中间宿主是甲虫。棘沟赖利绦虫和四角赖利绦虫的虫卵包在卵囊中，每个卵囊内含6~12个虫卵。有轮赖利绦虫的虫卵也包在卵囊中，每个卵囊内含1个虫卵。

（二）流行特点

（1）各种年龄的鸡均可感染该病，以幼鸡的易感性最强。

（2）3~6周龄的幼鸡感染后死亡率最高。

（3）地面平养和散养的鸡感染绦虫的概率最大。

（4）在夏秋季节，场地潮湿，中间宿主增多，该病易多发。

（5）饲养管理差，鸡舍阴暗潮湿会促进该病的发生和传播。

（三）临床症状

由于棘沟赖利绦虫等各种绦虫都寄生在鸡的小肠，用头节破坏了肠壁的完整性，引起黏膜出血，肠道炎症，严重影响消化机能。病鸡表现为下痢，粪便中有时混有血样黏液。轻度感染造成雏鸡发育受阻，成年鸡产蛋量下降或停止。寄生绦虫量多时，可使肠管堵塞，肠内容物通过受阻，造成肠管破裂和引起腹膜炎。绦虫代谢产物可引起鸡体中毒，出现神经症状。病鸡食欲不振，精神沉郁，贫血，鸡冠和黏膜苍白，极度衰弱，两足常发生瘫痪，不能站立，最后因衰竭而死亡。

（四）病理变化

肝脏肿大呈土黄色，往往出现脂肪变性，易碎，部分病例腹腔充满腹水。脾脏肿大。小肠黏膜呈点状出血，严重者，虫体阻塞肠道。部分病例肠道生成类似于结核病的灰黄色小结节，肠黏膜增厚，肠道有炎症，肠道有灰黄色的结节，中央凹陷，其内可找到虫体或黄褐色干酪样栓。

（五）诊断

鸡绦虫病的诊断常用尸体剖检法。剪开肠道，在充足的光线下，可发现白色带状的虫体或散在的节片。如把肠道放在一个较大的带黑底的水盘中，虫体就更易辨认。因绦虫的头节对种类的鉴定是极为重要的，因此要仔细寻找。剥离头节时，可用外科刀深割下那块带头节的黏膜，并在解剖镜下用两根针剥离黏膜。对细长的膜壳绦虫，必须快速挑出头节，以防其自解。虫种的鉴别，还需要测量节片的长度和宽度，头节（在高倍镜下）顶突或吸盘钩（在油镜下）以及虫卵的大小和六钩蚴的钩长（在高倍镜下）。

（六）防治措施

1. 预防

由于鸡绦虫在其生活史中必须要有特定种类的中间宿主参与，因此预防和控制鸡绦虫病的关键是消灭中间宿主，从而中断绦虫的生活史。集约化养鸡场，采取笼养的管理方法，使鸡群避开中间宿主，这可以作为易于实施的预防措施。

（1）经常清扫鸡舍，及时清除鸡粪，做好防蝇灭虫工作。

（2）幼鸡与成鸡分开饲养，采用全进全出制。

（3）制止和控制中间宿主的滋生，饲料中添加环保型添加剂，如在流行季节里饲料中长期添加环丙氨嗪（一般按 5 克/吨全价饲料）。

（4）定期进行药物驱虫，建议在 60 日龄和 120 日龄各预防性驱虫一次。

2. 治疗

当鸡发生绦虫病时，必须立即对全群进行驱虫。常用的驱虫药有以下几种。

（1）硫双二氯酚，鸡每千克体重150~200毫克，以1∶30的比例与饲料配合，一次投服。

（2）氯硝柳胺（灭绦灵），鸡每千克体重50~60毫克，一次投服。

（3）吡喹酮，鸡每千克体重10~15毫克，一次投服，可驱除各种绦虫。

（4）丙硫苯咪唑，鸡每千克体重10~20毫克，一次投服。

（5）氟苯哒唑，鸡按3×10^{-5}浓度混入饲料，对棘沟赖利绦虫有效，其驱虫率可达92%。

（6）羟萘酸丁萘脒，鸡按每千克体重400毫克，一次投服，对赖利绦虫有效。

五、鸡组织滴虫病

鸡组织滴虫病又称盲肠肝炎、传染性肠肝炎或鸡黑头病，是鸡的一种急性原虫病。主要特征是盲肠出血肿大，肝脏有扣状坏死溃疡灶。

（一）病原

组织滴虫病的病原是组织滴虫，它是一种很小的原虫。该原虫有两种形式：一种是组织型原虫，寄生在细胞里，虫体呈圆形或卵圆形，没有鞭毛，大小为6~20微米；另一种是肠腔型原虫，寄生在盲肠腔的内容物中，虫体呈阿米巴状，直径为5~30微米，具有一根鞭毛，在显微镜下可以看到鞭毛的运动。随病鸡粪排出的虫体，在外界环境中能生存很久，鸡食入这些虫体便可感染。但主要的传染方式是通过寄生在盲肠的异刺线虫的卵而传播的。当异刺线虫在病鸡体寄生时，其中卵内可带上组织滴虫，异刺线虫卵中约为0.5%带有这种组织滴虫，这些虫在线虫卵的保护下，随粪便排出体外，在外界环境中能生存2~3年，当外界环境条件适宜时，则发育为感染性虫卵。鸡吞食了这样的虫卵后，卵壳被消化，线虫的幼虫和组织滴虫一起被释放出来，共同移行至盲肠部位繁殖，线虫幼虫对盲肠黏膜的机械性刺激，促进盲肠肝炎的发生，组织滴虫钻入肠壁繁殖，进入血液，寄生于肝脏。

（二）流行特点

组织滴虫病最易发生于两周至三四个月龄以内的雏鸡和育成鸡。

该病的发生与盲肠内异刺线虫有关，蚯蚓作为搬运宿主具有传播作用。

（三）临床症状

该病潜伏期为15~21天，最短15天。病鸡表现精神不振，食欲减退甚至废绝，羽毛松乱，翅膀下垂，身体蜷缩，怕冷，下痢，排淡黄色或淡绿色粪便。严重的病例，粪便带血色，甚至排出大量血液。发病末期，有的病鸡因血液循环障碍，鸡冠呈暗黑色，因而有“黑头病”之名。鸡组织滴虫病病程一般为7~21天，康复鸡的体内仍可存有组织滴虫达数周甚至几个月。

（四）病理变化

病变主要在盲肠，其次在肝脏，出现盲肠炎和肝炎，盲肠首先遭受感染类似温和型球虫。鸡组织滴虫病常见症状为盲肠壁变厚，管腔内积满干酪样渗出物或坏疽块阻塞整个肠腔，肠管膨大严重，剖检可见虫体大多存在于黏膜固有层。有的盲肠壁穿孔而引发腹膜炎，而与邻近脏器粘连。在肝脏多发生黄色或黄绿色的局限性圆形病灶，绿豆大到指头大，有时病灶为散发的，有时密布与整个肝脏表面融合成片。病灶不形成包膜，容易发生坏疽。

（五）诊断

该病根据以下特征不难诊断：一是鸡常排出淡黄色或淡绿色

粪便，取病鸡粪便作显微镜检查，在粪便中发现虫体。二是通过剖检病鸡，发现典型病变。三是将病变边缘刮落物作涂片，或在肝病变组织切片中，镜下可发现虫体。

（六）防治措施

（1）由于组织滴虫的主要传播方式是通过盲肠体内的异刺线虫虫卵为媒介，所以有效的预防措施是排出蠕虫卵，减少虫卵的数量，以降低这种病的传播感染。因此，在进鸡以前，必须清除鸡舍杂物并用水冲洗干净，然后严格消毒。

（2）严格做好鸡群的卫生管理，饲养用具不得乱用，饲养人员不能串舍，免得互相传播疾病，及时检修供水器具，定时移动饲料槽和饮水器的位置，以减少局部地区湿度过大和粪便堆积。

（3）用驱虫净定期驱除异刺线虫，用药量每千克体重 40~50 毫克。

（4）发病鸡群用 0.04%、0.03%和 0.02%的痢特灵拌料，各用两天或用 0.1%的甲硝唑拌料，连用 5~7 天。

第五节　中毒性疾病

鸡的中毒性疾病比较常见的有食盐中毒、药品中毒和变质伪劣饲料中毒等，了解鸡中毒的原因、症状及防治方法，有助于预防中毒的发生或减少中毒所造成的损失。

一、食盐中毒

食盐（氯化钠）是鸡日粮中必需营养物质，与氨基酸、维生素等一起维持着机体正常生理活动，当其在饲料或饮水中含量适当时，可增加食欲，促进动物生长发育。食盐中毒是指鸡摄取食盐过多或连续摄取食盐而饮水不足，导致中枢神经障碍的疾病，其实质是钠中毒。正常情况下，饲料中食盐添加量为0.3%~0.4%。当雏鸡饮服0.5%的食盐水时，即可造成死亡，饮水中食盐浓度达0.9%时，5天内死亡可达100%。饲料中其他营养物质，如维生素E、钙、镁及含硫氨基酸缺乏时，可增加食盐中毒的敏感性。

（一）病因

食盐中毒是由于饲料中食盐添加量过大或大量饲喂含盐量高的鱼粉、饲料，同时饮水不足，即可造成鸡食盐中毒。在养殖过程中具体原因又可包括以下几个方面。

（1）不计算食盐用量，配料加盐过量。有些养鸡场户配料时不准确称取食盐用量、盲目添加，往往加盐过量导致鸡中毒。

（2）食盐晶体块大，搅拌不匀。添加食盐时有些颗粒较大，难于搅拌均匀，易造成食盐中毒。

（3）忽视鱼粉、鱼干等含盐量。某些劣质鱼粉含盐超标，配料时多数不经化验，按标准含盐量处理，结果所配饲料含盐偏高；有些养鸡场户直接购买小鱼粉碎配料，由于小鱼来源复杂，其含盐量高低不均，处理不当便易导致鸡食盐中毒。

（4）配料所用鱼粉块大。养鸡场户配料所用鱼粉多采用小鱼粉碎而成，这种鱼粉块大、含盐高，鸡挑食鱼粉过多，就容易导致食盐中毒。

（5）某些地方地下水含盐量偏高，若在鸡饲料中按常规加盐，便会导致食盐中毒。

（6）某些电解质制剂用量不当也可导致食盐中毒。如口服补液盐，其用量为每100毫升水加2.75克，然后按每天每千克体重鸡25~60毫升饮用，而有些养鸡场户所配浓度过大，有的全天饮用，结果导致食盐中毒。有的养鸡户购买了假冒伪劣的口服补液盐等，含食盐量过高，也可导致鸡食盐中毒。

（7）某些养殖场户治疗鸡群啄癖症时，加大食盐用量，用含盐2%的饲料喂2~3天，有一定的治疗效果，但若食盐含量太高，饲喂时间过长，饮水不足，便会导致鸡食盐中毒。

（二）临床症状

鸡发生食盐中毒一般呈急性经过，鸡只因摄取食盐量的多少和中毒持续时间的长短不同症状有所不同。病鸡精神委顿，不愿活动，羽毛蓬乱，两翅下垂，怕冷聚堆；食欲减退乃至废绝，但饮欲异常增强，饮水量剧增；嗉囊胀大发软，将鸡倒提时有黏液从口中流出，排水样稀便；肌肉震颤，两腿无力，运动失调，行走困难或瘫痪；后期可见关节、皮下水肿，头颈歪斜、角弓反张。病鸡呼吸困难，最后衰竭死亡。少数慢性病死鸡可见皮肤干燥、发亮呈蜡黄色，羽毛较易脱落等症状。

（三）病理变化

因为病鸡食欲废绝，饮入大量水，剖检可见嗉囊内有大量液体蓄积，全身性营养不良，可见皮下组织水肿，食道、嗉囊、胃肠黏膜充血、出血，黏膜脱落。小肠黏膜肥厚，十二指肠弥漫性点状出血；肾肿大，输尿管内有盐类结晶沉着；腹腔及心包积水，心脏出血，肺淤血水肿，头部皮下浮肿，脑膜出血，脑血管扩张充血，脑实质变软。

（四）诊断

详细调查饲料中食盐的含量和调制饲喂方法以及饮水情况，再根据发病情况、临床症状、病理变化可确诊为食盐中毒。

（五）防治措施

严格控制饲料中食盐添加量，添加盐粒要细，并且在饲料中搅拌要均匀，平时饲喂干鱼和鱼粉要测定其含盐量，保证给予充足饮水。若发现可疑食盐中毒时，应立即停止饲喂含盐量多的饲料，改换其他饲料，供给充足新鲜饮水或5%葡萄糖溶液，也可在饮水中适当添加维生素C。

二、呋喃类药物中毒

呋喃类药物是人工合成的抗菌药物，可对抗多种革兰氏阴性及阳性细菌，低浓度（每毫升 5~10 微克）呈抑菌作用，高浓度（每毫升 20~50 微克）有杀菌作用，多用于防治雏鸡白痢以及球虫病等。呋喃类药物虽对上述疾病有较好疗效，但也存在一定毒性，易引起中毒。

（一）病因

临床上常用的呋喃类药物有呋喃西林、呋喃唑酮（痢特灵）及呋喃旦啶 3 种。目前以痢特灵应用最为常见，当超量用药或长期连续用药，在饲料和饮水中搅拌不均匀，极易使鸡只发生中毒。连续应用呋喃唑酮 400 克/吨混合饲料，影响增重、降低血液的血红蛋白含量并可引起鸡慢性神经炎。较大剂量的呋喃唑酮或呋喃旦啶能引起鸡的兴奋、肌肉僵直，以致角弓反张等神经症状。

（二）临床症状

急性中毒病雏鸡，往往在给药后几小时或几天后开始出现症状，有些病例未显症状即死亡。中毒病雏鸡常突然发生神经症状，精神沉郁，闭眼缩颈，呆立或兴奋，鸣叫，有的头颈反转，扇动翅膀，做转圈运动，有的运动失调，倒地后两腿伸直做游泳姿势，或痉挛、抽搐而死亡。

成年鸡食欲减少，饮欲增强，呆然站立或行走摇晃，有的兴奋，呈现不同的姿势，头颈伸直或头颈反转作回旋运动，不断地点头或头颤动，或鸣叫，作转圈运动，倒地站立不起，出现痉挛、抽搐、角弓反张等症状，直至死亡。

（三）病理变化

剖检病死鸡，可见口腔充满黄色黏液，嗉囊扩张，肌胃角质部分脱落。病程较长有程度不同的出血性肠炎，整个消化道内容物呈黄色或混有药物。肝脏充血肿大，胆囊扩张，心肌稍坚硬和失去弹性。

（四）诊断

根据有应用呋喃类药物等治疗的病史、用药过量或在饲料与饮水中搅拌不均匀，并有特征性的中枢神经紊乱症状和尸体剖检的病理变化，即可作出诊断。

（五）防治措施

（1）在应用呋喃类药物时应准确计算药量，在饲料中必须搅拌混合均匀。饮水使用时，应将药磨细溶解开再饮用，而且用药时间不得超过 2 周，杜绝盲目增加剂量达到治疗目的的做法。

（2）发现中毒时，应立即停药，可使用葡萄糖、B 族维生素 B、维生素 C 等进行辅助治疗，有一定疗效。

三、磺胺类药物中毒

磺胺类药物是一类化学合成的抗菌药物，有着较广的抗菌谱，可预防和治疗很多疾病的一类常用药物，但此类药物的副反应较多，甚至引起中毒。

（一）病因

临诊上常用的磺胺药剂分为两类。一类是肠道内容易吸收的如磺胺嘧啶（SD）、磺胺二甲基嘧啶（SM2）、磺胺间甲氧嘧啶（SMM）、磺胺喹噁啉（SQ）和磺胺甲氧嗪（SMP）等；另一类是肠内不易吸收的如磺胺脒（SG）、酞磺胺噻唑（PST）及琥珀酰磺胺噻唑（SST）等。前一类药物比较容易引起急性中毒。

在防治鸡寄生原虫病时，常用 SMM、SM2 和 SQ 等这一类药。用药过程中，要求必须使用足够的剂量和连续用药，才能收效，否则原虫容易产生抗药性，并将这种抗药性能遗传好几代。

有些磺胺药的治疗量与中毒量又很接近。因此，用药量大或持续大量用药、药物添加饲料内混合不均匀等因素都可能引起中毒。

雏鸡的饲料中含 2.5×10^{-3}SM1 时，可导致生长停滞和肝、脾坏死。分别给鸡饲喂含 5×10^{-3}SM2、SM1 或 1×10^{-2}SG 的饲料 8 天，可引起鸡脾出血性梗死和肿胀，其中 SM2 的毒性最大，SG 的毒性最小。

（二）临床症状

病雏鸡表现抑郁，羽毛松乱，厌食，增重缓慢，饮欲增加，腹泻，鸡冠苍白，有时头部肿大，呈蓝紫色。凝血时间延长，血液中颗粒性白细胞减少，溶血性贫血，有的发生痉挛、麻痹等症状。

成年母鸡产蛋量明显下降，蛋壳变薄且粗糙，棕色蛋壳褪色，或者下软蛋。有的出现多发性神经炎和全身出血性变化。

（三）病理变化

首先观察到皮肤、肌肉和内部器官出血，皮下有大小不等的出血斑，胸部肌肉弥漫性或刷状出血，大腿内侧斑状出血。肠道有弥漫性出血斑点，盲肠内可能含有血液。腺胃和肌胃角质层下出血。进一步检查，肾脏明显肿大，土黄色，表面有紫红色出血斑。输尿管增粗，并充满尿酸盐。肾盂和肾小管中常见磺胺药结晶。肝脏肿大，紫红色或黄褐色，表面有出血点或出血斑。胆囊肿大，充满胆汁。脾肿胀，有出血性梗死和灰色结节区。心肌有刷状出血和灰色结节区，心外膜出血。脑膜充血和水肿。骨髓变为淡红色或黄色。

（四）诊断

主要根据病史调查，是否应用过磺胺类药物，用药的种类、剂量、添加方式、供水情况、发病的时间和经过。还要现场观察临诊症状及病鸡剖检病理变化，进行综合分析即可得出诊断。磺胺药物在病鸡组织内是稳定的，即使停药后仍然可在组织中残留几天。肌肉、肾或肝中磺胺药含量超过 2×10^{-5}，就可诊断为磺胺类药物中毒。

（五）防治措施

（1）使用磺胺类药物时，要严格按照所使用药物的说明书来准确的计算使用剂量，并且在使用前要准确称量，确定无误后方可投入使用。为了避免药物搅拌不匀，可以使用逐级稀释法混合饲料和饮水。

（2）严格控制用药时间，按疗程用药，不可超过 7 天。对于雏鸡和产蛋期的蛋鸡在用药时要注意选择低毒的磺胺类药物，或者尽量不使用此类药物。

（3）在使用磺胺类药物时应适当地提高饲料中维生素 K 和 B 族维生素的量，可以起到预防的作用。

（4）在使用该药物时可以和抗菌增效剂结合使用，可以减少用药量，提高疗效，防止发生中毒。

（5）如果发现中毒症状，就应立即停止用药，同时提供充足的饮水，并在饮水中加入 1%～2%的碳酸氢钠、5%的葡萄糖。对于病情较为严重的病例，则要灌服碳酸氢钠溶液，可以阻止此病药物形成结晶，利于药物的排出。另外，还要在饲料中添加 0.2 克/千克维生素 C，或在饮水中添加 100 克/升维生素 C，直到症状消失为止。治疗该病以解毒为主，因此可以使用甘草或绿豆煎汁让病鸡口服，并配合大量的饮水解毒。在治疗的同时，在饲料中添加维生素 K 和 B 族维生素进行辅助治疗，可起到良好的治愈效果。

四、喹乙醇中毒

喹乙醇是广泛用于鸡促生长和抗菌的新型药物，但对鸡极为敏感，如果投药的方法不当，如剂量过大或用药时间过长，就会引起药物中毒，严重的影响鸡的健康和生产性能，甚至造成大批死亡。

（一）病因

1. 使用过量

喹乙醇的治疗量与中毒量很接近，所以安全范围小，并且蓄积性强。鸡对喹乙醇较敏感，每千克体重 1 次服用 90 毫克以上即引起中毒死亡；按每千克体重每日服 50 毫克，连服 6 天，约有 50%的鸡会发生中毒死亡。

2. 混合不均匀

没有按照逐级混合法混合药物，造成药物混合不均。

3. 计算或换算添加量单位错误

误将克（g）和毫克（mg）混淆，或将每千克饲料的药物添加量与每千克鸡只体重的用药量混淆。

4. 重复添加

某些饲料厂家生产的浓缩饲料或全价饲料中已按规定剂量添加有喹乙醇而未作说明，而养鸡场户在饲喂时又添加喹乙醇或含喹乙醇的添加剂如灭霍灵、禽菌灵、灭败灵等，致使实际用量过大。

（二）临床症状

主要表现为口渴、食欲锐减或废绝，蹲伏不动，或行走摇摆。幼鸡畏寒、扎堆、聚集于热源旁。鸡冠和肉髯变暗红色或黑紫色。粪便稀薄，为黄白色。双翅下垂，有的表现神经兴奋，呼吸急促，乱窜急跑等症状。一般中毒后 1~3 天死亡，病程长的达7~10 天。死前有的拍翅挣扎，尖叫，角弓反张。

（三）病理变化

可见肝脏肿大、淤血、色暗红，表面有出血点，质脆。胆囊胀大，充满绿色胆汁，心肌迟缓，心外膜充血、出血，腺胃黏膜表面出血，肌胃角质层下有出血点或出血斑（注意易与鸡新城疫相混淆），十二指肠黏膜弥漫性出血，泄殖腔严重出血，盲肠充血、出血，盲肠扁桃体肿胀、出血。

（四）诊断

根据流行病学情况、临床症状和病理解剖变化，结合临床有喹乙醇或痢菌净超疗程和用量使用的历史可作出初步诊断。实验室必须通过检测病鸡中肌肉、肾或肝中喹乙醇含量来确诊是否为喹乙醇中毒。

（五）防治措施

（1）发现中毒，立即停用含有喹乙醇的饲料，供给硫酸钠水溶液饮水，严重者可逐只灌服；然后再饮用5%葡萄糖水或0.5%的碳酸氢钠溶液并按每千克加入维生素C 1毫克，维生素B_6 0.2毫克。

（2）在饲料中添加维生素K_3片，每千克饲料加24毫克，连用1周，同时在饲料中添加氯化胆碱以保护肝、肾等脏器，减少死亡。

（3）严格控制饲料中的添加量，喹乙醇作为饲料添加剂，用于促生长，25~35克/吨饲料，应注意混匀。

五、马杜拉霉素中毒

马杜拉霉素又称克球皇、加福、抗球王等，是一种新型高效抗球虫药，对6种艾美耳球虫有高度活性，已广泛用于临床，由于其安全范围较窄，在防治鸡的各种球虫病时常因用药不当引起中毒。

（一）病因

由于许多饲料厂家在饲料中添加马杜拉霉素，养殖场户在不了解的情况下又用此药，或用药剂量过大或拌料不均，引起中毒；对药物的有效成分不了解，如商品名为克球皇、抗球王、杜球、灭球净、杀球王、加福等的有效成分都是马杜拉霉素，如果重复应用这些药物可引起中毒。

（二）临床症状

主要表现为鸡群饮水量与采食量均减少，拉绿色稀粪，消瘦，脚爪皮肤干燥、呈暗红色，两腿无力，行走困难。若停药及时一般无死亡。急性中毒病例主要表现为饮食明显减少或废绝，两腿无力或瘫痪，可造成不同程度的死亡。

（三）病理变化

慢性中毒病例主要为胸肌、腿肌出血。肝肾稍肿，呈暗红色。急性中毒病例主要为肝肾肿大、淤血，呈褐色。小肠黏膜呈弥漫性出血，而肌肉出血现象不明显。

（四）诊断

根据其临床症状、病理变化，再询问其饲料变更的情况，可作出初步诊断。

（五）防治措施

1. 预防

用量切勿随意增大，马杜拉霉素的使用标准量是 5×10^{-6}，即 1 吨饲料添加纯品马杜拉霉素 5 克，且马杜拉霉素无预防量与治疗量之分。因马杜拉霉素使用量超过 6.5×10^{-6} 就不再安全，所以在使用上切勿加大用量，添加饲料中一定要充分拌匀，连续使用时间不宜太长。

2. 治疗

立即停用含有马杜拉霉素及其他抗球虫或抗菌药物的饲料，饮水中添加 3%葡萄糖和 0.02%维生素 C，以提高鸡体抗病力和解毒能力，症状较重的鸡可借用人用输液管灌服，每天两次，一般停药后 5 天左右鸡群便可恢复正常。

六、棉籽饼中毒

棉籽饼含有游离棉酚、环丙烯类脂肪酸等有毒物质，其中游离棉酚被吸收后能在体内蓄积，对神经、血管及脏器的细胞产生毒害，长期不间断地喂给棉籽饼，会引起中毒。

（一）病因

（1）如果在鸡的饲料中棉籽饼含量占10%以上，且持续饲喂较长时间就可能引起中毒。

（2）用棉籽饼榨油的加工方法不当，造成游离棉酚的含量过高。

（3）棉籽饼保管不善，发热变质，毒性增大。

（4）饲料中维生素A、钙、铁和蛋白质含量不足，也会促使中毒发生。

（二）临床症状

中毒鸡采食量减少，体弱，四肢无力，体重下降，排黑色稀粪，常混有黏液、血液和脱落的肠黏膜，呼吸衰竭，贫血，伴有维生素A和钙缺乏的症状。母鸡产蛋减少或停产，种蛋孵化率降低，蛋的品质下降，蛋壳颜色变浅，畸形蛋增多，蛋存放时间稍长，蛋白和蛋黄即出现粉红色或青绿色等异常颜色，煮熟的蛋黄较坚韧且稍有弹性，称为“橡皮蛋”。公鸡精子活力降低，数量减少。严重中毒的病鸡抽搐，衰竭而死亡。

（三）病理变化

剖检可见血液稀薄，血液颜色变淡，呈浅红色；胸腹腔积有淡红色渗出液；心包积液，心肌柔软无力，心外膜有出血点；胃肠黏膜有出血点或出血斑；肝脏充血、肿大，颜色发黄，质地变硬，胆囊萎缩，胆汁浓稠；肾呈紫红色，质地变脆；肺脏充血、水肿。

（四）诊断

根据该病特征性的症状和病理变化，结合有过量或长期饲喂棉籽饼的病史，即可作出诊断。

（五）防治措施

1. 预防

严格控制饲料中棉籽饼的用量，1 月龄以下的雏鸡不饲喂棉籽饼，青年鸡可适当多喂，18 周龄以后及整个产蛋期少喂，种鸡在产蛋期间不宜使用。棉籽饼在 1 月龄以上的雏鸡饲料中所占比例以 2%~3%为宜，育成鸡不超过 10%；经过去毒处理的不超过 15%。由于棉酚在鸡体内有蓄积作用，最好不要长期饲喂，可采取喂 40 天停 10 天的间歇饲喂方法。

棉籽饼最好经过脱毒处理后再配入饲料内，用 0.1%~0.2%的硫酸亚铁溶液浸泡数小时即可脱毒，或将棉籽饼以 80~85℃干热 2 小时也可使其毒性降低。

凡是饲料中含有棉籽饼时，在配合饲料时，要供足钙、铁、蛋白质和维生素 A，可增强鸡对棉酚的解毒能力。

2. 治疗

对于已中毒的鸡群，应立即停喂可疑的饲料，换成含有 0.5%硫酸亚铁的饲料，连喂 3~5 天，同时供给大量的青绿饲料或胡萝卜。大多数病鸡在经过半月后可逐渐康复。

七、菜籽饼中毒

菜籽饼的有害成分主要是硫葡萄糖苷，它能分解产生多种有毒物质，此外还有芥子酸和单宁等，对鸡产生毒害作用。

（一）病因

引起中毒的原因主要是菜籽饼在饲料中所占比例过大，如果菜籽饼在蛋鸡饲料中占 8%以上，就会引起中毒。此外，当菜籽饼变质、发热或饲料中缺碘时会加重毒性反应。

（二）临床症状

1. 重剧性中毒

大多先前无任何症状就突然两腿麻痹倒卧在地，肌肉痉挛，双翅扑地，口及鼻孔流出黏液和泡沫，腹泻，冠、髯苍白或发紫，呼吸困难，很快痉挛而死。

2. 慢性中毒

精神食欲不好，采食量减少，粪便干硬或稀薄带血，生长停滞，冠、髯色淡发白，产蛋量下降，且常产小型蛋、破壳蛋、软壳蛋，蛋壳表面不平，蛋有腥味，种蛋孵化率降低。

（三）病理变化

剖检病死鸡可见甲状腺呈椭圆形，暗红色，胃肠黏膜充血或呈出血性炎症，肝脏沉积较多的脂肪并出血，肾肿大。

（四）诊断

主要依据饲喂菜籽饼的生活史，结合临床症状，建立初步诊断，必要时进行毒物检验和动物饲喂试验加以确诊。

（五）防治措施

（1）使用前进行去毒。方法有坑埋法、水浸泡法、加热法、氨或碱处理法等。

（2）限量饲喂。产蛋鸡不要超过5%，生长鸡不要超过7%～10%，使用时应逐渐增加。

（3）配合使用。将菜籽饼与其他饼类或动物性蛋白饲料混合饲喂，既可满足鸡对蛋白质的全面需要，又可降低各种饼粕在日粮中的配比而避免产生中毒。

八、黄曲霉素中毒

鸡饲料由于受潮、受热而发霉变质后即产生多种霉菌与毒素，其中最主要的就是黄曲霉菌及其毒素，鸡吃了这些变质饲料即可引起中毒。

（一）病因

黄曲霉素在温暖潮湿条件下，很容易在谷物中生长繁殖并产生毒素，给鸡饲喂发霉的饲料，常常引起黄曲霉素中毒。

（二）临床症状

鸡黄曲霉素中毒，多数病程较长。由于摄入霉变饲料等，鸡精神萎靡，食欲不振，长势迟缓，羽毛蓬乱，严重贫血，肉冠紫红，病鸡呼吸困难，头颈伸直，有时甩鼻、摇头、喷嚏、气喘，还伴有“咯咯”声。个别病鸡眼睑肿胀，一侧眼结膜有大的隆起，经按压后有黄色干酪物渗出。雏鸡行走无力，喜久卧，食欲不振，长势迟缓，鸡冠苍白，排出血便，有白色粪便。成年鸡极度衰竭，产蛋率降低，而且有绿色粪便排出。

（三）病理变化

剖检可见鼻腔黏膜充血，内有黏液。个别中毒严重的鸡有腹水，肝肿大、硬化，有黄白色坏死点。剖检病鸡多数表现为心包炎、腹膜炎、肝周炎、气囊炎。心包膜增厚，心包内有黄色液体，心肌、心冠有大量出血斑点，胸腔壁上也有大量出血斑点。腹膜、气囊增厚，肝脏有一层包膜，多数蛋鸡腹腔内充满破碎卵黄。整个肠道黏膜严重出血，肺脏有霉菌结节，从粟粒大到小米粒大、绿豆大，大小不一，呈黄白色、淡黄色、灰白色，中间有凹的圆形结节。这些结节零散分布于肺，稍柔软，有弹性，切开呈干酪样，少数融合成块。气管、支气管黏膜充血，有淡灰色渗出物。肝肿大，有结节型或弥漫型肿瘤症状。脾脏肿大，有出血斑点。胰脏有出血斑点。肾脏肿大、褪色，有出血斑点。

（四）诊断

发现疑似病例，询问畜主病史了解到，早期抗生素、抗病毒等药物治疗效果欠佳。收集饲料，实验室化验，明显可见黄曲霉素超标。结合临床症状，剖检病变，实验室化验，综合判断分析，可确诊此病为黄曲霉素感染。

（五）防治措施

1. 预防

做好饲料保管工作，仓库注意通风换气，防潮。玉米等作物收割后应充分晾晒，使之尽快干燥。坚决不用发霉变质饲料喂鸡。凡被毒素污染的用具、鸡舍、地面，用2%次氯酸钠消毒，中毒死亡的鸡和其内脏、排泄物等要妥善处理，以防二次污染饲料和饮水。

2. 治疗

发现鸡群有中毒症状后，立即对可疑饲料和饮水进行更换。该病目前尚无有效治疗药物，对鸡群只能采取对症治疗，给鸡饮用5%葡萄糖水，有一定的保肝解毒作用。灌服高锰酸钾水，破坏消化道内毒素，以减少吸收。同时对鸡群加强饲养管理，有利于鸡的康复。

九、氟中毒

氟是动物机体不可缺少的微量元素之一，在机体内直接参与骨骼代谢，维持正常的钙磷平衡。氟的需要量很少，如果饲料中氟过量就会引起氟中毒。

（一）病因

饮水或饲料中的氟含量超标引起氟中毒，使用劣质含氟过高的磷酸氢钙作为添加剂，致使鸡日粮中氟含量过高，是主要原因。国家饲料卫生标准规定，作为饲料添加剂的磷酸氢钙氟含量不能超过0.18%。

（二）临床症状

精神不振，食欲减退，生长缓慢，羽毛粗乱无光泽，消瘦，排稀便，喙软，爪干燥，腿部无力，喜静卧，关节肿大，僵直，步态不稳，运动障碍，软脚，以跗关节着地俯卧，或两腿呈“八”字形外翻，严重者跛行或瘫痪，个别鸡头打颤，有的因腹泻、痉挛、衰竭而死。种鸡除偶见软脚及跛行外，一般不出现明显的临床症状，但生产性能下降，表现产蛋率、种蛋孵化率逐渐下降，尤其受精率可降到60%。产蛋鸡还表现蛋质量差，蛋壳薄、破蛋增多。

（三）病理变化

骨骼发育不良，胸骨变形，在胸骨和椎骨结合部位肋骨向内卷曲，骨骼松软，易变而不易折断，骨骼颜色变淡，严重者呈土黄色，有的可见肋骨粗大。肾微肿，输尿管中有尿酸盐沉着。大脑、小脑脑膜轻度充血。有的可见肝脏轻度肿大，呈黄褐色，个别鸡肝脏表面有点状出血和灶性坏死，有些鸡腹腔中有少量淡黄色腹水。肠黏膜脱落，肺淤血、水肿，气管环有出血。血液凝固不良。

（四）诊断

可根据发病情况和所喂饲料调查、临床症状及剖检变化作出初步诊断。必要时，可进行饲料中氟含量测定，当所测指标超过规定量时即可确诊。

（五）防治措施

发现中毒病鸡，应立即停喂含氟高的饲料，更换氟含量合格的饲料，并在日粮中另添800毫克/千克的硫酸铝，以减轻中毒。给病鸡饮用5%葡萄糖水，连用5天，并在饮水中添加维生素C、维生素D和B族维生素，以促进康复，增强抗病能力。补充钙磷也有助于氟中毒病鸡的康复。

防止氟中毒发生，关键是把好原料关并及时检测饲料、饮水中的氟含量，一旦超标，要迅速更换。在选购磷酸氢钙时，一定要选择信誉好、质量可靠厂家产品。一旦购入含氟量偏高的磷酸氢钙，在使用时可搭配一定比例的含氟量低的优质磷酸氢钙使用，以降低饲料中的总氟含量，避免发生中毒。也可适当提高日粮中的钙含量，因为钙与氟有一定的拮抗作用。

养鸡场必须加强饲料检测意识，要定期对日粮以及磷矿石、鱼粉、骨粉、石粉中的氟含量进行检测，使鸡饲料中的氟含量在规定范围内，以防过量造成中毒。

第六节　营养缺乏症

一、维生素 A 缺乏症

鸡维生素 A 缺乏症是由日粮中维生素 A 供给不足或消化吸收障碍所引起的，以夜盲，黏膜、皮肤上皮角质化、变质，生长停滞，干眼病为主要特征的一种营养代谢性疾病。维生素 A 是环状不饱和一元醇，对酸、碱和热稳定，但在空气中易被氧化。维生素 A 能维持鸡正常视觉和黏膜上皮细胞的正常结构，调节有关营养物质的代谢，促进鸡的生长发育、繁殖和孵化所必需的营养物质，因此应引起重视。维生素 A 大量存在于动物性饲料中，如鱼肝油、牛奶、卵黄、血液、肝脏和鱼粉等。一切植物性饲料中均无维生素 A，只有胡萝卜素，如青绿饲料、优质干草、甘薯、青贮料和胡萝卜等富含胡萝卜素，它在机体内胡萝卜素酶的作用下可转化成维生素 A，并贮存于肝脏中供机体利用。因此，胡萝卜素称为维生素 A 原。

（一）病因

（1）饲料中维生素 A 的含量不足或鸡的需要量增加。长期使用米糠、麸皮等维生素A或胡萝卜素含量过低的饲料，饲料中又没有添加多维素，此时可造成维生素A缺乏症。

（2）饲料中维生素受到破坏。如饲料在存放过程中受日晒、雨淋、高温等不利条件的影响，或存放时间过长，都可使饲料中的维生素A类物质发生氧化分解而被破坏。

（3）维生素A吸收、转化障碍。饲料中脂肪不足，或鸡患有消化道、肝胆疾病等，均会影响维生素A或胡萝卜素的吸收。饲料中铜、锰等微量元素不足时，会阻碍胡萝卜素的转化。

（4）鸡舍冬季潮湿，阳光不足，空气不流通，鸡缺乏运动，矿物质饲料不足，都可促使该病发生。

（5）饲料中维生素E不足，锰、不饱和脂肪酸、硝酸盐、亚硝酸盐等含量过多，或某些酸性添加剂等一些抗营养物质的作用，使饲料中维生素A或胡萝卜素活性降低或丧失。

（二）临床症状

如果产蛋母鸡的饲料中维生素A不足，则产出的蛋所孵化的鸡在1周龄时即可发病。若母鸡饲料中维生素A充足，而初生雏鸡饲料中缺乏维生素A，一般在6~7周龄时出现症状。成年鸡发病日龄多在2个月以后至开产前后。

雏鸡缺乏维生素A时，表现为精神不振，羽毛脏乱，生长发育不良，食欲减退，消瘦，行动迟缓，呆立，两脚无力，步态不稳，嘴、脚爪的黄色变浅。病情发展到一定程度时，鼻腔有分泌物，初为水样，逐渐变为黏液脓性。眼部症状是病鸡的特征性症状，眼睛流泪，初期为无色透明，后变为黏液状物，眼睑肿胀，眼内积聚有白色干酪样物，使上、下眼睑黏合而睁不开，眼球凹陷，角膜浑浊成云雾状，严重时发生角膜穿孔，半失明或失明。有的病鸡后期可能出现运动失调、转圈、打滚等神经症状，最后因极度衰竭而死。如果不及时加以治疗，死亡率可达90%以上。

成年鸡缺乏维生素 A 时，主要表现为产蛋率、种蛋孵化率和受精率下降，抗病力减弱，鸡冠、腿、爪颜色发淡，病情严重时出现腿部病变，与雏鸡的症状相似，鸡群的呼吸道和消化道黏膜抵抗力降低，易诱发其他传染病。

（三）病理变化

剖检可见病鸡口腔、咽、食道或鼻腔黏膜上有散在的白色小结节，突出于黏膜表面，有时融合成片，成为灰白色伪膜覆盖在黏膜表面，气管黏膜附着一层白色鳞片状角质化上皮。内脏器官有白色尿酸盐沉积，肾脏、心脏和肝脏等器官表面常有白色尿酸盐覆盖，输尿管扩张 1~2 倍，胆囊肿胀，胆汁浓稠。雏鸡的尿酸盐沉积一般比成年鸡严重。

（四）诊断

根据鸡维生素 A 缺乏症的发病特点、临床症状及病理剖检等可作出初步诊断，但确诊要进行实验室化验。正常鸡血浆中含维生素 A 10 微克以上，如在 5 微克以下，即可确诊。

（五）防治措施

1. 预防

在预防上主要是根据不同的生理阶段来配制不同的饲料，以保证鸡的生理和生产需要。饲料不宜放置过久，如需保存时间较长，应防止饲料酸败、发酵、产热和氧化，以免维生素 A 或胡萝卜素遭到破坏。配制日粮时，应考虑饲料中实际具有的维生素 A 活性，最好现配现用。及时治疗肝、胆及胃肠道疾病，以保证维生素 A 的正常吸收、利用、合成和贮藏。

2. 治疗

发生鸡维生素 A 缺乏症时，可在饲料中按 5 毫升/千克的剂量添加鱼肝油，连用 2 周，对急性病例的疗效较好，大多数病鸡可以很快恢复健康。成年病重鸡每日口服 1~2 滴鱼肝油，连续 7

天。最好在饲料中添加抗生素，以防继发感染。

二、维生素 B_1 缺乏症

维生素 B_1 又称硫胺素，是鸡碳水化合物代谢所必需的物质。由于维生素 B_1 缺乏而引起鸡碳水化合物代谢障碍及神经系统的病变为主要临诊特征的疾病称为维生素 B_1 缺乏症。

（一）病因

大多数常用饲料中硫胺素均很丰富，无须给予高硫胺素的补充。但鸡仍有硫胺素缺乏症发生，主要由以下原因所致。

（1）饲料中硫胺素遭受破坏。如饲料的贮存加工不当，饲料中添加了某些矿物质、碱性物质、硫化物、硫酸盐、防霉剂、球虫抑制剂氨丙啉等，这些物质均能破坏维生素 B_1 或与维生素 B_1 有拮抗作用。

（2）饲养不当。如长时间饲喂单一的含维生素 B_1 少的饲料，如精磨白米，也会引起缺乏。

（3）胃肠道出现疾病时，导致消化吸收障碍，也会引起维生素 B_1 的缺乏。

（二）临床症状

雏鸡对硫胺素缺乏十分敏感，饲喂缺乏硫胺素的日粮后约经 10 天即可出现多发性神经炎症状。病鸡突然发病，呈现“观星”姿势，头向背后极度弯曲呈角弓反张状，由于腿麻痹不能站立和行走，病鸡以跗关节和尾部着地，坐在地面或倒地侧卧，严重的衰竭死亡。

成年鸡硫胺素缺乏 3 周后才出现临诊症状。病初食欲减退，生长缓慢，羽毛松乱无光泽，鸡冠常呈蓝紫色。腿软无力和步态不稳，以后神经症状逐渐明显，开始是脚趾的屈肌麻痹，接着向上发展，腿、翅膀和颈部的伸肌明显地出现麻痹。有些病鸡出现贫血和拉稀，体温下降。呼吸率呈进行性减少，最后衰竭死亡。

（三）病理变化

硫胺素缺乏症致死雏鸡的皮肤呈广泛水肿，其水肿的程度决定于肾上腺的肥大程度。病死雏的生殖器官呈现萎缩，睾丸比卵巢的萎缩更明显。心脏轻度萎缩，右心可能扩大，心房比心室较易受害。肉眼可观察到胃和肠壁的萎缩，而十二指肠的肠腺却变得扩张。在显微镜下观察，十二指肠肠腺的上皮细胞有丝分裂明显减少，后期黏膜上皮消失，只留下一个结缔组织的框架。在肿大的肠腺内积集坏死细胞和细胞碎片。胰腺的外分泌细胞的胞浆呈现空泡化，并有透明体形成。这些变化认为是因为细胞缺氧，致使线粒体损害所造成的。

（四）诊断

主要根据鸡发病日龄、流行病学特点、饲料维生素 B_1 缺乏、临诊上多发性外周神经炎的特征症状和病理变化即可作出诊断。

（五）防治措施

1. 预防

饲料配合要全价，避免减少含维生素 B_1 丰富的糠麸类饲料；避免对饲料进行不适当的加工调制；对影响维生素 B_1 摄入、吸收的疾病要积极治疗；饲料中添加破坏或与硫胺素拮抗的物质时，要适当增加糠麸类饲料的比例，或添加人工合成的维生素 B_1 粉。

2. 治疗

对病鸡可用硫胺素进行治疗，每千克饲料加 10～20 毫克，连用 1～2 周。病重鸡可采用口服或肌内注射的方法，每只鸡 5～10 毫克，每天 1～2 次，连用 3 天，经过治疗多数可康复。

三、维生素 B_2 缺乏症

鸡维生素 B_2 缺乏症是以病鸡趾爪向内蜷曲、物质代谢障碍为特征的一种营养缺乏病。维生素 B_2 又叫核黄素，是机体内许多氧化还原酶类的辅助因子，调节细胞呼吸的氧化还原过程，对碳水化合物、蛋白质和脂肪代谢具有十分重要的作用。

（一）病因

（1）饲料中维生素 B_2 的供应不足。

（2）饲料保存时间过长，或饲料中含有能破坏维生素 B_2 的物质，均可造成核黄素的缺乏。

（3）饲养管理不当。如饲喂高脂肪低蛋白日粮时，在低温下饲养时，鸡对核黄素需要量增加，若不注意对核黄素的补充，也会引起发病。

（4）影响维生素 B_2 摄取、吸收的疾病出现后，若不及时治疗，也会引起维生素 B_2 的缺乏。

（二）临床症状

雏鸡多发生于1～3周龄。病鸡生长缓慢，消瘦，羽毛蓬乱无光，绒毛减少，随后出现消化系统功能障碍，食欲减退，腹泻，不愿行走，衰弱。该病特征性症状是足跟肿胀，趾爪向内蜷曲，腿部肌肉萎缩无力，翅膀下垂，不能保持正常的姿势，皮肤干而粗糙。强制驱赶时，以飞节着地负重行走，以展翅来维持身体平衡。到后期病鸡两腿瘫痪，完全卧地不起，最后因吃不到食物，衰竭死亡或被其他鸡踩死。成年母鸡饲料中缺乏维生素 B_2 时，两周后出现产蛋率和孵化率明显降低，种蛋入孵后胚胎死亡率增加，未能出壳的鸡胚体形矮小，水肿。勉强出壳的病雏，绒羽发育不全，羽毛特征性地弯绕。

（三）病理变化

剖检可见坐骨神经和臂神经显著肿大、松弛，坐骨神经的肿大更为明显，有时比正常粗3～5倍。病死鸡的胃肠黏膜萎缩，胃肠壁变薄，肠内有大量泡沫状内容物，肝脏大而柔软，脂肪含量增加。

（四）诊断

根据该病的特征性症状（趾爪向内蜷曲）和剖检病变（坐骨神经显著增粗）以及饲料化验等可作出诊断。

该病应与神经型马立克氏病及传染性脑脊髓炎相区别。神经型马立克氏病除坐骨神经增粗外，内脏器官也有肿瘤，而且有“大劈叉”姿势。传染性脑脊髓炎病鸡的头颈震颤，趾爪没有维生素B_2缺乏时的蜷曲现象，也没有坐骨神经增粗的剖检变化。

（五）防治措施

1. 预防

预防该病的主要措施是在配制日粮时，注意配给足够的含维生素B_2的饲料，如新鲜青绿饲料、优质草、叶粉、谷类籽实、糠麸、鱼粉、酵母和乳制品等，以保证日粮中有足够的维生素B_2。根据不同饲养条件及时增减核黄素的用量，避免混合料中某些碱性物质对核黄素的破坏。饲料贮存时间不能过久，避免风吹、日晒、雨淋，在调制时更应避免阳光的破坏作用。及时治疗和预防影响核黄素摄入、吸收的疾病。

2. 治疗

对于病重鸡，治疗很少见到康复。治疗病情较轻的鸡，可在每吨饲料中添加6~9克维生素B_2，连续1～2周。也可采用口服或肌内注射的方法，每只鸡每次1～2毫克维生素B_2，连续2～3天，有一定的疗效，成年鸡治疗一周后，产蛋率和孵化率回升，基本恢复到正常水平。

四、泛酸（维生素 B_3）缺乏症

泛酸又称遍多酸，遍布于一切植物性饲料中，在一般日粮中不易缺乏。但在饲料加工时经热、碱、酸处理等很易破坏，长期饲喂玉米，可引起泛酸缺乏症。

（一）病因

（1）维生素 B_{12} 缺乏的雏鸡，每千克饲料中需要 20 毫克泛酸才能维持正常生长，否则也可造成泛酸缺乏症。

（2）以玉米为主的日粮，需注意泛酸的供给，因为玉米含泛酸量很低，鸡又不能像反刍动物可在瘤胃中合成泛酸，较易引起泛酸缺乏。

（3）泛酸是泛解酸和丙氨酸借肽链联合而成的一个直链化合物，因为肽链不是很稳定的，故泛酸极易受到热、特别在酸性或碱性环境下被破坏，发生水解，影响鸡的利用率而造成泛酸缺乏。

（二）临床症状

雏鸡缺乏泛酸时，特征性表现是羽毛生长阻滞和松乱。病鸡头部羽毛脱落，头部、趾间和脚底皮肤发炎，表层皮肤有脱落现象，并产生裂隙，以致行走困难，有时可见脚部皮肤增生角化，有的形成疣性赘生物。幼鸡生长受阻，消瘦，眼睑常被黏液渗出物黏着，口角、泄殖腔周围有痂皮，口腔内有脓样物质。

（三）病理变化

剖检时可见腺胃有灰白色渗出物，肝肿大，可呈暗的淡黄色。脾稍萎缩。肾稍肿。病理组织显微镜检查：腔上囊、胸腺和脾有明显的淋巴细胞坏死和淋巴组织减少；脊髓神经和髓磷脂纤维呈髓磷脂变性，这些变性的纤维在沿脊髓向下至荐部各节段都可发现。

（四）诊断

主要是根据该病的临床症状，结合对饲料中泛酸含量的测定，进行综合分析，作出诊断。

（五）防治措施

对缺乏泛酸的母鸡所孵出的雏鸡，虽然极度衰弱，但立即腹腔注射200微克泛酸，可以收到明显疗效，否则不易存活。

注意日粮的合理配合，适量增加富含泛酸的酵母、麸皮、米糠、青绿饲料及动物的肝脏等。发病后向日粮中添加2~3倍标准量的泛酸，并注意复合维生素B的添加。每千克饲料中添加泛酸钙20~30毫克，连用2周。

五、吡哆醇（维生素B_6）缺乏症

维生素B_6缺乏症是由于维生素B_6缺乏引起的，以鸡食欲下降、生长不良、骨短粗和神经症状为特征的一种营养代谢性疾病。维生素B_6包括吡哆醇、吡哆醛、吡哆胺3种化合物，三者均为吡啶衍生物。

（一）病因

鸡的饲养环境温度高，以及在高能量、高蛋白质的饲养条件下，对维生素B_6的需求量随之增加，若未及时补充，可导致该病的发生。影响维生素B_6摄入、吸收的疾病和因素也能造成维生素B_6的缺乏。

（二）临床症状

发病时雏鸡表现为食欲减少，生长发育不良，羽毛粗乱无光，冠、髯苍白。特征性的症状是神经症状，兴奋性增强，不能自主地、无目的地向前奔跑，时而痉挛，肌肉震颤，运动失调，两脚离地乱蹬，拍打翅膀，常发生激烈的痉挛性抽搐，以死亡告

终。成年鸡缺乏维生素 B_6 时，表现为食欲减退，体重下降，贫血，产蛋量和孵化率下降，甚至衰竭死亡。

（三）病理变化

病理剖检变化是皮下水肿，内脏器官肿大，脊髓和外周神经变性。

（四）诊断

根据雏鸡生长发育不良、贫血、兴奋不安、无目的地奔走、肌肉震颤、运动失调等症状，结合日粮中蛋白质含量过高史，可作出诊断。在鉴别诊断上，该病与维生素 E 缺乏症相似，应注意区分。与维生素 E 缺乏症相比，雏鸡出现神经症状时运动更激烈，通常会导致完全衰竭而死亡。

（五）防治措施

1. 预防

在饲料中补给足够的维生素 B_6，满足鸡的需要；当喂给高蛋白水平的日粮时，维生素 B_6 的需要量也应增加，要注意补充。

2. 治疗

可在每千克饲料添加 10~20 毫克维生素 B_6，连用数天，一般都可收到较好的效果。也可用维生素 B_6 注射液，每只成年鸡皮下或肌内注射 5~10 毫克。

六、维生素 B_{12} 缺乏症

维生素 B_{12} 又称氰钴素、钴胺素。维生素 B_{12} 缺乏症是以营养代谢紊乱、恶性贫血为特征的一种营养代谢性疾病。

（一）病因

（1）饲料营养不全面，维生素 B_{12} 的供应不充足。如长期饲喂植物性饲料而不添加动物性饲料或添加剂，造成维生素 B_{12} 的

缺乏。

（2）长期使用磺胺类药、抗生素等引起肠道菌群失调，鸡体内合成的维生素 B_{12}减少，引起缺乏。

（3）幼鸡生长发育迅速，对维生素 B_{12}的需要量大，若补充不足，可导致维生素 B_{12}的缺乏。

（4）维生素 B_{12}可由肠道微生物合成，但含量不能满足鸡的需要，且缺钴时可使维生素 B_{12}合成减少。

（5）鸡粪是维生素 B_{12}的来源之一，所以网上养鸡比平地养鸡容易出现维生素 B_{12}缺乏症。

（二）临床症状

病雏鸡表现症状为食欲减退，精神不振，羽毛稀少，蓬乱无光，生长发育迟缓，饲料利用率降低。贫血为主要症状，如鸡冠、肉髯苍白，血液稀薄等。有时出现骨短粗症。成年母鸡缺乏维生素 B_{12}时产蛋量下降，蛋变小，孵化率降低，胚胎在孵化的第 17 天有一个死亡高峰，胚胎体形小。

（三）病理变化

皮肤呈弥漫性水肿、出血，肌肉萎缩，心脏扩张，肝脏脂肪变性，骨短粗，卵黄囊、肺脏和心脏广泛出血。

（四）诊断

根据病鸡的主要临床症状，结合病史调查和治疗试验可作出诊断。

（五）防治措施

1. 预防

在不同日龄鸡群的饲料中注意增补鱼粉和酵母等，或补充多种维生素，都可预防该病的发生。在种鸡饲料中，每吨饲料添加 4 毫克维生素 B_{12}，可有效降低鸡胚的死亡率，并使雏鸡在出壳后的数周内不发生缺乏症。

2. 治疗

对于发病鸡，可按每吨饲料中添加10毫克的剂量添加于饲料中，连用数日。对于重病鸡，可采用肌内注射的方法，每只成年鸡每日一次维生素B_{12}，每次2微克，连用7天。

七、烟酸（维生素PP）缺乏症

鸡烟酸缺乏症是烟酸缺乏所引起的一种营养不良疾病，患病鸡以口炎、下痢、跗关节肿大等症状为主要特征。

（一）病因

饲料单一，长期饲喂以烟酸和色氨酸含量低的玉米等为主要日粮，没有添加维生素PP。

（二）临床症状

雏鸡多发，发病是逐渐的，初期精神不佳，生长缓慢，发育停滞。羽毛稀少，皮肤粗糙有皮炎，长骨变粗短，飞节肿大，腿骨弯曲。病鸡口腔黏膜发炎，消化不良和腹泻。

（三）病理变化

严重病例的骨骼、肌肉及内分泌腺，可发生不同程度的病变，以及许多器官发生明显的萎缩。皮肤角化过度而增厚，胃和小肠黏膜萎缩，盲肠和结肠黏膜上有豆腐渣样覆盖物，肠壁增厚而易碎。肝脏萎缩并有脂肪变性。

（四）诊断

根据发病经过、日粮的分析、临诊特征性症状和病理变化综合分析后可作出诊断。

（五）防治措施

针对发病原因采取相应的措施，调整日粮中玉米比例，或添加色氨酸、啤酒酵母、米糠、麸皮、豆类、鱼粉等富含烟酸的饲料。

对病雏鸡可在每吨饲料中添加 15～20 克烟酸。如若有肝脏疾病存在时，可配合应用胆碱或蛋氨酸进行防治。

八、维生素 D 缺乏症

鸡维生素 D 缺乏症是由于维生素 D 供应不足，或其他因素引起以骨骼、喙和蛋壳发育异常为特征的一种营养代谢性疾病。

（一）病因

（1）鸡长时间得不到阳光照晒，且日粮中维生素 D 的供给不足时，很容易发生该病。

（2）鸡患胃肠疾病或肝、肾等疾病时，维生素 D 在体内的转化、吸收和利用受到阻碍，也可造成维生素 D 缺乏。

（3）饲料中无机锰的含量较多时，维生素 D 的作用也会受到一定的影响。

（二）临床症状

雏鸡缺乏维生素 D 时，最早可在 10 日龄左右即出现临床症状，但大部分在 3～4 周龄后出现症状。表现为生长发育受阻，羽毛蓬乱无光，食欲尚好，但两腿无力，步态不稳，不愿走动，喜卧地，喙和脚爪变软，弯曲，变形，腿骨变脆，易发生骨折。成年鸡缺乏维生素 D 时，一般在 2～3 个月后才出现症状，前期表现为蛋壳变薄，或产软壳蛋，产蛋减少，种蛋孵化率显著降低，病程越长越严重。严重时鸡喙、脚爪、腿骨均可变软、变形，两腿无力，常蹲伏于地。

（三）病理变化

维生素 D 缺乏症的病理剖检变化主要表现在骨骼和甲状旁腺。甲状旁腺因为增生而体积变大。骨骼变软、变形，易于折断，胸骨中部内陷，呈 S 弯曲，脊柱在荐骨与尾椎区向下弯曲，从而使胸腔体积变小。与肋软骨连接处的肋骨内侧面明显肿大，形成数个圆形结节，似串珠状，椎骨和肋骨交接处也有类似情况。

（四）诊断

主要根据临床症状如喙、腿骨变软，两腿无力，不愿走动，成年鸡产薄壳蛋、无壳蛋，剖检变化如胸骨弯曲，肋骨与肋软骨连接处有串珠状肿大等，结合实验室化验，血清中的钙明显减少即可作出诊断。

（五）防治措施

1. 预防

在饲料中按鸡不同发育阶段补给足量的维生素 D，鸡饲料不要存放时间过长，注意锰的用量不能过多，防治好影响维生素 D 吸收、转化等的一些疾病，饲料中钙磷比例要合适。

2. 治疗

（1）对病鸡治疗时，可在饲料中添加鱼肝油，每千克饲料 10~20 毫升，同时在饲料中适当多添加一些多种维生素，连用 10~20 天。

（2）也可用维生素 D_3 注射液，按 1 万国际单位/千克体重一次，肌内注射，也有良好的疗效。

（3）病重瘫痪鸡，可肌内注射维丁胶酸钙，每日 1 次，每只 1 毫升，连用 3 天。

（4）保证饲料中维生素 D_3 含量。雏鸡饲料中每千克应含维生素 D_3 220 国际单位，产蛋鸡每千克饲料中应含 520 国际单位。

九、维生素 E 缺乏症

维生素 E 又称生育酚，是一类酚类化合物的总称，鸡维生素 E 缺乏能引起小鸡脑软化、渗出性素质和肌营养不良等多种疾病。

（一）病因

（1）饲料本身维生素 E 含量不足。

（2）饲料贮存不当，保存期过长。如籽实类饲料保存 6 个月，维生素 E 可损失 30%~50%。

（3）混合料中其他成分对维生素 E 的破坏。如某些矿物质、不饱和脂肪酸和饲料酵母等。

（4）鸡患有肠道疾病时，导致对维生素 E 的吸收利用率降低，引起缺乏。

（5）饲料中缺乏微量元素硒时，维生素 E 的需要量增加，若补偿不足，则会引起维生素 E 缺乏症。

（6）存在于植物组织中的维生素 E 极易氧化失效，饲料加工调制时，引起维生素 E 大量损失，如青草制成青干草可能损失 95%。

（7）母鸡缺乏维生素 E，以致其所产的蛋孵出的雏鸡发生先天性维生素 E 缺乏。

（二）临床症状

雏鸡发生该病多集中在 15~30 日龄发生，主要表现为肌肉营养不良，脑软化和渗出性素质 3 种病型。成年鸡缺乏维生素 E 时一般无明显的临床症状，表现为种蛋孵化率降低，鸡胚早期死亡。公鸡睾丸变小，性欲降低，精液品质差，生殖机能减退。

1. 脑软化症

病鸡表现为共济失调，头向后或向下萎缩或向侧面扭转，后仰，步态不稳，时而向前或向后冲，两腿发生痉挛性抽搐，翅膀和腿呈不完全麻痹，采食减少或不食，最后衰竭而死。

2. 渗出性素质病

它是由于维生素 E 和硒同时缺乏而引起的一种皮下组织水

肿。多发生于20~60日龄的鸡，比脑软化症稍晚。主要特征是全身皮下组织水肿，尤以股部和腹部多见，症状轻的可见病变部皮下有黄豆大至蚕豆大的紫蓝色斑块，严重时水肿加剧，病鸡两腿叉开，穿刺或剪开病变部可流出蓝绿色黏性液体。

3. 肌营养不良

它又称白肌病，多发于30日龄左右的鸡，是由维生素E、硒和含硫氨基酸共同缺乏时造成的。病鸡表现为两腿无力，消瘦，站立不稳，运动失调，翅下垂，全身衰弱，最后衰竭死亡。

（三）病理变化

1. 脑软化症

剖检病变主要是脑膜、小脑与大脑充血、肿胀，脑回展平，表面有散在出血点，或有黄绿色不透明的坏死区，上述病变也可能发生在大脑、延髓和中脑。

2. 渗出性素质病

剖检时可见心包积液和扩张，胸部和腿部肌肉均有轻度出血。

3. 肌营养不良

剖检特征是肌肉外观苍白、贫血，并有灰白色条纹，病变主要发生在胸肌和腿肌。

（四）诊断

因为该病有多种类型，因此在诊断上需依据流行特点、临床症状、病理剖检变化和饲料中维生素E的含量检测结果进行综合分析，作出诊断。

在鉴别诊断上，该病应与传染性脑脊髓炎相区别。在症状上脑脊髓炎头部有震颤现象，但一般不向前冲，而且脑脊髓炎不引起渗出性素质和白肌病，而维生素E缺乏症的3种类型常交织在一起。

（五）防治措施

1. 预防

预防上主要采取以下措施。

（1）防止饲料贮存期过长。

（2）饲料中应含足够的维生素 E 和硒。维生素 E 在新鲜的青绿饲料中含量较多，植物种子胚芽、植物油、豆类等含量也很丰富，所以日粮中谷实类、油饼类应占一定比例，并加喂充足的新鲜青绿饲料。

（3）幼鸡 8 周龄内维生素 E 的需要量为每千克饲料 10 毫克，种鸡、后备鸡和产蛋鸡每千克日粮中应分别添加维生素 E 5~10 毫克。

（4）母鸡必须靠维生素 E 保证良好的孵化率和雏鸡质量，所以种鸡饲料都应含有足量的维生素 E 以保证后代的健康。

（5）不使用发霉的饲料喂鸡。

（6）在饲料中添加抗氧化剂，减少维生素 E 的破坏。

2. 治疗

患脑软化的雏鸡无法治疗，但对鸡群可用维生素 E 治疗，以防止发生新病例。渗出性素质、肌营养不良不是单一维生素 E 缺乏所致，所以在治疗中除喂给维生素 E 之外，还应配合硒制剂和含硫氨基酸予以治疗。

（1）当鸡发生该病时，可在每千克饲料中添加维生素 E 20 国际单位，同时在每千克饲料中加入亚硒酸钠 0.2 毫克，蛋氨酸 3 克，连用数天，一般可收到较好的疗效。

（2）幼鸡内服维生素 E 2~3 毫克，种鸡 5~10 毫克。大群治疗时，幼鸡可加入 30~40 毫克/千克饲料，产蛋鸡加入 10~20 毫克/千克饲料。

（3）大群治疗时，在日粮中添加 0.5%~1.0%植物油。

（4）用亚硒酸钠 3~5 毫克/千克浓度的溶液，自由饮服 8 小时，连用3天，停药3天，再用3天。或用1毫克亚硒酸钠混于100毫升饮水中，让雏鸡自由饮用，可使渗出性素质得到基本控制。

十、维生素K缺乏症

该病是由于维生素K缺乏使血液中凝血酶原和凝血因子减少，以造成鸡血液凝固过程发生障碍，血凝时间延长或出血等病症为特征的疾病。

（一）病因

维生素K缺乏症很少见于成年鸡，有时见于雏鸡和低龄青年鸡，往往是由多方面因素造成的。其主要因素有：

（1）饲料中维生素K供给量不足。

（2）笼养鸡和网上育雏鸡啄食不到鸡粪。

（3）长期使用抗菌药物，杀死了肠道内正常栖居的微生物，使体内维生素K的合成量大大减少。

（4）患肝脏及胃肠道疾病，影响维生素K的吸收。

（5）饲料中存在双羟香豆素、丙酮苄羟豆素等物质，干扰维生素K的代谢。

（二）临床症状

雏鸡饲料中维生素K缺乏，通常为2~3周出现症状。主要特征症状是出血，体躯不同部位，胸部、翅膀、腿部、腹膜，以及皮下和胃肠道都能看到出血的紫色斑点。病鸡的病情严重程度与出血的情况有关。出血持续时间长或大面积出血，病鸡冠、肉髯、皮肤干燥苍白，肠道出血严重的发生腹泻，致使病鸡严重贫血，常蜷缩在一起，不久死亡。种鸡维生素K缺乏，使种蛋孵化过程中胚胎死亡率升高，孵化率降低。

（三）病理变化

剖检可见肌肉苍白、皮下血肿，肺等内脏器官出血，肝有灰白或黄色坏死灶，脑有出血点。死鸡体内有积血凝固不完全，肌胃内有出血。

（四）诊断

主要依据病史调查、日粮分析、病鸡日龄、临诊上出血症状、凝血时间延长以及剖检时的出血病变等综合分析，即可诊断。

（五）防治措施

（1）在日粮中注意添加富含维生素 K 的饲料和维生素 K 添加剂。

（2）对病鸡可用维生素 K 治疗，每千克饲料添加 3~8 毫克，同时多喂一些青绿饲料和动物性饲料，用药后 4~6 小时可使血液凝固恢复正常。

第七节　矿物质缺乏症

矿物质微量元素对维持鸡正常生理机能的作用十分重要，缺乏时会引起多种疾病和症状。

一、钙和磷缺乏症

雏鸡缺钙表现生长迟缓、骨骼发育不良、出现佝偻病、骨脆易断或软而弯曲、两腿变形外展、站立不稳、龙骨弯曲，与维生素 D 缺乏时症状相似。产蛋鸡饲料中钙的含量低于 1.5%时，产蛋下降，有薄壳、软壳或无壳蛋，易发生软脚病及笼养鸡疲劳症，行走困难、骨质疏松、易断。

磷缺乏表现为厌食、倦怠、生长迟缓、骨骼发育不良，严重时会和缺钙一样发生软骨症和佝偻病。产蛋鸡饲料中的有效磷含量低于 0.29%时会引起产蛋率减少，产软壳蛋，种蛋孵化率降低。

发病后尽早改善饲料成分，补充骨粉、磷酸氢钙、贝壳粉、石粉和鱼粉等，并适当增加维生素 A 和维生素 D 的用量。预防该病的主要方法是选用优质的骨粉，不使用磷酸氢钙。

二、氯和钠缺乏症

氯和钠缺乏症是由于氯和钠摄入不足引起的机体代谢紊乱等一系列症状的营养缺乏症疾病。

饲料中氯和钠主要来源是食盐、鱼粉和肉骨粉中含氯和钠较多，饲料中食盐添加量不足是氯、钠缺乏症的主要病因。

缺钠时鸡食欲减退，生长迟缓，消瘦，易发生啄癖，骨软化，皮肤皱缩，弹性下降。产蛋量急剧下降，蛋小。缺氯时鸡生长停滞，脱水，雏鸡出现特征性神经症状，易受惊吓而倒地，状态表现为：两腿向后伸直，不能站立，恢复后又发作，直至死亡。剖检可见肾上腺肥大。

正常情况食盐添加量为 0.3%~0.4%，在鱼粉、肉骨粉用量较大时，应酌情减少，但应注意劣质鱼粉的食盐含量会很高。发生缺乏症后，迅速在日粮中加入 0.8%的食盐，大约 10 天后，降至 0.3%~0.4%。

三、碘缺乏症

碘是鸡体所必需的微量元素之一，在鸡体内含量很少，通常低于 0.6 毫克/千克，有 70%~80%存在于甲状腺中。碘是甲状腺的重要成分，和鸡的基础代谢密切相关，参与多种物质代谢过程，对鸡的健康、生长和繁殖有重要影响。鸡所需要的碘，主要从饲料和饮水中获得。鸡对碘的需要量为每千克饲料中含碘

0.35 毫克。海鱼粉和海产贝壳粉中含有丰富的碘，一般来说，沿海地区植物中的含碘量高于内陆地区植物中的含碘量。可靠的补碘方法是在饲料中添加碘化食盐，添加比例为 0.37%，而且配合好的饲料不宜放置过久。雏鸡和育成鸡缺碘时，生长缓慢，骨骼发育不良，羽毛生长受阻，甲状腺组织肿大。成年蛋鸡产蛋量下降，孵化率降低，在孵化后期胚胎死亡率增加，整个孵化时间延长，卵黄囊吸收不良。当鸡出现缺碘症状时，可向饲料中添加碘化钾，每千克饲料加 0.95 毫克，搅拌均匀，连用 1~2 周。

四、锰缺乏症

锰缺乏症是因为锰缺乏引起的以骨形成障碍，骨短粗，滑腱症为特征的营养缺乏病。锰在体内发挥着重要作用，与鸡的生长、骨骼的发育、蛋壳形成和正常生殖能力的维持等方面关系较为密切，鸡对锰缺乏特别敏感，饲料中应当供应足够的锰。

该病多发生于雏鸡和育成鸡，特别多见于体重大的品种。常见症状为骨短粗症和脱腱症。前者表现为胫跗关节肿大，腿骨变粗变短，表现为跛行。后者表现为跗关节肿胀与明显错位，胫骨远端和跗骨近端向外弯转，腿外展，常一只腿僵直，膝关节扁平，节面光滑，导致腓肠肌腱从髁部滑脱，腿变曲扭转，瘫痪，无法站立，常因双腿并发而不能采食，直至饿死。成年鸡产蛋量下降，蛋壳薄脆，种蛋孵化率低，胚胎畸形，腿短粗，翅膀短，头呈圆球形式或呈鹦鹉嘴，胚胎水肿，腹部突出。孵出雏鸡软骨营养不良，表现出神经机能障碍、运动失调和头骨变粗等症状。

正常鸡饲料中应含有锰 40~80 毫克/千克，常采用碳酸锰、氯化锰、硫酸锰、高锰酸钾作为锰补充剂。糠麸含锰丰富，调整日粮有良好的预防作用。发病鸡日粮中每千克添加 0.12~0.24 克硫酸锰，也可用 1∶3 000 高锰酸钾溶液饮水，每日 2~3 次，连用4天。化验饲料，调整钙、磷比例和含量至正常，保证B族维生素足量。

五、硒缺乏症

硒缺乏症是幼鸡常见的微量元素缺乏症之一，以胸腹部、大腿、颌下、颈部皮下疏松的部位发生浆液性渗出为主要特征，所以又叫渗出性素质病。

饲料中缺硒是引起该病发生的主要原因。发病的日龄从14~70日龄的雏鸡最多见，常与维生素E缺乏症同时发生，但也不乏单独发病的病例。

发病初期，鸡群没有明显症状，只有细心的饲养管理人员，能发现少数鸡胸部青紫。随着时间延长，鸡群中开始出现行走步履蹒跚、羽毛蓬松、精神不振、卧伏、胸腹部皮下青紫色的病鸡，并呈迅速增长的趋势。许多病情严重的鸡，不仅胸腹部有上述变化，而且波及大腿、下颌与颈部，其中下颌部变得粗隆肿大，这个时期，鸡粪便出现了脓性黏液，并有消化不良现象。如不及时治疗，病鸡就会卧伏不动，饮食废绝，排绿便，直到死亡。

病死鸡的胸腹部、大腿、下颌、颈部皮下有轻重不同的浆液性渗出，渗出物中含有血液，其中以胸腹皮下最严重。十二指肠与空肠黏膜充血、出血，胆囊大，充满黑绿色胆汁，其他器官一般没有明显的变化。

发现鸡群中出现硒缺乏症，立即在饲料中添加以下药物进行治疗：50千克饲料中加入亚硒酸钠维生素E 100克，均匀拌入饲料中，连续饲喂5天。与此同时饮水中每次每只鸡加入青霉素1.5万国际单位，链霉素1万国际单位，每天2次，连续饮水3天。

六、锌缺乏症

锌缺乏症是由于缺乏锌引起以羽毛发育不良，生长发育停滞，骨骼异常，生殖机能下降等为特征的营养缺乏症。锌是鸡体内许多酶活化所必需的物质，参与机体内蛋白质核酸代谢，在维持细胞膜结构完整性，促进创伤愈合方面起着重要作用。

雏鸡缺锌时食欲下降，消化不良，羽毛发育异常，翼羽、尾羽缺损，严重时无羽毛，新羽不易生长。发生皮炎、角化呈鳞状，产生较多的磷屑，腿和趾上有炎性渗出物或皮肤坏死，创伤不易愈合。生长发育迟缓或停滞。骨短粗，关节肿大，成鸡产蛋量降低，蛋壳薄，孵化率低，易发啄蛋癖。

正常鸡日粮中应含有 50~100 毫克/千克的锌，可通过增加鱼粉、骨粉、酵母、花生粕、大豆粕等的用量以及添加硫酸锌、碳酸锌和氯化锌进行补充。缺乏时对少数鸡只可肌内注射氧化锌 5 毫克/只，发病较多时可在饲料中增加 60 毫克/千克的氧化锌治疗。

第八节　其他疾病

一、痛风

鸡痛风也称鸡尿酸盐沉着症，是由于蛋白质代谢障碍，大量的尿酸盐沉积在关节、软骨组织周围、内脏和其他间质组织而引起的代谢病。

（一）病因

1. 饲料原因

（1）大量饲喂富含蛋白质的饲料，如动物内脏、鱼粉、肉骨粉等，这是造成鸡痛风症的主要原因。由于鸡摄入蛋白质的代谢终产物是尿酸，若血液中尿酸浓度升高，经肾脏排出，肾的负担加重，肾功能受到损害，造成尿酸的排泄受阻，在体内形成尿酸盐，沉积于肾脏、输尿管、内脏等器官，引起痛风。

（2）饲料中钙磷比例不当或含量过高。雏鸡和产蛋鸡钙磷的正常比例分别为1.2：1和4：1。钙含量过高对雏鸡和青年鸡的危害较大，因为钙过多时会形成钙盐在肾脏的沉积，损害肾脏，阻碍尿酸排泄。在生产中，青年鸡误喂蛋鸡料，添加钙过量，用石灰消毒鸡舍或饲料中钙磷比例不合适等都有可能造成高钙或低磷而引起痛风症的发生。高钙低磷饲料能引起鸡痛风，高钙起主导作用，低磷可以促进其发生。

（3）维生素A缺乏。维生素A缺乏能引起内脏型痛风。患慢性维生素A缺乏症的幼龄鸡，在其肾小管内可见明显的尿酸盐沉积物；严重缺乏维生素A时，每100毫升血液中的尿酸盐由正常的约含5毫克增加到44毫克，并且在心脏、心包、肝脏和脾脏也有尿酸盐沉积。

2. 饲养管理因素

（1）饮水不足。由于各种原因使鸡不能喝到充足的饮水，机体呈脱水状态时尿液浓缩，肾脏常出现尿酸盐沉积。

（2）运动不足。笼养鸡或饲养密度过大，运动量小，又给予高能量饲料，血液黏稠度升高，易诱发该病。

（3）饲养环境的温度低。低温时机体代谢发生变化，尿液浓缩，尿酸盐浓度增高，易诱发该病发生。

（4）长途运输。由于长途运输引起机体出现应激反应，机体代谢功能紊乱，又不能喝到充足的饮水，因而常发生尿酸盐沉积症。

3. 疾病因素

引起肾脏功能障碍的疾病，如鸡肾型传染性支气管炎（IB）、传染性法氏囊炎（IBD）、白痢、球虫病、滑液囊霉形体感染、盲肠肝炎等可引起该病发生。

4. 中毒性因素

中毒性因素包括一些嗜肾性的化学毒物、药物和霉菌毒素。霉菌毒素在中毒性因素中更显得重要，如黄曲霉毒素，常可造成饲料的污染而引起鸡肾脏损害发生痛风。此外，磺胺类药物、庆大霉素、喹诺酮类和感冒通等药物也可引起尿酸盐沉积症。使用含有尿素的掺假鱼粉配合料喂鸡，会发生尿素中毒，引发鸡痛风。鸡饲料添加过量食盐，如每千克饲料食盐含量达到5.5克，饮水又不足，就可能导致尿酸盐沉积，甚至引起死亡。

（二）临床症状

1. 内脏型痛风

病鸡初期无明显临床症状，逐渐出现精神、食欲不振，消瘦，羽毛松乱，贫血，鸡冠萎缩，排白色稀粪，开始呈水样，后期呈白色石灰样，肛门松弛，收缩无力，泄殖腔下部的羽毛被污染，数天后死亡。有的鸡无明显症状而突然死亡，这种情况多见于肥胖鸡。该病如不及时救治，死亡率很高。

2. 关节型痛风

一般表现为慢性经过，表现为食欲下降，生长迟缓，羽毛松乱、衰弱，脚和腿部关节肿胀，行走困难，后期卧地不起。

（三）病理变化

1. 内脏型痛风

剖检变化可见到肾脏肿大，色淡，表面有白色斑点，即尿酸盐沉积部位、输尿管变粗、变硬，管腔内充满石灰样的沉淀物。严重的病鸡，在肝、心、脾及肠系膜的表面也沉积有尿酸盐，形成一层粉状薄膜。尿酸盐沉积物镜检可见大量针尖状的尿酸盐结晶。

2. 关节型痛风

剖检时可见到关节腔和关节周围组织中有白色尿酸盐沉积，

呈白色黏稠液体，或呈结石样沉积，严重时关节组织糜烂、坏死。常可见到肾脏和输尿管中也有尿酸盐沉积。

（四）诊断

根据鸡痛风的临床症状与剖检变化，可作出初步诊断，结合实验室化验，鸡血清中尿酸水平正常值为 2~5 毫克/100 毫升，若在 10 毫克/100 毫升以上时，即可确诊为痛风。

（五）防治措施

1. 预防

主要是根据发病原因采取相应的有效措施，如饲料中蛋白质含量不能过高，严格按照鸡不同生长阶段的饲养标准配合饲料；饲料中钙磷比例要适当，防止钙的含量过高；饲料要妥善保存，防止各种维生素成分的丧失；磺胺类药物防止超期或过量使用，以免造成对肾脏的损害；加强饲养管理，鸡舍光照和密度要合理，积极治疗和预防引起肾功能不全的各种疾病。

2. 治疗

对于发病鸡群，应分析病因，同时采取对症疗法可收到一定效果。对症疗法的关键是解决肾脏排泄障碍的问题。

（1）若饲料中蛋白质含量过高引起痛风，应立即调整饲料配方，降低蛋白质含量（特别是动物性蛋白质饲料）。在饮水中可加入 0.05%的碘化钾，连饮 3~5 天。或用车前草 1 千克煎汁后，用凉开水稀释在 15 毫克，供鸡饮水，给严重的病鸡口服煎液 2~3 毫升，每天 2 次，连服 3 天。

（2）治疗药物可选用增强尿酸排泄的药物，如阿托品，每只鸡 0.5~1.5 克，每天 2 次口服，连用 4 天。也可使用肾肿解毒药以 0.2%浓度溶于饮水中，供鸡饮用，连用 3~5 天。嘌呤醇可减少尿酸的形成，每只鸡 10~30 毫克，每天 2 次，口服，有一定的疗效。对于继发性痛风，应积极治疗原发病。

(3) 由于维生素 A 缺乏引起的痛风，可用鱼肝油混入饲料内，每天补给 1~2 毫升/只。

(4) 车前草、金钱草，每千克体重各 0.5 克，煎水凉温后供鸡只饮服，每日 2 次。该病愈后易复发，在控制死亡后，还应定期用上述药物的预防量（治疗量减半）进行预防，这样能更好地控制病情，减少死亡。

二、脂肪肝综合征

脂肪肝综合征，是指笼养蛋鸡摄入过高能量日粮而运动受限制，导致能量代谢失衡，肝脏脂肪过度沉积的一种代谢性疾病。因该病常致肝脏破裂、出血，导致鸡急性死亡，故又称脂肪肝出血综合征。该病主要发生于笼养蛋用型鸡，特别是炎热夏季多见。

（一）发病原因

饲料中能量水平过高，机体缺乏运动以及气候炎热是该病的主要原因。当机体能量的摄入超出了机体消耗，能量物质便会以脂肪形式贮存体内，如腹下、肝脏、血管等部位，造成肝脏细胞脂肪变性和肝脏质地变脆，同时血管壁弹性降低和脆度提高。此时当机体受到惊吓、应激等因素时可导致肝脏和肝血管破裂。另外，激素的平衡失调与该病的发生也有关系。某些营养不足，如蛋氨酸、胆碱、维生素 E、维生素 H、微量元素硒等缺乏也是该病的诱导因素。

（二）临床症状

鸡多数过肥，腹部膨大。发病时，产蛋率突然下降，有些甚至停产或达不到应有的产蛋高峰，笼养鸡比平养鸡多发，死亡率一般不超过 5%。发病初期，鸡群看似正常，但高产鸡死亡率突然增高。

（三）病理变化

急性死亡病例，其头部、冠、肉髯和肌肉苍白，体腔内有大量血凝块，并部分包围着肝脏，肝脏变大、色泽变黄、质脆易碎有油腻感，仔细检查肝脏表面有条状破裂纹和小出血点；腹腔内、内脏周围、肠系膜上有大量脂肪。死亡鸡处于产蛋高峰期时，输卵管中常见有正在发育的蛋。

（四）防治措施

（1）限制日粮的能量水平。产蛋鸡日粮代谢能水平一般在11.3~11.7兆焦/千克，夏季应适当减少能量供给，控制在11.3兆焦/千克。

（2）确保日粮中有足够营养成分，如蛋氨酸、胆碱、维生素E、维生素H及微量元素硒。饲料中胆碱添加剂量应达到50克/千克，维生素E的含量达到16.5国际单位/千克，维生素H应达到0.11毫克/千克，微量元素硒应达到0.15毫克/千克。

（3）防止饲料霉变，尤其是不能使用黄曲霉菌毒素污染的饲料。

（4）对于发病鸡群，首先要及时调整饲料配方，降低饲料能量水平。同时将饲料中氯化胆碱添加量提高到200克/千克，同时加入10国际单位的维生素E，维生素H达到0.11毫克/千克，维生素B_{12}达到12毫克/千克，连服2周，可减轻鸡群病情。

三、蛋鸡笼养疲劳症

由于日粮中维生素D、钙磷不足或比例失调，母鸡为了形成蛋壳而动用自身组织钙引起，又称骨软化病和笼养鸡瘫痪，是笼养蛋鸡骨骼疾病中最严重的疾病之一，也是现代化蛋鸡生产中最突出的代谢病，发病鸡大多是进笼不久的鸡和高产鸡。该病造成的损失是多方面的，主要是引起蛋鸡的瘫痪、死亡以及产蛋下降，还影响鸡的屠宰加工。

（一）病因

由于笼养鸡本身没有活动余地，缺乏足够的运动，长期站立，是引起该病的重要原因。高产蛋鸡因产蛋率高，对饲料中钙、磷的需要量也就增大，若未能及时补充钙磷，或钙磷比例不当，都会使鸡被迫消耗骨骼中的钙，造成骨质疏松、骨骼易折断，引起该病。高能量饲养、鸡舍环境温度较高等因素也会造成钙磷的摄入减少，从而促使该病的发生。

（二）临床症状

慢性型主要表现在产蛋日龄较大的鸡，主要因为日龄较大，钙的摄取和分泌功能下降。蛋壳变薄、粗糙、强度差，破损较多。

急性发病鸡瘫痪，不能站立，以跗关节蹲坐，如果将饲料放在瘫痪鸡周围，瘫痪鸡仍然采食。产薄壳蛋，产蛋率明显降低。如从笼内挑出瘫痪鸡单独饲养，多数鸡在两三天后有明显好转，个别病重鸡可在一两周内康复。病鸡骨骼容易断裂、变软、骨折，胸骨常变形。

最急性型发病鸡往往突然死亡，初开产的鸡群产蛋率在40%~60%时，死亡最多，死亡前无症状。表面健康、产蛋较好的鸡群，白天挑不出病鸡，但次日早晨可见到蛋鸡死亡，越高产的鸡群死亡率越高，这时蛋壳强度没有什么变化，蛋破损率不高，病死鸡泄殖腔突出。

（三）病理变化

最急性型发病鸡剖检后主要表现为卵泡出血，肝脏肿大、淤血，有时有白斑，肺淤血，心脏扩张，输卵管往往有蛋存在。慢性型发病鸡腺胃溃疡，腺胃壁变薄，腺胃乳头流出褐色液体。

（四）防治措施

1. 预防

预防笼养鸡疲劳症主要措施是：笼养鸡饲料中钙磷含量要充足，比例要适当，钙不低于3.2%~3.75%，有效磷含量0.4%~0.42%，要随着鸡群产蛋率的提高逐步增加饲料中钙磷含量，维生素D及其他矿物质和维生素也要充足供应，每吨饲料中维生素D_3不低于150万~200万国际单位。注意加强饲养管理，笼养密度防止过大，鸡笼尺寸要合适，以免鸡运动不足，鸡舍内保持安静，夏季做好防暑降温工作。

2. 治疗

对于发病鸡，可增加饲料中的钙磷含量，同时添加维生素AD_3粉，连用数天。将发病鸡转至宽松笼内或地面饲养，一般过几天后腿麻痹症状可以消失。

四、啄癖

啄癖也称异食癖、恶食癖、互啄癖，是多种营养物质缺乏及其代谢障碍所致非常复杂的味觉异常综合征，各日龄、各品种鸡均能发病，鸡群一旦发生互啄以后，即使激发因素消失，往往也将持续这种恶癖，致鸡伤、残、死，造成不小的经济损失。

（一）病因

啄癖发生的原因很复杂，主要包括环境、日粮和激素等因素。

1. 环境因素

鸡舍潮湿，温度过高，通风不畅，有害气体浓度高，光线太强，密度过大，寄生虫侵扰，限制饲喂，垫料不足等。

2. 日粮因素

日粮营养不全价，蛋白质含量偏少，氨基酸不平衡，粗纤维含量过低，维生素及矿物质缺乏，食盐不足，玉米含量过高等。全价日粮颗粒料比粉料更易引起，笼养比平养更易引起。

3. 激素因素

鸡即将开产时血液中所含的雌激素和孕酮，公鸡雄激素的增长，都是促使啄癖倾向增强的因素。

（二）常见类型及诱因

1. 啄肛

啄食肛门及其以下腹部是最严重的一类啄癖，见于高产笼养鸡群或开产鸡群，诱因是过大的蛋排出时努责时间长造成脱肛或撕裂，损失的多是高产母鸡。也常见于发生腹泻的雏鸡，诱因是肛门带有腥臭粪便。

2. 啄羽癖

个别自食或相互啄食羽毛或脱落的羽毛，啄得皮肉暴露出血后，发展为啄肉癖，常见于产蛋高峰期和换羽期，多与含硫氨基酸、硫和 B 族维生素缺乏有关。

3. 啄蛋癖

母鸡刚产下蛋，鸡群就一拥而去啄食，有时产蛋母鸡也啄食自己生的蛋，主要发生在产蛋鸡群，尤其是高产鸡群，发生的原因多由于饲料缺钙或蛋白质含量不足，常伴有薄壳蛋或软壳蛋。

此外，啄趾癖多见于小鸡，啄冠、啄髯多见于公鸡间争斗，啄鳞癖多见于脚部被外寄生虫侵袭而发生病变的鸡。

（三）防治措施

防治该病时，首先应了解发生同类相残的原因而加以排除，进而根据诊断出的病因，采取相应的防治措施。

（1）及时移走互啄倾向较强的鸡只，单独饲养。隔离被啄鸡只，在被啄的部位涂擦龙胆紫、黄连素和氯霉素等苦味强烈的消炎药物，一方面消炎，另一方面使鸡知苦而退。作为预防，可用废机油涂于易被啄部位，利用其难闻气味和难看的颜色使鸡只失去啄食的兴趣。

（2）断喙尽管不能完全防止啄癖，但能减少发生率及减轻损伤。7~10 日龄断喙效果较好，开产前再修喙一次。断喙务求精确，最好请专业人员来做，成功的断喙既可以防止啄癖又可以减少饲料的浪费。

（3）光照不可过强，以 3 瓦/平方米的白炽灯照明亮度为上限。光照时间严格按照饲养管理规程给予，光照过强，鸡啄癖增多。育雏期光照控制不当，产蛋期易发生啄癖，造成无法弥补的损失。

（4）降低密度，为鸡只提供足够的空间，可减少啄癖发生的机会。

（5）加强通风换气，最大限度地降低舍内有害气体含量。

（6）严格控制温湿度，避免环境不适而引起的拥挤堆叠，烦躁不安、啄癖欲增强。

（7）提供完善的平衡日粮，注意玉米含量不要超过 65%，无动物性蛋白配方应特别注意氨基酸的平衡，避免饲料单一。

（8）在日粮中添加 0.2%的蛋氨酸，能减少啄癖的发生。每只鸡每天补充 0.5~3 克生石膏粉，啄羽癖会很快消失。缺盐引起的啄癖，可在日粮中添加 1.5%~2%食盐，连续 3~4 天，但不能长期饲喂，以免引起食盐中毒。

（9）已形成啄癖的鸡群，可将舍内光线调暗或采用红色光照，也可将瓜藤类、块茎类和青菜等放在舍内任其啄食，以分散其注意力。

（10）补喂沙砾，提高消化率。可从河沙中选出坚硬、不易破碎的沙石，雏鸡用小米粒大小，成年鸡用玉米粒大小，按日粮 0.5%~1%掺入。

五、脱肛

脱肛是指母鸡产蛋后泄殖腔或输卵管不能正常地回缩而出现外翻，一部分留在肛门外。一般多见于开产后的初产期或盛产期，并多见于高产鸡，发病率在1%~2%，也有的鸡群高达3%~5%。如果预防不及时，会造成很大的经济损失。

（一）脱肛的原因

1. 饲养管理不当

（1）光照制度不合理。蛋鸡开产前光照时间过长，性成熟过早，提前开产。由于母鸡未达到体成熟，骨盆尚未发育完全，产道狭窄，造成难产脱肛。提前开产的鸡，畸形蛋（尤其是大蛋及双黄蛋）增多，大蛋通过输卵管困难，易发生脱肛。

（2）日粮营养水平不当。后备母鸡日粮营养水平过高，造成过于肥胖。一般母鸡在产蛋时输卵管都有正常的外翻动作，蛋产出后能立即复位，过肥的母鸡因肛门周围组织弹性降低，阻碍了外翻的输卵管正常复位。另外，由于腹内脂肪压迫，使输卵管紧缩而使蛋通过时发生困难，产蛋过程中因强力努责而脱肛。

（3）应激。蛋鸡的饲养密度过大、鸡舍通风不良、卫生条件差，舍内氨气浓度较高等应激因素亦能作用于产蛋过程而引起脱肛。

（4）鸡群整齐度差，也易引起脱肛。

2. 鸡病引起的脱肛

鸡伤寒、慢性禽霍乱、副伤寒、消化道炎症疾病都会引起鸡腹泻或输卵管及泄殖腔发炎，产蛋时蛋排出困难，过度努责而引起脱肛。长时间的腹泻使蛋鸡机体水分消耗过大，甚至达到脱水程度，致使输卵管黏膜不能有效地分泌黏液，输卵管黏膜润滑作用降低，生殖道干涩，造成脱肛。

3. 高产而引起的脱肛

在产蛋高峰期，鸡产蛋过多或产大蛋，鸡超负荷生产，导致肛门失禁而脱肛。

4. 遗传原因

轻型蛋鸡脱肛发生率高于中型蛋鸡，白壳蛋鸡比褐壳蛋鸡发生脱肛多。

5. 维生素缺乏

产蛋鸡日粮中维生素 A 和维生素 E 不足，饲料过期、霉变，使输卵管和泄殖腔黏膜上皮角质失去弹性，防卫能力降低，发生炎症，造成输卵管狭窄，引起脱肛。

（二）治疗

养鸡生产中勤观察鸡群，发现脱肛的鸡应立即提出隔离，防止其他鸡啄肛。对脱出的泄殖腔先用温水洗净，再用 0.1%高锰酸钾溶液清洗片刻，使黏膜收敛，然后擦干，涂以人用的红霉素眼药膏，轻轻送入肛门内，肛门周围作荷包状缝合（泄殖腔内如有蛋必须在缝合前取出，以防发生蛋黄性腹膜炎），并留出排粪孔，经几天后母鸡不再努责时便可拆线。

第八章 蛋鸡场的经营和管理

在人工饲养条件下，蛋鸡所生存的各种环境条件对其生长发育速度、健康状态及生产性能的发挥有重要影响。合理的蛋鸡场建设对于降低饲养成本，减少饲养人员的劳动强度，方便日常管理具有良好的作用。因此从蛋鸡场的创建开始，就应该较全面、较充分地考虑到各种因素的存在，科学、合理地进行安排。

第一节 经营管理的基本概念

一、经营与管理的含义

经营与管理是两个不同的概念。经营是指在国家法律、条例所允许的范围内，面对市场的需要，根据企业内外部的环境和条件，合理组织企业的供、产、销活动，以求用最少的人、财、物消耗取得最多的物质产出和最大的经济效益，即利润。管理是指根据企业经营的总目标，对企业生产总过程的经济活动进行计划、组织、指挥、调节、控制、监督和协调等工作。

二、经营与管理的联系

经营和管理是统一体，统一在企业整个生产经营活动中，是相互联系、相互制约、相互依存的统一体的两个组成部分。但两者又是有区别的。经营的重点是经济效益，而管理的重点是讲求效率。经营主要解决企业的生产方向和企业目标等根本性问题，偏重于宏观决策，而管理主要是在经营目标已定的前提下，如何组织和以怎样的效率实现的问题，偏重于微观调控。

三、经营管理的重要性

(1) 只有搞好经营管理，才能以最少的资源、资金取得最大的经济效益。养鸡生产风险很大，需要投入资金多，技术性强，正常运行要求组织严密，解决问题及时，其最大的开支是饲料和管理两项费用。饲料费决定于饲料配合和科学的饲养管理，而管理费用又决定于经营管理水平，这一切都要求把科学的经营管理和科学的饲养管理结合起来。实践证明，只有经营管理水平高，饲养管理水平才能高。

(2) 只有搞好经营管理，才能合理地使用人、财、物，提高企业的生产和生存能力。

(3) 只有搞好经营管理，企业才有更新设备、采用新技术的能力，才有能力参与下一轮市场竞争。

(4) 只有搞好经营管理，才能改善本企业职工生活，才能吸引和留住人才。

第二节　经营管理的基本内容

一、生产前的决策

养鸡场的经营决策，就是对养鸡场的建场方针、奋斗目标以及实现这一目标所采取的重大措施做出选择与决定。决策的正确与否，对养鸡场的生存与发展、经济效果等有决定性的意义。决策包括经营方向、生产规模、鸡舍建筑、饲养方式等。

(一) 经营方向

从事养鸡生产，首先要确定本场的终端产品是什么。蛋鸡饲养分为饲养种鸡和商品鸡两类。以繁育优良鸡种、向市场推广种蛋、种雏为主要产品的为种鸡场，种鸡场可分为原种、曾祖代、祖代和父母代种鸡场。以饲养商品鸡、向市场提供鲜蛋为主产品的为商品蛋鸡场。根据社会发展，可以一条龙同时经营，即种鸡、孵化、饲料、商品鸡、蛋品加工等，使各场成为有机联合体。总之，在做经营决策时必须实事求是，根据当地情况和社会需要及资金情况，搞好综合分析，然后做出决策。

（二）生产规模

一个新建的养鸡场究竟办多大规模，养多少只鸡合适，这应在商品经济意识和市场观念的指导下，全面权衡资金、饲料来源、技术力量、劳力、设备、市场等各个要素的客观实际情况，既不宜规模太小，也不宜盲目过大。适宜的生产规模确定，主要决定于投入产出效果和固定资金利用效果。我国现阶段养鸡规模可分为大、中、小 3 种。10 万只以上为大型养鸡场，10 万只以下、1 万只以上为中型养鸡场，1 万只以下为小型养鸡场。专业户养鸡，由于资金不足，技术力量缺乏，可采用滚雪球的办法，先小规模养，以便掌握技术，积累资金，然后稳步发展。

（三）饲养方式

饲养方式的选择，主要根据所养鸡的品种、规模、当地气候条件、资金和技术力量等来确定，目前主要有密闭式和开放式两种。密闭式鸡舍可以人为地控制鸡舍内的“小气候”，满足不同生长阶段鸡对温度、湿度、光照、通风等条件的要求，有利于充分发挥鸡的生产性能，使生产稳定，管理方便，但投资大，耗电多，对电的依赖性强。开放式鸡舍受自然环境影响较大，鸡群的生产性能不能充分发挥出来，但投资少，节省电。

二、生产中的组织与管理

每个鸡场在年初生产之前，都应详细制订生产计划，以便在以后的生产中有奋斗目标，有计划地安排生产，减少盲目性。

（一）产蛋计划

种鸡场的主要生产指标是合格种蛋的产量，商品蛋鸡场的主要生产指标是生产更多供人们食用的鸡蛋。要计算本场从开产到淘汰的鸡群产蛋数量，包括每周、每月产量和产蛋率。

（二）孵化计划

根据本场拥有的孵化器数量，全年的孵化能力为：年孵蛋量=容蛋量（枚/台）×台数×年孵化批次。按照鸡群周转计划，安排全年饲养的雏鸡数量，中鸡数量以及产蛋数量。制订出相应的孵化批次和具体出雏时间。此外，销售鸡苗，还要提前按计划签订销售合同。

（三）育雏、育成计划

根据本场育雏、育成舍的面积、笼舍面积以及对市场行情的预测，计算出每批应进的雏鸡和育成鸡数。

（四）生产指标

养鸡场要根据当地具体情况和条件，制订出全年的生产指标，生产指标是制订生产计划的依据。主要生产指标包括：育雏、育成成活率，饲养母鸡产蛋率，育雏、育成、产蛋期每日每只耗料量等。

（五）鸡群周转计划

养鸡场的生产从进雏鸡、育雏、育成到上笼产蛋、下笼淘汰，对于种鸡场，还要进行种蛋孵化、雏鸡销售，这样周而复始，不停地运转。其生产过程环环紧扣，不能脱节。只有从生产实际和市场行情的预测出发，保证生产中每个环节不出问题，才能获得较高的经济效益。

（六）饲料供应计划

饲料是养鸡生产成败的物质条件之一，饲料的质量和价格直接制约着养鸡生产，只有高品质的饲料和最低的饲料价格，养鸡场才能取得理想的经济效益。若养鸡场的饲料全部来源于饲料厂家，可根据鸡群各阶段的需要购进全价饲料。

（七）产品销售计划

种鸡场的主要产品是鸡苗，其次为淘汰鸡和不合格种蛋；商品蛋鸡饲养场的产品是生产出更多的商品蛋。对于所有产品的产出量，经营者都要根据市场条件，并对市场进行充分的调查研究和预测，按照生产计划、购售合同和生产过程中的具体情况进行调整，这样才不至于使其产品销售价格不理想，最终获得最大的利益。

三、搞好经济核算

鸡场经过一定阶段生产后，应该进行生产小结或总结，进行经济核算，来检查生产计划及利润计划的完成情况。在此基础上，进行经济分析，从中找出规律性的东西，改善生产，提高经济效益。

第三节 蛋鸡场的经营管理

一、蛋鸡场的经营

养殖场经营的目的是养殖盈利，增加收入和控制成本同样重要，经营要追求利益最大化。

1. 投资设计

建筑投资及其效果评价（设计方案和材料选择）、养殖模式、设备、建设规模、必要的附属设施、投资规模、预期投资风险、投资回报都要有明晰的预算和分析。

（1）根据国内外同类养殖场的设计规模进行总体规划，结合建设和使用中的优点和缺点不断对建筑设计图纸、材料选择、施工方案进行修正，逐步摸索出一套适合自己的现代化养殖新路子。

（2）对于现行的养殖设备（自动饮水线、自动喂料线、暖风炉、发电机组等）结合使用情况及时反馈厂家，在我们强化选择的前提下，让他们不断强化技术改革和质量保证。

（3）根据未来的消费发展趋势，结合当前的社会养殖现状，同时要预估疫情风险带给现代养殖的影响，对投资风险进行相对准确的预测。

（4）基于改变目前相对落后的养殖现状，鼓励社会闲散资金有效利用，股份制合作建场是未来很具潜力的发展方向。

2. 技术指导

（1）在养殖场内，由场长牵头负责成立由专业人员参加的若干技术小组，如电修小组负责正常用电、发电、设备保养、设备维修等；防疫小组负责免疫接种、用药等；饲养管理小组负责控制和改善鸡舍内的环境气候等；生活小组负责开展日常管理、饮食起居等日常工作。

（2）各个小组和全体养殖人员在分工的基础上去进行技术推广、技术研讨和技术创新等。

（3）定期请行业内的专家培训养殖技术、设备使用与维护、防疫灭病技术等。

（4）培养自己的技术骨干，可以外出参观考察，也可以外出参加行业培训和技术研讨等活动。

3. 费用控制

（1）控制采购质量，钱花得值，价值采购。

（2）控制采购数量，降低库存，减少资金占用。

（3）控制使用，妥善保管，物尽其用，避免浪费。

（4）团购，如低值易耗品、工作服、配件等。

（5）自给自足，如空闲地的利用，种植瓜果蔬菜等。

（6）节能降耗，主要方向是水电、油料、煤炭等。

（7）科学开支，对技术性的开支要论证如药物、疫苗等。

4. 指标改善

通过参与和加强行业内的培训、参观、交流等活动，把科学技术、有效的做法、成功的创新和优秀指标不断集中。养殖对每一个场家来讲都有可能成功，也有可能失败，成功的也会有不尽如人意的地方，失败的也有值得肯定的经验。如果把很多养殖场家的优秀做法和有效做法都集中起来，我们的指标就会非常理想，成活率非常高，药费和料蛋比非常低等。在指标改善上要密切结合数据管理，否则改善就没有量化的依据。

5. 购销合同

鸡苗、疫苗、兽药、垫料、鸡粪、毛鸡销售、低值易耗、煤炭（招标）等物品的购销方面能签订合同的一定要把购销行为以合同的形式固定下来，对时间、数量、质量、价格、结算方式等都要做到公平合理、合理合法、安全快捷。

6. 资金结算

在养殖场经营过程中，要正确对待应付账款，在资金宽松的情况下现款采购、多方比较，反而会采购到物美价廉的产品，拖着应付账款不是健康的经营之道。在毛鸡、副产品的销售过程中要力争做到现款交易，对逾期货款可以通过合同约定计息。

7. 政策与策略

在发展现代蛋鸡健康养殖的过程中，根据国家的法律法规和惠农优惠政策，在征地、减免所得税、减免防疫检疫费、疫苗供应、用电优惠政策、道路建设和维护等方面获得地方政府和业务主管部门的大力支持。同时本着回报社会、奉献爱心的宗旨处理好邻里村庄的社会关系，为健康顺利地推动蛋鸡健康养殖而营造和谐环境。

二、蛋鸡场的管理

养殖场管理是为了养殖成功，为了内部和谐，人尽其才、物尽其用、追求最佳的养殖效果和经济效益，管理追求的是效益。

1. 亲情化管理

（1）体谅员工。养殖是苦差事，工作压力大、要求责任心非常强、工作时间长、不可预见的事件多、单调、枯燥，加之不能随便外出，文体娱乐和家庭生活规律受到严重干扰和影响。养殖场长（现代化农场主）要真正体谅员工的难处并理解员工的感受才能萌生和启动亲情。

（2）以人为本。事情是由人来完成的，事情的成败也取决于人，人是现代养殖的主体，人能干事，“人才”能成事，有了“人才”就有了一切，在某一方面有专长的人都是人才，人人可以成才，场长、技术员、电工、炊事员、饲养员都是人才。以人为本就是把人当人看、把人培养成人才，把人才当人才用，给大家空间。以人为本就是把人的生命看得高于一切、安全很重要，以人为本就是给人才们提供成事的舞台，充分尊重人的个性，专长发挥协同效应。

（3）知人善任。每个养殖场区十几个人，在招聘的时候就要有针对性，饲养员要年富力强、聪明能干；炊事员要健康卫生、懂厨艺、会调剂生活；电工要懂精通业务、动手能力和责任心非常强；技术员要理论联系实际、肯学习、能钻研、为人有亲和力和魄力、能独当一面。作为经营管理的场长一定要熟知每个人的长处，做到人尽其才；同时也要善于发现每个人的不足加以限制和改进；知人善任就是在人事使用和工作安排中遵循扬长避短的基本原则。

（4）善待员工。给员工支付比较高的薪酬、激励政策与养殖效果挂钩，给员工调剂好生活，关心、关注员工的健康、情绪的变化、家庭的相关问题，给员工创造舒适干净的休息环境，关注生产安全，耐心倾听员工发牢骚，及时化解员工之间的矛盾，给员工提供学习与培训的机会和条件，站在员工的角度上思考问题，遇事多替员工感受、换位思考很重要。

（5）激励关心。人都有自尊心和虚荣心，表扬是最常用的激励手段，物质奖励、绩效挂钩、发奖金都是常用的激励措施，给优秀的人提供培训与外出参观考察的机会也是一种无上的荣誉。能够得到提升、信任与提拔是每一个有上进心的员工所梦寐以求的事。与员工会餐、关心员工的生活、力所能及地帮助员工解决个人和家庭困难也是激励，定期给员工调整工资待遇会让优秀的人产生归宿感和向心力。

（6）公平公正。所谓公平就是让大家在各自的岗位上具备相对合理的待遇、工作条件，提供资源、成果、荣誉共享的机会。岗位实行问责制，不让任何一个人受到委屈，不让任何一件工作失去责任感和岗位监督。所谓公正是面对问题的一种处理心态和做法，对事不对人，面对问题查找的是原因和解决方案，而不是在第一时间去追究责任，更不能借题发挥、乱扣帽子、乱打棍子，借以排除异己，拉帮结伙，亲戚用不好会更麻烦。公平与公正是由管理人员（场长）操纵的、最终会通过员工的感受表现出来。

（7）倾听沟通。倾听需要耐心，不要让员工感到你的应付和不耐烦。对相反的意见要认真考虑，要重点关注员工的不满。沟通需要诚心，诚心能让人说实话、了解到员工的真实感受，只要畅所欲言，就会产生集思广益的效果。场长不要瞧不起员工，要牢记三个臭皮匠顶一个诸葛亮的道理，有很多小打小闹的革新是员工摸索和想出来的。场长学会了倾听与沟通的艺术，本身就是一个提高，而且会在提高中受益。对于在倾听与沟通中产生的分歧要用宽容的心态去面对，而不是武断地打断和否定，否则会产生距离，增加交流的难度，影响到执行力的发挥。

（8）信任协作。用人不疑、疑人不用，信任能让员工加强责任心，能最大限度地调动他们的积极性。怀疑和偏听偏信能产生隔阂与摩擦，甚至会导致对立与人员流失，人员的频繁流失会增加我们的培训成本和养殖风险。协作首先来自每个人对岗位的正确认知，在相互沟通与信任的基础上，加强配合、而不是各自为政。当把荣誉、责任、绩效都挂起钩来的时候，相互协作也就成了很自然的事情。

（9）以场为家。从亲情管理的角度出发，养殖场用的不是工人而是亲人，既然是亲人，那就应该让他们受到亲情的关注，亲情浓了就有家的感觉与温暖。员工干的事就是自家的事，这就达到了以场为家的效果。以场为家不是一句口号，而是一种行动，当这种行动成为集体行动的时候，场即是家，员工就是家庭成员。达到了以场为家的境界，我们的养殖场也就真正实现了亲情化管理，实际上已经不需要管理，只要协作就够了。

2. 标准化管理

穿着标准化，每个人都配备 3 套符合时令需要的工作服；工具标准化，每栋鸡舍配备同样的齐全的工具用具，以免大家借来借去而导致混乱并造成交叉污染和感染；被褥、餐具标准化，营造整齐的餐厅和宿舍的生活氛围；记录表格标准化，统一配备到每栋鸡舍；培训标准化，从文化、发展战略和规划、技术要领等都要标准化。

3. 数字化管理

首先是养殖档案的建立，对养殖过程中凡是能用数字反映的内容都要有相应的数字记录，及时对各类表格进行有效的处理，如进雏数量、进雏时间、日死亡数、饲料消耗、周增重、出栏重、出栏率、药费、人工费、生活费、燃料费、土地承包费、房屋折旧、设备折旧、水电费、抓鸡费、运输费、检疫费、低值易耗品购置费、垫料费、鸡粪收入等，只有对每一项开支和收入都有明晰记录的时候，对养殖效果和养殖效益的评价才能准确无误。

4. 规范化管理

最常见的是6S管理（清理、清扫、整理、整顿、安全、素养）模式，首先要向员工讲明白什么是规范，然后指导和监督大家不断改善自己的行为习惯，最终达到相对规范的要求，作为养殖场最基本的就是环境干净整洁。

5. 账目管理

根据经营管理的基本要求，结合数字管理每批结算一次并建档封存。

6. 物资管理

（1）根据物资的用途分类管理，工具类、药品类、生活用品类等。

（2）根据物资的使用频率分类管理，常用的物资和使用频率高的物品要放在显眼和好找的地方，以免耽误生活和生产，就像油盐酱醋要放在厨师的手底下一样。

（3）根据有效期分类管理，生活用品和药品大都有明确的有效期，对于时间影响品质的物资要少购、勤购、定期用完。

（4）对于重要物资要单独存放和妥善管理，比如发电机组的易损配件、加药器配件、水线和料线的控制器等都要做到手到擒来，避免发生问题以后现抱佛脚。

7. 安全管理

（1）人的安全。主要是用电安全和取暖安全，避免触电和煤气中毒，配备漏电保护器、绝缘手套和绝缘靴；其次是在日常生产操作中避免受到设施设备的伤害；生活安全，不吃变质的食物、不吃有药残的蔬菜（大多数养殖场都有足够的空闲地可以种植蔬菜自给自足）、不吃烹调不熟的食物（扁豆、芸豆等），炊事员必须经过卫生部门的体检才能上岗。

（2）设备使用安全。如发电机的维护与保养，水线、料线及其附属设施的正确使用，暖风炉的正确使用和保养，湿帘水泵和变频水泵的正确使用与保养等。

（3）生产安全。不能在鸡舍附近堆积柴草、防止线路老化、防止暖风炉漏烟漏火等；管理好物资、锁好门、关好窗、防止失盗发生；固定好鸡舍顶部的保温材料、防水材料，避免大风掀顶；养殖期间杜绝一切来自外界的应激，以免引起鸡群抵抗力下降而导致发病；养殖期间避免外界禽类产品（鸡肉、鸡蛋）等进入鸡场。

第四节　提高鸡场经济效益的措施

一、提高经营管理水平

（一）做出正确的经营决策

在广泛的市场调查并测算可获取的经济效益的基础上，结合分析内部条件，如资金、场地、技术、劳动等，做出生产规模、饲养方式、生产安排的经营决策。正确的经营决策可收到较高的经济效益，错误的经营决策会导致重大的经济损失。

（二）确定正确的经营方针

按照市场需要和自身条件，充分发挥内部潜力，合理使用资金和劳动力，实现合理经营提高劳动生产率，最终提高经济效益。既考虑眼前利益，又要考虑长远效果。总之，正确的经营方针，要能够以最低的消耗取得更多的优质产品。

（三）生产规模适度

一般情况下，养鸡的效益与饲养数量同步增长，即养鸡越多，效益越高。适度规模生产，便于应用科学管理方法和先进的饲养技术，合理地配置劳力，降低饲养成本。随着养鸡生产的进一步发展，市场竞争日益加剧，每个鸡场都要根据自身条件和市场情况制定出适合自身条件的饲养规模。

（四）严格卫生防疫

蛋鸡场设计应合理，生产区与生活区隔离开；粪场应位于鸡场的下风向最外围；重视鸡舍门口的环境消毒，降低空气中的病毒、细菌含量；场门、生产区和鸡舍门口都要设消毒池，强化卫生管理；全场工作人员都应把预防为主的方针贯彻到实际工作中，才会取得成效。

二、降低生产成本

（一）降低饲料成本

饲料费用占鸡场生产成本的70%左右，所以降低饲料成本是降低生产成本的关键。

（二）降低水、电、燃料费开支

在不影响生产的情况下，真正做到节约用电、节约用水。

（三）节省药品和疫苗开支

生产中对鸡群投药时，可投可不投者，不投；剂量可大可小者，投小剂量；用国产、进口药均可，用国产药；用高低价药均可的，用低价药。对无饲养价值的鸡，应及时淘汰，不再用药治疗。

三、引进和应用新技术

提高饲养水平除选择当今国内外生产性能最好的品种进行饲养外，还要饲养管理的各个环节上引进和应用新技术。这些技术包括：科学的饲养环境，应用计算机配制、筛选饲料配方，应用氨基酸、高效添加剂等新的饲料饲养技术，科学免疫程序的制定，疾病防治技术等。现代商品市场的竞争，说到底就是技术的竞争，只有高质量、低成本的产品，才有真正的竞争力，但这一切要靠先进的饲养管理技术来实现。

四、走产业化发展之路

要降低蛋鸡行业的市场风险，依靠单个（中小规模的）养殖场户面对市场的经营方式已经不适应现代畜牧业发展的要求，必须依靠龙头企业的带动，走产、供、销一体化的联合体之路。通过龙头企业的示范效应，带动一方人从事与此相关的行业，造就“公司+农户”的庞大集合体，使其在市场上所占的份额有着举足轻重的作用。

走产业化之路，要求每个养殖场户或企业必须摒弃原有的那套小而全的模式，使社会分工进一步细化，市场分工也随之细化，各专其职，各尽其能。一条完整运作的产业化链条，各个环节相互关联，缺一不可，他们之间应避免交叉与重复设置，实行专业化分工。例如，一个大的集团公司关联企业有育种企业、生产养殖企业或农户、产品加工与开发企业、采购部门、运输部门、饲料生产企业、产品宣传与形象策划部门、市场调研部门等等。在产业化生产链条中，每一环节都是产业化过程中的贡献者，在各环节间求得合理的利润分配比例就显得尤其重要，这样才能从根本上使优质蛋鸡生产良性循环。

主要参考文献

黄炎坤，钱林东，赵云焕 . 2012. 家禽生产［M］. 郑州：河南科学技术出版社 .

黄炎坤，赵云焕 . 2012. 养鸡实用新技术大全［M］. 北京：中国农业大学出版社 .

康相涛，田亚东 . 2011. 蛋鸡健康高产养殖手册［M］. 郑州：河南科学技术出版社 .

李福伟，李淑青 . 2015. 高效养蛋鸡［M］. 北京：机械工业出版社 .

李童，夏兆升，李连任 . 2013. 蛋鸡标准化规模养殖技术［M］. 北京：中国农业科学技术出版社 .

梁智选 . 2018. 高效健康养蛋鸡全程实操图解［M］. 北京：中国农业出版社 .

孙茂红，范佳英 . 2011. 蛋鸡养殖新概念［M］. 北京：中国农业大学出版社 .

张蕾，夏风竹 . 2014. 高效养鸡技术［M］. 石家庄：河北科学技术出版社 .

张玲，李小芬，李芙蓉 . 2016. 蛋鸡标准化养殖主推技术［M］. 北京：中国农业科学技术出版社 .

赵聘，黄炎坤 . 2011. 家禽生产技术［M］. 北京：中国农业大学出版社 .

邹斌 . 2014. 养鸡新技术［M］. 呼和浩特：内蒙古人民出版社 .